内蒙古典型草原积雪
及风吹雪防治

左合君 闫 敏 王海兵 董 智等 著

科学出版社
北 京

内 容 简 介

本书以内蒙古典型草原积雪及风吹雪为主题，针对内蒙古典型草原积雪时空分布特征、风雪流结构特征和风吹雪二次分配变化规律，以及积雪消融对土壤水热状况和植被生长特征的影响，提出了内蒙古草原雪害防治原则与策略，构建了草原雪害防治体系。本书是本课题组多年来对内蒙古草原积雪及风吹雪防治研究成果的系统总结，可为典型草原生态系统草原积雪量的估算、积雪调控、植被恢复和风雪灾害的防治提供科学依据。

本书可供生态学、地理学、林学和水土保持与荒漠化防治等方向的科研工作者，以及从事相关领域的工作人员参考，也可供高等院校相关专业师生参考。

图书在版编目（CIP）数据

内蒙古典型草原积雪及风吹雪防治 / 左合君等著. -- 北京：科学出版社，2025.6. -- ISBN 978-7-03-082176-8

Ⅰ.P426.616

中国国家版本馆 CIP 数据核字第 2025ZW8274 号

责任编辑：张会格　付　聪 / 责任校对：郑金红
责任印制：肖　兴 / 封面设计：无极书装

科学出版社 出版
北京东黄城根北街 16 号
邮政编码：100717
http://www.sciencep.com

北京华宇信诺印刷有限公司印刷
科学出版社发行　各地新华书店经销
*

2025 年 6 月第 一 版　　开本：720×1000　1/16
2025 年 6 月第一次印刷　　印张：15　插页：2
字数：300 000

定价：180.00 元
（如有印装质量问题，我社负责调换）

《内蒙古典型草原积雪及风吹雪防治》著者委员会

主　　任：左合君　闫　敏　王海兵　董　智
副 主 任：刘宝河　王嫣娇
著　　者（以姓氏笔画为序）：

　　　　　王玉涛　王海兵　王嫣娇　左合君

　　　　　任喜珍　刘宝河　闫　敏　张　晔

　　　　　陈　雪　董　智　燕　宇

主　　审：胡春元

前　言

积雪是随着冷空气的入侵形成的降雪及风吹雪搬运与堆积形成的覆盖在地面的雪层，以季节性积雪和多年积雪两种形式贮存在中高纬度地区和高山地区。积雪是我国北方重要的淡水资源，具有重要的生态价值和经济价值，但积雪造成的雪灾也是影响我国北方草原牧区畜牧业发展最重要的自然灾害。内蒙古草原牧区为季节性积雪分布区，也是雪害频繁发生的区域。降雪过多、积雪过厚和积雪维持时间过长会导致牧草被积雪掩埋，造成牲畜采食、饮水与行动困难，形成"白灾"，并严重影响甚至破坏交通、通讯、输电线路等生命线工程，危及牧民生命和生活安全，造成巨大的经济损失。

然而，积雪不仅仅是灾害的一种表现形式，更是水分的一种存在形式，在生态系统水分循环中占有重要的地位，并与土壤、大气、植被构成一个相互作用的整体。无论是自然降雪还是以风吹雪重新定位或被植被拦截的积雪，作为地球表面最为活跃的自然要素之一，雪在积雪深度、积雪密度、积雪液态含水率、积雪结构、吹雪及堆积过程、融雪过程、积雪与土壤界面的温度与水文效应等方面具有特殊物理特性，这些物理特性使之成为特殊的生态系统的环境或生境。雪的物理特性影响着雪内生物体的活动，也受到表层生物体特性的影响，调节并改变积雪与植物、大气、水分和土壤之间的相互作用，成为生态学研究的重点。

季节性积雪是内蒙古草原灾害的一种表现形式，更是草原不可多得的水资源和土壤水分补给源，对促进草原植物发芽、生长发育和返青具有重要作用。本书以内蒙古典型草原积雪及风吹雪为主题，针对内蒙古草原积雪时空分布特征、风雪流结构特征和风吹雪二次分配变化规律，以及积雪消融期对土壤水热状况和植被生长特征的影响，提出了内蒙古草原雪害防治原则与策略，构建了草原雪害防治体系。本书可为典型草原生态系统草原积雪量的估算、积雪调控、植被恢复和风雪灾害的防治提供科学依据。

本书共8章，编写分工如下。第1章积雪概述，主要阐述积雪的概念、分布，以及积雪与植被的相互作用，由左合君、王海兵、陈雪、燕宇编写。第2章草原积雪、风吹雪理论及其防治，主要阐述草原积雪的特性、密实化过程，以及风吹雪过程、风吹雪害及其防治，由王海兵、刘宝河、闫敏编写。第3章典型草原积雪的时空分布，主要阐述积雪的时空分布特征、时空变异，以及气象因子对积雪的影响，由王嫣娇、左合君编写。第4章典型草原风雪流的结构特征，主要阐述草原近地表风速廓线、风雪流结构及移雪量与移雪强度，由刘宝河、左合君编写。第 5 章典型草原风吹雪二次分配，主要阐述草本植物和灌丛的阻雪滞雪能力，由闫敏、左合君编写。第 6 章积雪及其消融对土壤水热状况的影响，主要阐述积雪消融与气温、土壤温度和土壤含水率的关系，由董智、任喜珍编写。第 7 章积雪对草原牧草返青的影响，主要阐述积雪深度对土壤温度、牧草返青及生长发育的影响，以及积雪深度与牧草生长发育规律的关系，由董智、王玉涛、闫敏编写。第 8 章草原雪害及其防治，主要阐述内蒙古草原雪害区划、等级判别、防治原则与策略及防治技术体系，由左合君、董智、闫敏、张晔编写。全书由左合君、闫敏、张晔统稿，内蒙古农业大学胡春元教授担任主审。

本书的出版得到国家自然科学基金地区项目"锡林郭勒典型草原积雪与植被相互作用效应及机制"（2014～2017 年，项目编号：41361012）和内蒙古自治区自然科学基金项目"内蒙古积雪资源及其对土壤水热条件影响机制的研究"（2006～2008 年，项目编号：200607010601）的资助，在此表示衷心感谢。

限于作者的水平，本书疏漏之处在所难免，恳请各位同仁及读者指正。

著　者
2024 年 5 月 20 日

目 录

前言
第1章 积雪概述 1
  1.1 基本概念 1
    1.1.1 积雪 1
    1.1.2 积雪量 3
    1.1.3 积雪过程 4
    1.1.4 雪型分类 6
  1.2 积雪分布 7
    1.2.1 我国积雪分布 7
    1.2.2 内蒙古积雪分布 9
    1.2.3 典型草原积雪分布特征 10
  1.3 积雪与草原生态 12
    1.3.1 积雪对草原生态的影响 12
    1.3.2 草原对积雪的反馈作用 15
  主要参考文献 16
第2章 草原积雪、风吹雪理论及其防治 20
  2.1 积雪特性 20
    2.1.1 物理特性 20
    2.1.2 化学特性 28
  2.2 积雪的密实化过程 29
    2.2.1 深度变化过程 29
    2.2.2 密度变化过程 33
  2.3 风吹雪过程 40
    2.3.1 雪粒运动的影响因素 40
    2.3.2 风雪流运动特征 42
  2.4 风吹雪防治 44
    2.4.1 风吹雪害 44
    2.4.2 草原风吹雪害 45

  2.4.3 风吹雪防治技术 ... 45
 主要参考文献 ... 47

第3章 典型草原积雪的时空分布 ... 50
 3.1 积雪的时空分布特征 ... 50
  3.1.1 时间变化特征 ... 50
  3.1.2 空间变化特征 ... 53
 3.2 积雪的时空变异 ... 56
  3.2.1 周期性与突变性特征 ... 56
  3.2.2 空间变异特征 ... 64
 3.3 气象因子对积雪的影响 ... 75
  3.3.1 气象因子的动态变化 ... 75
  3.3.2 气象因子的分布特征 ... 78
  3.3.3 气象因子与积雪的关系 ... 78
 主要参考文献 ... 80

第4章 典型草原风雪流的结构特征 ... 81
 4.1 近地表风速廓线 ... 82
  4.1.1 裸露雪面风速廓线 ... 82
  4.1.2 植被出露下风速廓线 ... 85
 4.2 风雪流结构 ... 87
  4.2.1 风速对风雪流结构的影响 ... 87
  4.2.2 积雪时间对风雪流结构的影响 ... 91
  4.2.3 积雪深度对风雪流结构的影响 ... 92
  4.2.4 植被对风雪流结构的影响 ... 93
  4.2.5 地形对风雪流结构的影响 ... 95
 4.3 移雪量与移雪强度 ... 96
  4.3.1 单宽输雪率 ... 96
  4.3.2 移雪量垂向分布 ... 99
  4.3.3 移雪强度与近地表风速的关系 ... 105
 主要参考文献 ... 106

第5章 典型草原风吹雪二次分配 ... 108
 5.1 草本植物阻雪滞雪能力 ... 108
  5.1.1 植被高度对积雪深度的影响 ... 109
  5.1.2 植被盖度对积雪深度的影响 ... 110

5.1.3 降雪量与积雪深度 112
5.2 灌丛阻雪滞雪能力 112
　　5.2.1 灌丛积雪形态特征 113
　　5.2.2 灌丛的滞雪范围 125
　　5.2.3 灌丛的阻雪量 131
主要参考文献 137

第6章　积雪及其消融对土壤水热状况的影响 138
6.1 积雪消融与气温的关系 139
　　6.1.1 积雪消融厚度与气温的关系 139
　　6.1.2 不同积雪类型区积雪消融与气温的关系 141
　　6.1.3 不同积雪深度对气温的响应 143
6.2 积雪消融与土壤温度的关系 144
　　6.2.1 积雪消融期对土壤温度的影响 144
　　6.2.2 积雪消融后对土壤温度的影响 147
　　6.2.3 消融期积雪对土壤温度梯度的影响 149
　　6.2.4 消融期积雪覆盖下地表温度与气温的关系 151
6.3 积雪消融与土壤含水率的关系 153
　　6.3.1 伊尔施镇融雪水对不同地类含水量的影响 153
　　6.3.2 内蒙古农业大学试验田融雪水对不同地类含水量的影响 156
　　6.3.3 黄合少镇融雪水对不同地类含水量的影响 157
　　6.3.4 赛罕乌拉国家级自然保护区融雪水对不同地类含水量的影响 158
　　6.3.5 影响融雪水下渗的因素 159
主要参考文献 163

第7章　积雪对草原牧草返青的影响 164
7.1 积雪深度对土壤温度和土壤含水量的影响 164
　　7.1.1 不同积雪深度下土壤温度的日变化规律 165
　　7.1.2 不同积雪深度下土壤表层日平均温度的变化规律 167
　　7.1.3 不同积雪深度下不同土层温度的变化规律 169
　　7.1.4 不同积雪深度下不同土层平均含水量的变化规律 172
　　7.1.5 不同积雪深度对各土层含水量变化的影响 173
7.2 积雪深度对牧草返青及对牧草生长发育的影响 177
　　7.2.1 不同积雪深度下牧草返青时间和返青率 177
　　7.2.2 不同积雪深度下牧草返青数量的比较 178

- 7.2.3 不同积雪深度下牧草生长速度的比较 ·········· 179
- 7.2.4 不同积雪深度下牧草生物量积累变化分析 ·········· 181
- 7.3 积雪深度与牧草生长发育规律的关系 ·········· 183
  - 7.3.1 草地类型对积雪深度的影响 ·········· 183
  - 7.3.2 积雪深度与牧草生长的关系 ·········· 184
- 主要参考文献 ·········· 185

第8章 草原雪害及其防治 ·········· 186
- 8.1 内蒙古草原雪害区划 ·········· 186
  - 8.1.1 区划原则 ·········· 186
  - 8.1.2 雪害区划指标体系及其设置 ·········· 187
  - 8.1.3 雪害区划方法 ·········· 188
  - 8.1.4 公路雪害区划及其特征 ·········· 189
- 8.2 草原雪害等级判别 ·········· 192
  - 8.2.1 积雪雪害等级判别 ·········· 192
  - 8.2.2 风雪雪害等级判别 ·········· 193
- 8.3 草原雪害防治的指导思想、原则与策略 ·········· 193
  - 8.3.1 指导思想与原则 ·········· 193
  - 8.3.2 防治策略 ·········· 194
- 8.4 草原雪害的防治技术体系 ·········· 194
  - 8.4.1 挡雪墙 ·········· 194
  - 8.4.2 浅槽风力加速堤 ·········· 196
  - 8.4.3 防雪栅栏 ·········· 209
  - 8.4.4 导风板 ·········· 211
  - 8.4.5 挂草网围栏 ·········· 212
  - 8.4.6 防雪林 ·········· 217
  - 8.4.7 育草蓄雪 ·········· 222
- 主要参考文献 ·········· 227

附图

第1章 积雪概述

冰和雪是冰冻圈的基本组成部分，是地球上分布广泛的自然资源。季节性积雪是冰冻圈中体积最小的积雪类型。风吹雪对自然积雪有再分配的作用，是形成积雪的物质来源之一，能诱发并加重各种风雪灾害，直接给经济建设与人民的生命财产造成严重损失。积雪表面的高反照率、内部冰/水相变产生的潜热及积雪层的绝热效应显著影响着全球气候，而季节性积雪的积累和消融对全球能量和水分循环也有存储、再释放的滞后效应，进而对植物、动物和微生物以及生物地球化学循环管理和自然生态系统产生很多影响。本章将系统总结现有研究成果，阐明积雪的基本概念、我国积雪分布及积雪对草原生态环境的影响。

1.1 基本概念

1.1.1 积雪

冰和雪是冰冻圈的基本组成部分，是地球上分布广泛的自然资源。与冰雪相关的许多过程主要受大量能量引起的临界行为所影响，这些行为在液态和冷冻态水之间的相变过程中释放或消耗能量。季节性积雪是冰冻圈中体积最小的积雪类型。积雪是地球表面存在时间不超过一年的雪层，积雪的衰变是表面上的融化，是能量平衡的结果，受到温度和太阳辐射的强烈影响。

积雪对气候系统起着非常重要的作用。相较于其他自然地表，积雪地面对太阳辐射具有较高的反照率，入射的太阳辐射能量仅有很少的部分被积雪覆盖区域所吸收。地球表面反照率的细微变化会影响到地-气系统的能量平衡，进而引起气候变化。积雪地面反照率的异质性很大，新雪的反照率可以高达 0.8~0.9，一般在 0.6 以上，重度污化积雪的反照率仅为 0.1 左右，而无雪的地表反照率为 0.15~0.2。积雪能够在很大程度上影响下垫面对短波辐射的吸收，无雪地面吸收的热量为有雪地面的 2~4 倍。显然，积雪区反照率高，积雪消融区反照率低，如果地面被雪覆盖，平均气温会显著降低（约低 5℃），这将对积雪的保存产生正反馈作用，可以进一步增加初冬的积雪，并使晚春积雪持续更长时间。积雪是一种极好的环境绝热材料，可为植被和冬眠动物提供隔热层。雪有很高的绝缘能力，这意味着若有积雪，大气和地面之间的能量通量会大大减少，若无积雪，季节性冻土层会冻结到更深处（Hayashi，2013）。积雪是淡水的天然存储库，可延缓水体排放达半年之久，这种储存对冰雪区水文情势的季节分布有重大影响。世界各地区全年积雪面积变化很大。例如，在北美洲，冬季积雪覆盖将近 50%（4500 万 km^2），而夏季则不到 4%（300 万 km^2）。全球超过 10 亿人的用水依靠季节性积雪或冰川融水生存（Beniston et al., 2003；Barnett et al., 2005）。

季节性积雪被称为大气和地球表面之间的"连接窗口"（Barry et al., 2007）。与海冰、冰川和永久冻土相比，季节性积雪对气候变化反应最快，与全球辐射平衡息息相关。较高的全球温度减少了空间和时间上的积雪范围，降低了全球平均反照率。这种全球反照率的降低加强了气候系统的变暖趋势，从而进一步减少了积雪的覆盖范围。这种自我强化效应（正反馈循环）是在受积雪影响的高纬度和高海拔地区观测到的气候变化比其他地方明显得多的主要原因之一（Ohmura，2012）。季节性的积雪覆盖在浮冰上，可防止浮冰迅速融化，但它本身也受到浮冰的保护，防止它在开阔水域迅速融化。在寒冷环境中，积雪、其他冰冻圈成分、水圈和生物圈之间也存在重要的相互作用。大陆冰原和冰川的质量平衡取决于积雪的积累。同样，冻土表面的能量通量基本上是由积雪的高反照率和有效的隔热能力决定的。

大陆冰盖是地球上最大的冰体。凭借其巨大的质量、高反照率的寒冷雪面以及与海洋直接接触的边缘冰体，大陆冰盖成为全球环境变化的关键驱动力，显著影响着全球的物理和生物条件，并可能在长时间尺度上引发潜在的灾难性变化。北极海冰的消失越来越有可能大大缩短大西洋和太平洋之间的航运路线。这一点，连同对自然资源的勘探和开发，很可能给北极和亚北极环境带来污染和严重生态干扰。降雪/积雪持续时间的减少以及冰川的消失将极大地影响中低纬度山区周围人口稠密地区径流和淡水供应的季节性。积雪和冰川融水的缺乏严重限制了干旱/暖季农业、能源生产等方面的可能性范围。地表和地下冰的消失可能会在全球范围内影响高山坡地的稳定性，在许多地方可能会造成与山体滑坡和受其影响的堰塞湖引发的泥石流过程相关的风险增加。与冰川消失和破坏以及冰盖融化相关的海平面上升在未来几个世纪可能远远超过几厘米，对沿海居住区和基础设施构成根本性威胁，对近海平原生态系统和河流形态产生巨大影响（Allison et al., 2014；Church et al., 2007）。北极地区富冰永久冻土的持续融化将强烈影响基础设施的地面稳定性、地表水/地下水以及植被的生长条件（Streletskiy et al., 2014）。解冻也可能释放出被封存在永久冻土中的温室气体，从而加剧全球变暖。

冰雪的影响远远超出了其地理范围，在旱季可为灌溉、工业和家庭提供融水（Seibert et al., 2014）。在寒冷地区，河流和湖泊冰可以方便偏远地区的交通。冰雪时空分布的变化可能产生一系列不好的后果。尽管未来气候环境的确切细节仍然难以预测，但气候变化将强烈地改变地球上的冰雪条件，在短期、中期和长期内增加许多灾害，尽管一些灾害和一些危险地点可能随着某些地方的冰完全消失而不复存在。持续的冰雪损失所造成的环境变化，哪怕程度看似轻微，仍可能引发长期存在的重大影响。不同环境组分对气候变化的不同响应导致复杂的环境地质。生态系统的不平衡日益加剧。就灾害的规模和我们及时适应新条件的能力而言，人类对气候系统干扰影响的变化速度将是至关重要的，变化的速度越慢，为适应冰雪覆盖大大减少的环境而作出困难决定和实施政策的自由度就越大。

1.1.2 积雪量

积雪可以用许多不同的方式来描述。虽然雪深很容易测量，但由于雪水当量是直接有助于径流的雪水含量，因此雪水当量对于大多数雪水水文问题而言是一个与积雪相关性更高的属性。雪水当量定义为单位地表面积完全融化积雪后所获得的液态水量。雪水当量（S_WE，mm）与积雪深度（d，m）、积雪密度（ρ_s，kg/m³）和水密度（ρ_w，1000kg/m³）直接相关（见式1-1）。积雪密度可能差异很大（DeWalle and Rango，2008）。新雪通常密度最低，约为100kg/m³，密度随着老化积雪的增加而增加，干燥的旧雪密度为350~400kg/m³，而湿的旧雪密度则高达500kg/m³。夏天没有融化的雪密度通常在550~800kg/m³。

$$S_\text{WE} = 1000 d \frac{\rho_\text{s}}{\rho_\text{w}} \qquad (1\text{-}1)$$

不同类型的降水如雪（湿或干）、霰、冰雪（或冰球）、冻雨、冻毛毛雨、雨和毛毛雨等，也会影响积雪的密度。大气的温度和水分含量决定雪晶的类型，雪晶的类型也会影响积雪的密度。最复杂的晶体结构往往会形成轻、低密度的积雪，因为它们的分支之间的间距很大。较小的晶体如板状晶体、针状晶体和柱状晶体，往往会形成高密度的积雪，因为它们非常有效地聚集在一起，留下很少的空间给气囊。由于上层压力的增加而引起的积雪密度的变化是由于大量的新雪落在旧雪上造成的。雪密度的增加可导致积雪导热系数的增加。

在流域尺度上，流域的储雪量是由雪水当量的空间分布决定的，雪水当量在很大程度上受雪深的空间分布控制。地面采样是获取积雪深度或雪水当量的传统方法。该方法需在流域内依据地形布设测点网络，通过定期定点观测积雪深度和密度，结合空间插值估算流域内积雪深度和雪水当量的空间分布。然而，这种方法人力需求大、测量误差显著，难以满足区域性研究需求。

虽然光学卫星遥感数据的空间分辨率能满足建模要求，但是光学卫星遥感数据仅能提取积雪面积，无法直接获取雪水当量。为突破此限制，遥感研究领域提出了一种基于积雪衰减曲线估算雪水当量的新思路。研究者认为，在特定区域，积雪面积与雪水当量之间存在定量关系，此关系即定义为积雪衰减曲线

(Martinec，1975)。掌握特定区域的积雪衰减曲线后，即可将光学遥感影像提取的积雪面积数据转换为雪水当量。该方法有望大幅提升雪水当量产品的空间分辨率，满足中小流域尺度的应用需求，对准确预测积雪消融期的季节性径流具有重要意义。

1.1.3 积雪过程

雪的晶体形成于高空云层中，降雪是大气降水的一种形式。当水汽压超过水汽饱和点，大气中水汽过饱和时，形成云。当云中温度低于 0℃时，出现过冷的水汽和合适的气溶胶，以饱和的空气团中的尘埃粒子为核心，通过吸引过冷的水滴，然后以晶体的形式凝聚，雪雏形冰晶体便在云中形成。

雪花降落到地面以后，并非一直保持着原来的形状，而是在不断地变化着。积雪雪层的构造、雪晶的表面特征以及大量雪的显微结构表明，雪晶有丰富的变化形态。

降到地面上的雪，若没有立即融化就会一层层堆积起来，形成积雪。在初冬无风条件下，降雪十分疏松，维持着大气中凝华时所形成的雪晶状态。积雪表面上的降雪，使雪晶有所增大，原晶形消失，雪晶变得更圆滑，变为细小的粒状雪，雪的密度增大。随着时间推移和气温降低，处于底层内部的雪粒继续增大，使原来变圆的雪晶又形成新棱角。进入隆冬后，雪层下部可看到一种粗大棱柱状像霜一样的雪。其数量不断增加，并从雪层底部逐渐扩展到雪层中上部。初春来临，积雪表面开始融化，无论新雪或老雪雪晶均迅速变圆、变密，甚至可在雪层中形成透镜状的冰夹层。随着气温上升，融水渐向雪层深处渗浸，更多的雪晶变圆。最后，全部积雪层变成单一但具有不同粒径的粒状雪。积雪层的这种演变过程是在自身和外界因素的影响下雪结构的变化过程，称为变质作用。

雪堆在地面积聚后，雪晶变质过程立即开始。大自然中，大多数雪晶变化与积雪中的压力和温度变化有关（DeWalle and Rango，2008）。下面简要介绍 3 种主要类型的积雪变质作用（等温变质作用、温度梯度变质作用和融冻变质作用）。

等温变质作用的核心机制是水汽从高曲率（凸面）冰晶表面向低曲率（凹面）冰晶表面迁移。这是由于凸面冰晶具有更高的饱和水汽压。该过程导致冰晶形态逐渐圆化。圆化后的冰晶因具有更优的颗粒重排能力而增强了雪层的压实潜力，从而提升雪层稳定性并降低雪崩风险。

温度梯度变质作用是由于雪层温度变化而发生的，这是雪层融化前密度增加的最重要的过程。其物理原理是较暖雪层的蒸汽压高于较冷雪层。这种梯度导致水蒸气在雪层内部向上迁移，即从较暖的地表向较冷的雪面移动。这个过程导致形成一个新的层，其中包含大型的、彼此连接不良的晶面晶体（深度霜），因此，山坡上的雪层稳定性较低,更容易发生雪崩(Fierz et al.,2009)。这个深度霜层只能通过雪坑分析来识别,但由于需要较多的时间和精力,这种分析很少进行,因此,它具有潜在的危险。

融冻变质作用在春季是典型的,此时空气和积雪温度由于太阳辐射的增加而升高。积雪表面的雪往往首先融化,通常是小雪粒先融化,因为它们的融化温度比大雪粒低。融化的雪可以涓涓细流进入积雪较冷的中间部分,在那里重新冻结,形成连接良好的大颗粒积雪。在积雪融化之前,积雪中通常会存在一定量的液态水,通常为 2%~5%,最高为 10%。较高比例的液态水会形成特定类型的雪和水运动,称为泥流,通常会激活表层土壤。融冻变质作用通常会增加积雪的稳定性。另外,雪崩的危险随着雪堆中储存的液态水体积的增加而增加。

例如,新雪在等温变质作用下变成较密实的中雪一般需经过 3 个阶段。由温度梯度变质作用为动力引起的水汽迁移,它不仅使变质作用更强烈、雪晶互相合并、粒晶增长更快,而且它与圆化过程正好相反,在凝华晶体表面重新发生冰晶,形成棱角。尤其在积雪底部开始发育粗大有棱角的棱柱状晶体,这些棱柱状晶体的发育受温度梯度的控制。实验证明,棱柱状晶体临界值为 0.20℃/cm。低于此值,棱柱状晶体生长十分缓慢或停止;高于此临界值,棱柱状晶体(特别是长轴为 3mm 的晶体)生长十分迅速。这种凝结过程的产物叫深霜。春季当气温上升到 0℃以上时,白天积雪表面发生融化,融水下渗到雪层内部,夜间雪层温度下降到 0℃以下,又局部或全部发生冻结。在融化与冻结作用交替的过程中,雪晶迅速圆化、合并,形成一种新的晶体——融冻粒雪。这种变化过程称为融冻变质作用。在风的作用下,雪粒在积雪表面滚动、跳跃,互相碰撞,棱角很快被磨平,密度增大,形成细小而致密的风雪流。在雪崩时,雪粒互相混合、挤压并伴随着局部融化与再冻结作用,使雪的密度急剧增大,形成无层次的雪崩雪。融冻粒雪和雪崩雪的形成与上述三种基本的热力变质作用有所不同,其能量主要来自机械动力,因此称为动力变质作用。

风吹雪地区变质作用的特点:在风雪流堆积区,积雪一般较厚,是平坦地区积雪深度的 3~8 倍。由于风的筛选作用,风雪流堆积区小于 0.5mm 粒径的雪占 90%以上,积雪密度多在 0.3g/cm^3 以上。加之雪层厚,晶形圆滑而单一,雪层中的温度梯度小。因此,温度梯度变质作用(又称构造性变质作用)差,只在雪层底部有深霜出现。在风雪流吹蚀区,大部分积雪被吹走,一般地表仅有 5~20cm 的积雪。在大风和低温条件下,温度梯度变质作用旺盛,深霜粒径多在 6mm 左右,整个雪层几乎全由松散深霜和聚合深霜组成。风雪流堆积区-吹蚀区(简称平衡区),在东、西风交替作用下(晴天多吹东风或东南风,阴雪天多为西风或西北风),雪层变质作用介于上述两区变质作用之间,除地表有新雪和松散深霜夹粗雪外,大部分仍由松散深霜与聚合深霜组成(王中隆,1983)。

1.1.4 雪型分类

积雪分类是对积雪的雪层剖面进行层位划分或者对整个积雪区进行类型划分。雪层剖面的层位划分依据的是雪颗粒和雪层的微观结构、形态特征和物理参数，指标较多，划分的类型也多。例如，根据雪颗粒特征可分为新雪、细雪、中雪、粗雪、深霜等；根据颜色可分为洁净雪、污化雪等；根据密度、硬度、含水率、温度等也可划分出多种类型。依据积雪成因及其所在地理环境等，积雪可分为冻原积雪、针叶林积雪、高山积雪、草原积雪、海洋积雪等。

雪花是在大气中形成并向地面降落的冰晶体的聚合体。最初云层中过冷却水滴冻结成冰晶，冰晶在下落过程中相互碰触，部分晶体通过合并（融合为单体）或聚合（粘连成团）增大体积，同时大气中的水汽在晶体表面凝结进一步促进晶体的生长。因温度、湿度、气压及风力等条件的时空差异，到达地面时这些冰晶聚合体的形态和体积各有不同，以至于不存在结构、形态和尺寸等各个方面完全相同的雪花，但它们最基本的形态为六角形（图1-1）。

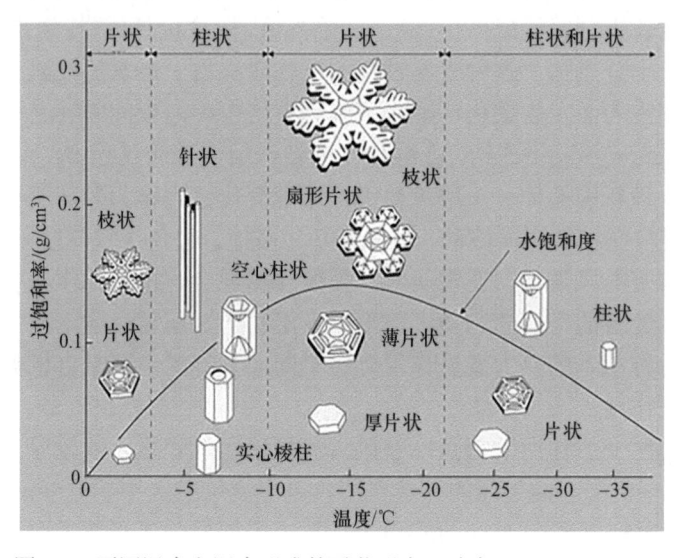

图1-1　不同温度和湿度形成的雪花形态（改自Conners，2024）

由于区域气候、年平均气温、积雪温度和积雪温度梯度的不同，雪的变质作用、变质过程以及变质作用类型也不相同。因此，区域积雪类型的变化也大。国内外雪型的分类方法虽然较多，但都是以粒径为指标来划分的。比较国际上、日本冰雪学会和中国科学院寒区旱区环境与工程研究所（原中国科学院兰州冰川冻土研究所）的雪型分类，我国雪型的分类（表1-1）更能体现数量化指标，便于实践操作。

表 1-1　我国雪型的分类

粒径/mm	雪型	粒径/mm	雪型
<0.5	新雪	2～2.99	粗雪
0.5～0.99	细雪	3～4	深霜
1～1.99	中雪	>4	聚合深霜

1.2　积雪分布

1.2.1　我国积雪分布

1.2.1.1　我国降雪与积雪概况

由于我国冬季风特别强盛，气温低，大部地区冬季的降水多以降雪的形式出现，降雪的南限在 24°N 左右，个别极端寒冷的年份，寒潮暴发时，广西南宁、崇左（龙州县）到云南河口瑶族自治县一带也可见到飞雪。一般而言，冬季降雪和积雪对农牧业生产是有利的。北方冬季寒冷，在冬小麦产区北界附近冬小麦常受冻害，而雪是热的不良导体，积雪可以减轻冻害；由于有积雪，牧区也解决了牲畜饮水的问题；同时，降雪时能湿润大气，起到净化空气的作用；此外，积雪到春天融化，又可不同程度地减轻北方的春旱。但是雪量过多（大雪），牧区积雪过厚，也会发生"白灾"，如蔬菜大棚被压垮，竹株、果树被压断等。大雪对交通运输及人们出行等也有很大影响。

1.2.1.2　平均降雪期的分布

各地降雪平均的初终期与纬度、地形和地势有关。一般说来，降雪初期自南而北提早，终雪日期自南而北推迟，降雪期从南向北延长。大兴安岭的阿尔山以北地区降雪期最长，从 9 月中下旬至翌年 5 月中下旬，长达 8 个月之久；黑龙江、吉林、辽宁、内蒙古及山西的降雪期在 10 月至翌年 4 月之间，6 个多月；华北平原大致在 11 月下旬至 12 月上旬开始降雪，3 月中旬终雪，4 个月左右；长江中下游地区的降雪期在 12 月中下旬至翌年 3 月上中旬，有 2 个多月；贵州降雪期在 12 月中下旬至 2 月下旬，有 2 个多月；四川盆地因冬天气候比较温暖，1 月中旬才见初雪，降雪期不到 1 个月，与南岭山地、闽北的降雪期相当；南岭以南的地区降雪很少；西北黄土高原河西走廊及准噶尔盆地 10 月下旬至 11 月上旬开始降雪，3 月下旬至 4 月上旬终雪，降雪期长达 5 个月；关中地区降雪期为 4 个月。气候干旱地带降雪期短，如阿拉善高原降雪期为 11 月中旬至翌年 3 月中旬；塔里木盆地是 12 月中下旬至翌年 2 月上中旬。由盆地沿山麓而上，随着地势的升高降雪期迅速延长，至天山中山地带，降雪期已长达 8 个月以上。青藏高原的降雪期以藏东南地区最短，为 12 月上旬至 4 月上旬；沿雅鲁藏布江向西，降雪期渐长，至日喀则已是 11 月上旬至翌年 5 月上旬；青藏高原东部地形复杂，地势差异悬殊，降雪期差别很大，不少高山峻岭终年雪天不断。

1.2.1.3　降雪日数的地理分布

我国年降雪日数，一般是东部地区的雪日从北往南逐渐减少。东北地区纬度高，冬半年气温低，湿度大，气旋活动频繁，降雪日数为我国东部地区之首。东北山地（含内蒙古东部大兴安岭北段）年降雪日数大多在 40d 以上，图里河、博克图镇和东风区、长白山一带降雪日数多达 100d 以上，是我国降雪日数较多的地区之一；东北平原（不含内蒙古的东北地区部分）降雪日数为 20～40d；内蒙古降雪日数一般 15～30d；华北平原直至南岭的广大地区降雪日数普遍只有 5～15d；四川盆地降雪日数不足 1d；黄土高原降雪日数为 15～25d；南疆和阿拉善高原因气候干旱，降雪日数多在 15d 以下；北疆为冬季北冰洋气团入口要冲，降雪较多，降雪日数一般为 40～75d，天山的部分山地降雪日数超过 100d；藏东南因纬度和地势低，降雪日数不到 5d，比东部江南地区还少，暖湿的西藏南部谷地降雪日数在 10d 以下，但西藏南部山地降雪日数较多，在 40d 以上，局部达 100d 以上；西藏北部高原降雪日数大多在 50～80d，巴颜喀拉山和唐古拉山脉是西藏北部高原降雪日数较多的地区，一般在 100d 左右，是我国降雪日数较多的地区之一；青海湖一带降雪日数为 30～50d；柴达木盆地降雪日数在 20d 以下。

1.2.1.4　积雪日数分布

只有在近地面空气层温度较长时间内保持在 0℃ 以下的地区才能形成积雪。积雪在水平和垂直方向上都有明显的地带性，一般积雪日数随着纬度的增加而增加，同时也随着地势的升高而增加。呼伦贝尔根河以北地区雪日多，雪量大，而且气温低，湿度大，蒸发比较慢，积雪期最长，年积雪日数在 160d 以上；呼伦贝尔高原、小兴安岭、三江平原、松嫩平原北部、长白山大部、北疆大部和青海南部的部分地区积雪日数为 100～160d；东北西南部、黄土高原、青藏高原中东部等积雪日数为 20～60d；华北平原及关中等地积雪日数为 10～20d；淮河至南岭大部积雪日数在 10d 以下；四川盆地及南岭山地积雪日数不足 1d。

1.2.1.5　最大积雪深度

全年积雪最厚的地区是北疆和东北地区。天山、阿尔泰山、大兴安岭等地的部分地区最大积雪深度可达 60cm 以上；大兴安岭大部、小兴安岭、长白山地区、环渤海地区、黄河中下游至长江中下游的广大地区、滇西北、藏南地区山地等地最大积雪深度可达 20～40cm；东北平原西部、河北平原南部、西北地区东部、青藏高原中东部、云贵高原中北部及长江中下游的部分地区最大积雪深度为 10～20cm；四川盆地、柴达木盆地、南疆大部及内蒙古西部等地区最大积雪深度在 10cm 以下；25°N 以南地区则为无积雪区。

1.2.2 内蒙古积雪分布

1.2.2.1 内蒙古草原牧区降雪与积雪概况

内蒙古历史上频频出现大（暴）雪灾害。资料表明，1961～1999 年内蒙古发生大（暴）雪过程 70 次，其中大雪过程 44 次，暴雪过程 26 次，平均每年接近 2 次。一般平均风力 7～8 级，平均降雪量＞8mm，平均降温 8℃，若降雪的同时有强冷空气影响，还会形成暴风雪，可在很短时间内形成严重的灾害。

1.2.2.2 降雪期、积雪期的分布

我们根据内蒙古气候图谱对 1961～1998 年 111 个气象台（站）的降雪资料进行了统计分析。结果表明，内蒙古地区初雪日为 9 月中下旬，之后陆续出现降雪天气，直到翌年 5 月下旬降雪天气才结束，降雪期长达 8 个月。积雪期从 10 月中旬到翌年 5 月上旬，近 7 个月。

从内蒙古降雪日数和积雪日数上看，呼伦贝尔市大兴安岭山区每年降雪日数多达 10～30d，积雪日数长达 180d 以上。而内蒙古西部的广大地区每年降雪日数和积雪日数不足 15d，其中，阿拉善盟、乌海市及巴彦淖尔市西部地区降雪日数和积雪日数均在 10d 以下。内蒙古中部地区降雪日数在 20d 左右，积雪日数在 125～150d。

1.2.2.3 降雪量、积雪量的分布

考虑到内蒙古地区降雪的气候特征，将当年 10 月至翌年 3 月定义为冬季。根据 1961～2000 年冬季的月降雪量资料，统计绘制出冬季降雪量多年平均逐月分布图（图 1-2a）。由图 1-2a 可知，内蒙古地区降雪月份中 10 月降雪量最大，3 月次之，1 月最少，12 月次少；12 月至翌年 2 月降雪量变化幅度不大，10～12 月、2～3 月的降雪量变化幅度较大。按照进入冬季的时间序列将冬季划分为 3 个时段，即前冬期（10～11 月）、隆冬期（12 月至翌年 1 月）和后冬期（2～3 月）。显然，隆冬期降雪量少，变化小；而前冬期和后冬期分别为降雪量的递减和递增时期，降雪量大，变化显著，为过渡时期。

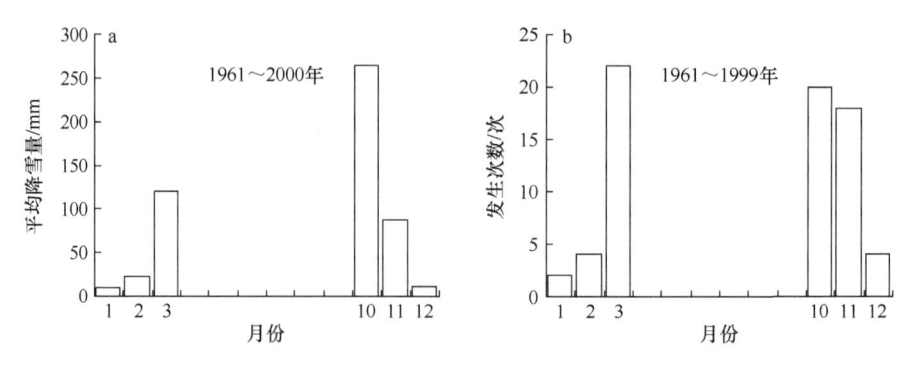

图 1-2 内蒙古地区冬季多年平均降雪量（a）、大雪和暴雪发生次数（b）

气象上的降雪等级是以雪融化后的水来度量的。一般按 24h 内降水量（粗略地估计，10mm 深的积雪仅能融化为 1mm 的水）把雪分为 4 个等级：降水量 0.1～2.4mm 的雪称为小雪；降水量 2.5～4.9mm 的雪称为中雪；降水量 5.0～9.9mm 的雪称为大雪；降水量 10mm 及以上的雪称为暴雪。按照大雪和暴雪的标准，对 1961～1999 年的各次降雪过程进行统计（图 1-2b），结果显示，大雪 44 次、暴雪 26 次。对大雪及暴雪在各月的出现情况进行统计，大雪、暴雪在各月的发生情况差异也较大。对应冬季 3 个时段，大雪、暴雪在前冬期最多，共计 38 次，后冬期共计 26 次，而隆冬期仅有 6 次。可见，内蒙古的大雪、暴雪主要出现在前冬期和后冬期这两个时段。

从内蒙古地区降雪及大雪、暴雪的时间分布来看，前冬期（10～11 月）及后冬期的 3 月为降雪及大雪和暴雪的主要分布时段。这两个时段降雪量大，且为季节转换期，风速变化剧烈，故该时段是公路风吹雪的主要防治期。隆冬期降雪少，大雪、暴雪过程较弱，而前冬期的降雪已经过一段时间的吹刮再分布和凝结、融化等过程，故该时段是公路风吹雪的次要防治期。

1.2.3 典型草原积雪分布特征

1.2.3.1 积雪区草原类型

根据内蒙古草原的植被分布类型，内蒙古草原区可分为东部的草甸草原、中部的典型草原和西部的荒漠草原。内蒙古草原区积雪覆盖率从大到小的顺序为草甸草原区＞典型草原区＞荒漠草原区。

草甸草原区属于温带大陆性季风气候，年降水量 250～400mm，自东南向西北递减；年平均气温 –3～0℃，自东南向西北递减；年平均风速 3.0～4.3m/s，无霜期 80～120d。草甸草原区的草群草层高度一般为 20～60cm，盖度为 50%～80%，丰富度约为 20 种/m^2。

典型草原区属于干旱草原气候,具有明显的温带大陆性季风气候的特点,四季分明。冬季寒冷干燥,降水量的年度和季节变化都非常大。典型草原区的特点:寒冷,风大,雨水不均,秋高气爽,霜雪早,冬寒持续时间长。植被以旱生多年生草本植物为主,约占植被总面积的85%。

荒漠草原区全年干旱少雨,气温日较差大,有效积温高,无霜期短。年平均气温3~6.3℃,无霜期99~129d,年降水量115~250mm,由东向西、由南向北逐渐递减,分布不均匀,年际变化大。近年来过度放牧以及气候变化造成草场沙化,导致荒漠草原区生态系统退化逐年加剧,生态环境恶化。

1.2.3.2 积雪分布特征

积雪可以分为永久积雪和季节积雪两大类。季节积雪划分为稳定积雪与不稳定积雪两个亚类。永久积雪区和季节积雪区以年积雪日数365d为界,或以"粒雪线"为界。稳定积雪区与不稳定积雪区的界线采用年积雪数60d(或两个月),年变率在0.4以下。

时间分布特征　内蒙古草原区年内积雪变化较大,在积雪季,草甸草原区、典型草原区和荒漠草原区的积雪覆盖由10月开始逐渐增加,第二年1月时达到最大,2~3月开始下降,一般情况下,每年4月内蒙古草原区内的积雪全部融化。

空间分布特征　①草原积雪分区受气温和降雪控制,是两者共同的结果。但在不同地区,两者主从地位不同,一般来说,地带性分布气温占主导地位,非地带性分布降雪占主导地位。②草原积雪分区与气候带基本相符,与植被类型息息相关。③从地理地貌上看,内蒙古高原东起大兴安岭,西至甘肃河西走廊西北端的马鬃山,南沿长城,北接蒙古,海拔1000多米,地势起伏微缓,有明显的季相变化。但在局部地区地势起伏较大,导致积雪分布不均匀。积雪分布不均匀与高山-低地系统关系密切,几乎每一个高山-低地系统中都呈"多"与"少"的对立分布。④稳定积雪区的积雪对气温变化十分敏感,积雪范围随气候的变化而发生相应的变化。

当然,对于干旱少雨的内蒙古草原区而言,冬季积雪是土壤水分补给的重要来源,更是草原区不可多得的自然资源。同时,积雪对于牧草返青极为重要,对于土壤水热条件也有很大影响。风吹雪造成的二次积雪会使积雪重新再分配,不同厚度的积雪融化也会导致土壤获得水分的再分配。

人们往往忽视积雪的正面作用,尚未把积雪作为一种好的自然资源对待。及时准确观测内蒙古草原积雪的分布范围、积雪覆盖情况,变害为利对于草原区抗灾减灾,实现草地资源合理利用具有重大的意义。

1.3 积雪与草原生态

1.3.1 积雪对草原生态的影响

冰雪是地球许多地区的冬季特征,定期影响植物、动物的栖息地,并调节生物地球化学过程。雪层为土壤和雪下生物提供物理隔离,但特定条件下其微环境仍支持部分生物活动。雪层将植物与食草动物隔离开,将小型食草动物与捕食者隔离开。雪和冰还具有物理和机械性质,为一些植物和动物带来了挑战和机遇。非冬季栖息地也由雪和冰调节,雪和冰控制着无雪期和无冰期的开始日期和持续时间,影响着植物和动物的生长/活跃期。在春季冰雪融化时,积累在冬季雪中的营养物质和污染物被释放出来,对生物圈产生影响(包括对人类的影响)。当前全球变暖导致的雪和冰状况变化对许多北极地区的植物和动物造成了损害。另外,植被的变化也正在影响雪的状况。

雪具有重要的"绝缘"特性,有助于植物在冬季的生存甚至生长、动物如田鼠的生存和繁殖及多年冻土区活动层的发展。田鼠和其他小型啮齿动物在冬季生活在雪下的隧道和洞穴。在那里,它们可以获取植物的嫩芽作为食物,并利用雪的"绝缘"特性来筑巢和繁殖。一些植物种类,特别是某些苔藓和地衣,在雪融化前,当光照条件允许时,也会利用雪下的空腔进行生长。雪下的温度相对较高,温度变化较小,而且雪下有相对较高的二氧化碳和湿度水平,这些都有利于植物生长。植物在雪下的光合作用可以贡献多达19%的年总光合作用(Larsen et al., 2007a)。然而,相同的栖息地特征也增强了土壤微生物的活动,冬季呼吸作用可以对年碳排放作出重大贡献(Fahnestock et al., 1998)。在桦木森林苔原中人为增加雪深,使得年碳排放量增加了60%~160%(Larsen et al., 2007b; Nobrega and Grogan, 2007)。显然,适度增加雪深可以增强冬季生物呼吸作用,足以改变生态系统的年净碳交换,从碳汇转变为碳源。尽管雪被覆盖增加了植物的生存率,但田鼠的存活率和繁殖率的同步增加可导致植被被过度啃食和损害,这可能会抵消积雪对植物生长的任何益处。虽然这些动物吃掉的植被(主要是草和苔藓)相对较少,但植物芽的移除导致了雪被中大量草本植物死亡(Emanuelsson, 1984)。在田鼠数量高峰时,这些死亡的草本植物可以占到地上生物量的50%(Turchin and Batzli, 2001)。在积雪融化时,草本植物的枯落物(如残根、断茎、枯叶)在地表形成覆盖层。雪也"隔离"了生活在雪层之上的动物和植物,使生活在雪层之下的动物免受天敌的捕食。在极端低温环境中,植物冠层高度通常与雪层平均厚度高度匹配(Chernov, 1985; Sonesson and Callaghan, 1991)。伸出雪层的植株承受风冰机械损伤与脱水胁迫的双重选择压力。强风驱动冰晶持续冲击植物茎干,导致植物枯梢、枝干断裂和组织损伤；这种自然选择压力促使植物演化出抗风雪形态，以最大限度地减少暴露损伤。

季节性雪覆盖着浮冰，可防止浮冰快速融化，而它本身也受到浮冰的保护，防止季节性雪在开放水域中快速融化。在寒冷环境中，雪、其他冰冻圈成分、水圈和生物圈之间也存在着重要的相互作用。大陆冰盖和冰川的质量平衡依赖于积雪的积累。同样，冻土表面的能量通量受积雪的高反照率（反射短波辐射）和高效隔热能力（抑制热传导）主导控制，二者共同调节冻土层的能量收支平衡。寒冷地区的季节性雪是河流径流和供水系统中一个至关重要的临时储存成分，是春季土壤水分的决定性来源，是动物食物链中的一个主要因素（Seibert et al.，2014；Callaghan and Johansson，2014）。雪、植被和水以一种敏感但复杂的方式与冻土相互作用。这使得准确预测未来全球变暖影响下的生态系统演化变得困难。由于更深层的热扩散是一个非常缓慢的过程，被地面冰融化释放的潜热进一步强烈地延缓，厚厚的永久冻土对气候变化的响应可能极其缓慢。因此，持续变暖趋势的影响将越来越远离热相对稳定的全新世的平衡状态，并在未来几十年、几个世纪甚至几千年对寒冷环境的条件产生深远影响。持续变暖趋势除了对生物圈、水圈生活条件和人类基础设施产生重大负面影响外，冻结在永久冻土中的有机物的分解可能会释放出大量的温室气体（Ohmura，2014；Streletskiy et al.，2014）。全球变暖、永久冻土融化和温室气体增加的这种自我强化效应（正反馈循环）需要纳入气候情景计算和全球气候政策，但迄今仍难以精确评估。在崎岖的地形中，永久冻土变暖和退化可能引发陡峭和冰冷山峰的长期不稳定（Deline et al.，2014），会给当地造成灾害风险。

冰雪事件对雪下洞穴和地面植被的影响　在当前全球变暖过程中，雪况变得不可预测。冬季更频繁的温暖事件（总体上，北极地区冬季比夏季变暖得更快）导致雪层部分或全部融化，然后重新冻结形成冰层，当融化完全时，有些冰层会包裹地面植被。这些事件的发生频率正在增加，导致植物出现物种特异性效应，包括芽发育延迟、花产量减少、枝条死亡率增加及土壤无脊椎动物数量减少（Bokhorst et al.，2012）。相比之下，地衣能够耐受这些事件，而苔藓则不能（Bjerke et al.，2011）。在 2007 年 12 月挪威北部沿海的一次温暖事件中，至少 1400km^2 的夏季植物生产力减少了大约 30%（Bokhorst et al.，2009）。这也是加拿大和美国阿拉斯加地区珍贵的黄雪松衰退的一个重要因素，原因是黄雪松在冬季失去了休眠期（Hennon et al.，2006），以及在未被雪覆盖的寒冷土壤中根部死亡（Beier et al.，2008）。

冬季变暖事件及暴风雪事件会导致麝牛、驯鹿和田鼠死亡。在许多地区，田鼠的周期性波动已经减弱（Kausrud et al.，2008）。此外，当春季融雪迅速时，小型啮齿动物可能会在亚雪层的洞穴中溺水而死（Chernov，1985）。当它们的种群密度低时，它们的捕食者会寻找替代猎物，如地面筑巢的鸟类，随后这些鸟类的数量也会减少（McKinnon et al.，2013），最终，捕食者也会减少。1999~2014年，许多地区的野生驯鹿群数量减少了大约30%（Vors and Boyce，2010），在斯瓦尔巴群岛、伊丽莎白女王群岛及亚马尔半岛都发生了大规模的死亡事件。在圣马修岛，由于引入的驯鹿群过度利用植物资源，在经历1963年极端的冬季降雪和强风之后，一个曾达到6000头鹿的鹿群灭绝（Klein，1968）。Olofsson等（2009）研究表明，当一片植被区域排除食草动物对其影响时，植物生长对温暖的刺激作用会被放大。因此，自1982年以来，卫星记录到的北极植被37%的绿化（Xu et al.，2013）可能是由于冬季雪况使食草动物数量减少，进而对植物恢复产生影响，而不是通常假设的夏季温度和无雪期延长对植被的直接影响，即极地绿化可能是由冬季和夏季过程共同驱动的。

融化的雪和冰可能对人类健康产生许多影响，但由于健康是多因素相互作用的反应，很难分离雪和冰的特定影响。然而，增加洪水的雪融可能导致基础设施的损毁，如卫生设施损毁会导致传染病传播。雪可以积累有害的污染物。由于雪是渗透性的，许多化学反应是在雪层内部发生的，可影响氮氧化物、卤素、臭氧、有机化合物和汞的积累和传输。变化的雪和冰导致运输条件的不可预测性，从而导致事故数量增加。然而，并非所有减少雪和冰持续时间的因素都对人类有负面影响，较低的紫外线辐射反照率可能会减少恶性黑色素瘤等癌症和雪盲症的发病率。同样，当像氮这样的营养物质被沉积时，雪的积累可能是有益的。植物，特别是苔藓，可以利用这些积累在雪中的营养物质（Tye et al.，2005）。

雪的持续时间是决定植物生长季长短的关键因素，因此，也是决定这些初级生产者可供草食动物和其他依赖者利用的季节长度的关键。无雪期的长度年际间变化不定，并且由于全球变暖，从1972年到2008年，北极地区的无雪期大约增加了13d（Callaghan et al.，2011；Derksen and Brown，2012）。极地沙漠极为干燥，积雪稀少。无雪期长度通常随纬度降低（从极地高纬度向温带）而增加。积雪分布也受地形影响。晚春时节，雪床栖息地积雪较多，而暴露的山脊或荒野则常被风吹蚀。积雪的空间格局可能是植物种类与群落分布的主要决定因素（Evans et al.，1989）。一个极端是在极端暴露区域，高山植物需耐受冬季的低温、强风和土壤水分亏缺。另一个极端是晚夏仍被厚雪覆盖的洼地，此处的植物必须在极短的生长季内完成叶片生长和繁殖周期。相比之下，积雪对动物的影响取决于动物迁徙的能力。总体而言，生长季节的持续时间影响植被生产、食草动物种群增长及捕食者的繁殖。在埃尔斯米尔岛上，短的生长季减少了植物的生产力，降低了麝牛和北极兔等食草动物的种群数量和种群大小，影响了捕食者狼的体型大小（Mech，2004）。

在当前全球变暖背景下，雪融发生得更早，植物对入射辐射的同步性和优化程度更高。这影响了生物地球化学循环，因为碳封存增加了。相比之下，当太阳角度较低的秋季延迟时，并不像预期会导致植物生产力的增加（Callaghan et al., 2005），但是土壤温度升高，土壤微生物活动增加，预计二氧化碳的排放会增加。雪的控制实验表明，在融雪速度快的地方，雪层深度的显著增加可能几乎不会对融雪时间产生影响（Walker et al., 1999），而早期融雪可能导致植物提前枯萎，而没有净增加植物生长（Starr et al., 2008）。无论是定居的动物还是迁徙的动物都受到春季雪覆盖的影响。长期观察显示，春季雪覆盖减少10%，一种鹅的产蛋时间提前5~6d，并且繁殖成功率提高20%（Madsen et al., 2007）。同样，格陵兰岛东北部的麝牛种群数量随着无雪期的延长和早春雪覆盖的减少而增加（Forchhammer et al., 2008）。

　　春季融雪的时间对植物和动物的物候学有重大影响。随着春季融雪的提前，许多物候学事件也在提前发生。自20世纪80年代初，从卫星图像估计的37%的北极显著变暖和变绿（Xu et al., 2013）与植物生长季节的季节性或物候学提前有关。例如，在格陵兰岛东北部，报告称开花时间提前了多达3周（Høye et al., 2007）。此外，当考虑跨越营养级的气候效应，如融雪的时间，植物物种的物候学反应可能对食草动物消费者产生重大影响。在每提前1d融雪时，芬兰每100只雌性驯鹿约增加1只幼崽（Turunen et al., 2009）。

　　雪以固态形式储存着冬季的降水，并在春季释放液态水。在夏季降水少的地区，这种液态水是植物用水的一个特别重要的来源。在阿拉斯加州沿海的苔原地带，较长的生长季并没有像预期的那样使植被变绿（Gamon et al., 2013），这是由于生长季晚期土壤水分不足。一些北方针叶树种的生长依赖于融化的雪水。大部分北方地区的水分条件仅勉强适合森林生长，减少的积雪可能已经导致了森林衰退和生产力下降（Lloyd and Bunn, 2007；Goetz et al., 2005）。遭受水分胁迫的树木更易受火灾和虫害侵袭。土壤水分供应因融雪模式改变及其连锁效应，预计将推动部分地区发生树种更替，从针叶常绿树种转向演替能力更强的落叶树种（Juday, 2009）。此外，融雪是春季地下水补给的主要驱动因素，显著影响碳与氧化亚氮（N_2O）的排放通量（Callaghan et al., 2011）。还有证据表明苔原火灾的规模正在增加（Mack et al., 2011）。这与雷暴和闪电的增加有关，但尚不清楚变化的雪况是否导致苔原变得更干燥、更易发生火灾。

1.3.2　草原对积雪的反馈作用

　　植被对雪的积累和消融有复杂的影响（Pomeroy et al., 2006），影响雪的垂直和水平分布（Callaghan et al., 2011）。树冠可以截留并保留大量的雪。这些树冠上的雪会蒸发、融化或脱落，总体上，它们减少了地面上的雪的积累（Hedstrom and Pomeroy，1998），这导致地面冷却。植被还减少了雪的再分配，导致植被区域的积雪量比开阔地区更大，并且植被可以降低雪的密度，这增加了地面的绝缘性（Sturm et al.，2001）。植被可以加速或延缓雪的融化，这取决于植被的特性（Callaghan et al.，2011）。植被类型的不同，植被高度、盖度、结构的差异均可形成不同的冠层，冠层通过截留降雪和太阳辐射影响积雪分布，进而决定积雪消融的时间、土壤温度和含水量等，从而影响土壤冻融过程。作者对内蒙古草原植被调查发现，随着草场植被高度、盖度的增加，积雪深度和积雪量呈增加的趋势。降雪发生后，在地形、植被及风的作用下，积雪会发生再分布过程，其中，植被在降雪拦截及风吹雪过程中起着重要作用。除了对积雪积累过程有影响外，植被的截留作用可改变地面的反照率，影响雪被的能量平衡过程，进而影响积雪消融过程，主要表现为积雪消融速率增加、雪升华损失减少、雪水当量增加。但由于草原地区植被种类单一，多为低矮的羊草等植物，而冬季时植物多为枯萎状态，使草原地区植被对于积雪的影响较小，因此，草原地区风吹雪较为频繁。多数草原地区整体上地形平坦、无高大的遮挡物，易形成大规模的风吹雪灾害。

主要参考文献

王中隆. 1983. 我国雪害及其防治研究. 山地研究, 1(3): 22-31, 65-66.

王中隆. 2001. 中国风雪流及其防治研究. 兰州: 兰州大学出版社.

Allison I, Colgan W, King M, et al. 2014. Ice sheets, glaciers and sea level rise // Haeberli W, Whiteman C. Snow and Ice-related Hazards, Risks, and Disasters. Amsterdam: Elsevier: 713-747.

Arenson L U, Colgan W, Marshall H P. 2015. Physical, thermal, and mechanical properties of snow, ice, and permafrost // Haeberli W, Whiteman C. Snow and Ice-Related Hazards, Risks, and Disasters. Pittsburgh: Academic Press: 35-75.

Barnett T P, Adam J C, Lettenmaier D P. 2005. Potential impacts of a warming climate on water availability in snow-dominated regions. Nature, 438(7066): 303-309.

Barry R G, Armstrong R, Callaghan T, et al. 2007. Snow // UNEP. Global Outlook for Ice & Snow. UNEP/GRID, Arendal: 39-62.

Beier C M, Sink S E, Hennon P E, et al. 2008. Twentieth-century warming and the dendroclimatology of declining yellow-cedar forests in southeastern Alaska. Canadian Journal of Forest Research, 38(6): 1319-1334.

Beniston M, Keller F, Koffi B, et al. 2003. Estimates of snow accumulation and volume in the Swiss Alps under changing climatic conditions. Theoretical and Applied Climatology, 76(3): 125-140.

Bjerke J W, Bokhorst S, Zielke M, et al. 2011. Contrasting sensitivity to extreme winter warming events of dominant sub-Arctic heathland bryophyte and lichen species. Journal of Ecology, 99(6): 1481-1488.

Bokhorst S, Bjerke J W, Tømmervik H, et al. 2012. Ecosystem response to climatic change: the importance of the cold season. Ambio, 41(Suppl 3): 246-255.

Bokhorst S F, Bjerke J W, Tømmervik H, et al. 2009. Winter warming events damage sub-Arctic vegetation: consistent evidence from an experimental manipulation and a natural event. Journal of Ecology, 97(6): 1408-1415.

Callaghan T V, Björn L O, Chernov Y, et al. 2005. Tundra and polar desert ecosystems // ACIA. Arctic Climate Impacts Assessment. Cambridge: Cambridge University Press, Hazards and Disasters Series: 243-352.

Callaghan T V, Johansson M. 2014. Snow, ice and the biosphere // Haeberli W, Whiteman, C. Snow and Ice-Related Hazards, Risks and Disasters. Amsterdam: Elsevier: 139-165.

Callaghan T V, Johansson M, Brown R D, et al. 2011. Changing snow cover and its impacts // Arctic Monitoring and Assessment Programme 2011. Snow, Water, Ice and Permafrost in the Arctic (SWIPA): Climate Change and the Cryosphere. Arctic Monitoring and Assessment Programme, Oslo, Norway: 338-538.

Chernov Y I. 1985. The Living Tundra (D. Löve, Trans.). Cambridge: Cambridge University Press: 213.

Church J A, Nicholls R, Hay J E, et al. 2007. Ice and sea level change // UNEP. Global Outlook for Ice & Snow. UNEP/GRID. Arenda: United Nation: 153-180.

Deline P, Gruber S, Delaloye R, et al. 2014. Ice loss and slope stability in high-mountain regions // Haeberli W, Whiteman C. Snow and Ice-Related Hazards, Risks and Disasters. Amsterdam: Elsevier: 303-344.

Derksen C, Brown R. 2012. Spring snow cover extent reductions in the 2008-2012 period exceeding climate model projections. Geophysical Research Letters, 39: L19504.

DeWalle D R, Rango A. 2008. Principles of Snow Hydrology. Cambridge: Cambridge University Press.

Emanuelsson U. 1984. Ecological effects of grazing and trampling on mountain Vegetation in Northern Sweden. London: Ph.D. Thesis, University of London.

Euskirchen E S, McGuire A D, Kicklighter D W, et al. 2006. Importance of recent shifts in soil thermal dynamics on growing season length, productivity, and carbon sequestration in terrestrial high-latitude ecosystems. Global Change Biology, 12(4): 731-750.

Evans B M, Walker D A, Benson C S, et al. 1989. Spatial interrelationships between terrain, snow distribution and vegetation patterns at an Arctic foothills site in Alaska. Ecography, 12(3): 270-278.

Fahnestock J T, Jones M H, Brooks P D, et al. 1998. Winter and early spring CO_2 efflux from tundra communities of northern Alaska. Journal of Geophysical Research: Atmospheres, 103(D22): 29023-29027.

Fierz C, Armstrong R L, Armstrong B R, et al. 2009. The international classification for seasonal snow on the ground. Technical Documents in Hydrology, 83.

Forchhammer M C, Schmidt N M, Høye T T, et al. 2008. Population dynamical responses to climate change // Advances in Ecological Research, Vol. 40. Amsterdam: Elsevier: 391-419.

Gamon J A, Huemmrich K F, Stone R S, et al. 2013. Spatial and temporal variation in primary productivity (NDVI) of coastal Alaskan tundra: decreased vegetation growth following earlier snowmelt. Remote Sensing of Environment, 129: 144-153.

Goetz S J, Bunn A G, Fiske G J, et al. 2005. Satellite-observed photosynthetic trends across boreal North America associated with climate and fire disturbance. Proceedings of the National Academy of Sciences, 102: 13521-13525.

Hayashi M. 2013. The cold vadose zone: hydrological and ecological significance of frozen-soil processes. Vadose Zone Journal, 12(4): 1-8.

Hedstrom N R, Pomeroy J W. 1998. Measurements and modelling of snow interception in the boreal forest. Hydrological Processes, 12: 1611-1625.

Hennon P, D'Amore D, Wittwer D, et al. 2006. Climate warming, reduced snow, and freezing injury could explain the demise of yellow-cedar in Southeast Alaska, USA. World Resource Review, 18(2): 427-445.

Høye T T, Post E, Meltofte H, et al. 2007. Rapid advancement of spring in the High Arctic. Current Biology, 17(12): R449-R451.

Johansson C, Pohjola V A, Callaghan T V, et al. 2011. Changes in snow characteristics in sub-Arctic Sweden // Callaghan T V, Tweedie C E. Multi-decadal changes in tundra environments and ecosystems: the international polar year-back to the future project (IPY-BTF). Ambio, 40(6): 566-574.

Juday G P. 2009. Boreal Forests and Climate Change // Cuff D J, Goudie A S. The Oxford Companion to Global Change. Oxford: Oxford University Press: 75-84.

Kausrud K L, Mysterud A, Steen H, et al. 2008. Linking climate change to lemming cycles. Nature, 456: 93-98.

Klein D R. 1968. The introduction, increase, and crash of reindeer on St. Matthew Island. The Journal of Wildlife Management, 32(2): 350-367.

Larsen K S, Grogan P, Jonasson S, et al. 2007b. Respiration and microbial dynamics in two subarctic ecosystems during winter and spring thaw: effects of increased snow depth. Arctic, Antarctic, and Alpine Research, 39(2): 268-276.

Larsen K S, Ibrom A, Jonasson S, et al. 2007a. Significance of cold-season respiration and photosynthesis in a subarctic heath ecosystem in northern Sweden. Global Change Biology, 13(7): 1498-1508.

Lewis M C, Callaghan T V. 1976. Tundra // Monteith J L. Vegetation and the Atmosphere, Vol. 2. London: Academic Press: 399-433.

Lloyd A H, Bunn A G. 2007. Responses of the circumpolar boreal forest to 20th century climate variability. Environmental Research Letters, 2: 13.

Mack M C, Bret-Harte M S, Hollingsworth T N, et al. 2011. Carbon loss from an unprecedented Arctic tundra wildfire. Nature, 475(7357): 489-492.

Madsen J, Tamstorf M, Klaassen M, et al. 2007. Effects of snow cover on the timing and success of reproduction in high-Arctic pink-footed geese *Anser brachyrhynchus*. Polar Biology, 30(11): 1363-1372.

Martinec J. 1975. Snowmelt-runoff model for stream flow forecasts. IWA Publishing, 6(3): 145-154.

Marty C, Meister R. 2012. Long-term snow and weather observations at Weissfluhjoch and its relation to other high-altitude observatories in the Alps. Theoretical and Applied Climatology, 110(4): 573-583.

McKinnon L, Berteaux D, Gauthier G, et al. 2013. Predator-mediated interactions between preferred, alternative and incidental prey in the arctic tundra. OIKOS, 122: 1042-1048.

Mech L D. 2004. Is climate change affecting wolf populations in the High Arctic? Climatic Change, 67(1): 87-93.

Nobrega S, Grogan P. 2007. Deeper snow enhances winter respiration from both plant-associated and bulk soil carbon pools in birch hummock tundra. Ecosystems, 10(3): 419-431.

Ohmura A. 2012a. Enhanced temperature variability in high-altitude climate change. Theoretical and Applied Climatology, 110(4): 499-508.

Ohmura A. 2014. Snow and ice in the climate system // Haeberli W, Whiteman C. Snow and Ice-Related Hazards, Risks, and Disasters. Amsterdam: Elsevier: 77-98.

Olofsson J, Oksanen L, Callaghan T, et al. 2009. Herbivores inhibit climate-driven shrub expansion on the tundra. Global Change Biology, 15(11): 2681-2693.

Pomeroy J W, Bewley D S, Essery R L H, et al. 2006. Shrub tundra snowmelt. Hydrological Processes, 20: 923-941.

Seibert J, Jenicek M, Huss M, et al. 2014. Snow and ice in the hydrosphere // Haeberli W, Whiteman C. Snow and Ice-Related Hazards, Risks and Disasters. Amsterdam: Elsevier: 99-137.

Sonesson M, Callaghan T V. 1991. Plants of the fenoscandian tundra. Arctic, 44: 95e105.

Starr G, Oberbauer S F, Ahlquist L E. 2008. The photosynthetic response of Alaskan tundra plants to increased season length and soil warming. Arctic, Antarctic, and Alpine Research, 40(1): 181-191.

Stocklin J, Körner Ch. 1999. Recruitment and mortality of *Pinus sylvestris* near the Nordic treeline: the role of climatic change and Herbivory. Ecological Bulletins, 47: 168-199.

Streletskiy D, Anisimov O, Vasiliev A. 2014. Permafrost degradation // Haeberli W, Whiteman C. Snow and Ice-related Hazards, Risks and Disasters. Amsterdam: Elsevier: 303-344.

Sturm M, McFadden J P, Liston G E, et al. 2001. Snow-shrub interactions in Arctic tundra: a hypothesis with climatic implications. Journal of Climate, 14(3): 336-344.

Sveinbjörnsson B, Hofgaard A, Lloyd A. 2002. Natural causes of the tundra-taiga boundary. Ambio, Spec No, 12: 23-29.

Torp M, Olofsson J, Witzell J, et al. 2010. Snow-induced changes in dwarf birch chemistry influence level of herbivory and autumnal moth performance. Polar Biology, 33: 692-702.

Turchin P, Batzli G O. 2001. Availability of food and the population dynamics of arvicoline rodents. Ecology, 82(6): 1521-1534.

Turunen M, Soppela P, Kinnunen H, et al. 2009. Does climate change influence the availability and quality of reindeer forage plants? Polar Biology, 32: 813-832.

Tye A M, Young S D, Crout N M J, et al. 2005. The fate of ^{15}N added to high Arctic tundra to mimic increased inputs of atmospheric nitrogen released from a melting snowpack. Global Change Biology, 11(10): 1640-1654.

Vors L S, Boyce M S. 2010. Global declines of caribou and reindeer. Global Change Biology, 15(11): 2626-2633.

Walker M D, Walker D A, Welker J M, et al. 1999. Long-term experimental manipulation of winter snow regime and summer temperature in Arctic and alpine tundra. Hydrological Processes, 13(14/15): 2315-2330.

Wipf S, Rixen C. 2008. A review of snow manipulation experiments in Arctic and alpine tundra ecosystems. Polar Research, 29(1): 95-109.

Xu L, Myneni R B, Chapin III F S, et al. 2013. Temperature and vegetation seasonality diminishment over northern lands. Nature Climate Change, 3(6): 581-586.

第 2 章　草原积雪、风吹雪理论及其防治

冰雪圈作为地球的低温层状系统，持续调节着多尺度人类活动。因冰雪圈物质相变临界点（如冰-水转变的 0℃阈值）与气候条件紧密耦合，当前冰雪圈正遭受全球变暖引发的剧变。其中，积雪物理特性（如密度、反照率、热导率）直接控制着积雪结构演化与动力学行为。深入理解这些特性是科学评估雪崩、风吹雪传输及融雪洪水等灾害过程的理论基础。

2.1　积　雪　特　性

2.1.1　物理特性

冰冻圈的危害受雪、冰和冻土的物理、机械和热力属性控制。温度和应力的充分变化往往会在短时间内导致冰冻圈材料失效。在评估冰雪圈风险时，充分了解雪、冰或冰冻地面的机械和热力学性质至关重要，这些性能的范围可能非常宽，跨越许多数量级并且重叠。必须仔细评估施工活动或气候变化造成的物质边界条件的变化，并评估随着时间的迁移，积雪机械性能的变化。由于冰雪表面可能不总是光滑的，并且地面冰的出现极其复杂，因此评估过程中必须经常进行简化和假设。

2.1.1.1　密度与结构

雪花的结构非常复杂，因为新降雪的结构对它经过的大气条件以及它在地面上经历的环境条件非常敏感。降落后，雪的结构会根据气温、风力和压力条件迅速且连续地发生变化。因此，新降雪的结构几乎完全与成熟雪堆的特性不一样。风往往会破坏复杂的雪晶结构，产生小而圆的颗粒，这些颗粒可以形成坚固的晶体。在低温度梯度条件下，曲率效应主导着变质作用，雪晶迅速变圆并由于微观尺度的蒸汽压力梯度而形成坚固的晶体。当温度梯度超过大约 0.1K/cm 时，变质作用受蒸汽压力梯度控制，这些梯度与温度梯度一致，导致各向异性并形成晶面（McClung and Schaerer，1993）。雪的微观结构是控制热性能和机械性能的主要因素（Schneebeli and Sokratov，2004；Satyawali and Singh，2008；Petrovic，2003），并影响多年积雪形成的冰的晶体结构。

雪的微观结构是雪热力学行为的关键控制因素，然而精确测量该结构既耗时又困难重重。迄今为止，最准确的微观结构观察是使用 X 射线断层成像或显微计

算机断层成像（微 CT）进行的，包括在不同温度梯度下的观察和机械测试（Schneebeli and Sokratov, 2004; Schleef and Löwe, 2013; Wang and Baker, 2013）。这种新的观察尺度增加了我们对雪微观结构动态的理解，并可能促进更复杂的模型参数化，以表示微观过程。高分辨率雪探针能够在现场测量微观结构，为现场力学性能提供输入。此外，近红外雪坑壁摄影和毫米级锥形探针测量等技术也颇具潜力（Matzl and Schneebeli, 2006; Schneebeli and Johnson, 1998; Johnson and Schneebeli, 1999）。近红外摄影可估算比表面积；锥形探针测量则用于雪型分类（Satyawali et al., 2009; Havens et al., 2013）。

尽管雪密度比雪微观结构变化少得多，但自然雪的密度比大多数地球材料的密度变化更大，季节性雪的密度范围在一个数量级内变化（10~550kg/m³），而在多年积雪区，由于融化的水重新冻结和/或压缩力的作用，密度几乎再增加 1 倍，最终形成多年积雪和最终的冰川冰。多年积雪是过去季节部分压实的雪，在其中雪花晶体发生了变化，形成了比新雪更密集的材料。新雪的密度取决于它在云中形成和在地球表面沉积过程中的气温、相对湿度和风条件。在海洋环境中，新雪的密度通常为 100~300kg/m³。然而，在大陆环境中，新雪的密度通常为 10~100kg/m³。由于影响雪到达地面的因素众多以及环境条件的范围广泛，模拟新雪密度仍然有很大的不确定性。一旦新雪和多年积雪沉积在地球表面，它们的密度会通过变质作用增加，最终接近冰的密度。

雪密度的不确定性在估算雪或粒雪中储存的水量以及雪载荷或潜在影响时可能是一个主要的复杂因素。例如，在成熟的雪被中，雪被底部饱和层的形成可能会使雪载增加超过 100kg/m²。尽管在避风处的干雪压实可以相对合理地建模，但风载作用可以显著增强压实，却难以模拟。同样，液态水的渗透在水平和垂直方向上都极其不均匀，这使得在任何可观测的区域内收集准确的密度观测数据既昂贵又耗时。与密度的垂直变化相比，整体雪被密度或深度平均密度更容易测量，且可能空间变化较小。尽管雪密度和结构测量起来耗时，但与其他雪属性（如热力学属性、电学属性和声学属性）相关，并且是雪崩和雪载危险的关键控制因素。

2.1.1.2 热性能

冰冻圈灾害的发生概率主要由材料的力学强度控制。然而，评估此类灾害及其演变需要了解材料的热力学性质。热导率、热容量和潜热等参数决定了热源（如大气）温度变化在材料内部传播的速率，进而影响一定距离处温度随时间的变化。

雪的热性质主要随密度变化，但也依赖于微观结构和温度，并且通常表现出显著的各向异性。在密度范围为100~550kg/m³时，雪的热导率在0.04~1W/(m·K)范围内变化（Sturm and Johnson, 1992; Sturm et al., 1997）（表2-1）。在给定的雪密度下，微观结构的变化可以将热导率改变两倍，晶体各向异性取向的变化也是如此（Schneebeli and Sokratov，2004；Kaempfer et al.，2005；Satyawali and Singh，2008；Riche and Schneebeli，2010；Shertzer and Adams，2011）。近期研究表明，传统的针探法测量雪热导率可能存在偏差（Riche and Schneebeli，2010；Calonne et al.，2011）。这种偏差源于探头插入过程对雪微结构的物理扰动、伴随的热效应，以及达到温度稳定所需的时间。为了克服这些限制，研究者利用高分辨率显微技术（如X射线显微断层成像）进行精确的实验室观测，并据此开发和验证了能够表征雪热导率各向异性的新模型（Calonne et al.，2011；Löwe et al.，2013；Riche and Schneebeli，2013）。图2-1显示了热导率随密度变化的情况，这是通过总结观

表2-1 雪、冰、冻土和水的热性质：热导率、比热容和热扩散系数

	雪	冰	冻土	水
热导率 [W/(m·K)]	0.04~1.00（与密度的平方成正比）	2.10~2.76	0.5~4.0（砂砾和砾石）、0.1~2.2（淤泥和黏土）、0.03~1.25（泥炭）	0.562
比热容 [kJ/(kg·K)]	2.090	1.741~2.097	0.70~1.30（淤泥、黏土、砂砾和砾石）、0.7~2.2（泥炭）	4.217
热扩散系数 ($\times 10^{-7} m^2/s$)	1~8（与密度成比例）	1	0.1~80	1.330

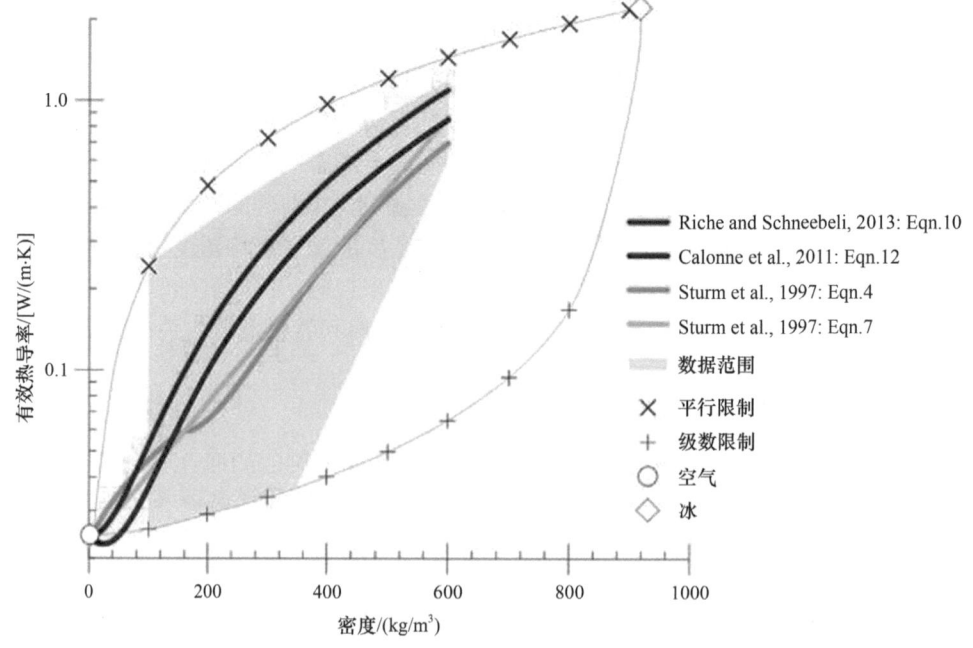

图2-1 热导率随密度的变化（Sturm et al.，1997）

Eqn.：方程式

察数据和一个传统模型（Sturm et al., 1997）以及包含高分辨率微结构信息的新模型来表达的（Calonne et al., 2011; Riche and Schneebeli, 2013）。理论上，雪和冰的热导率的极限情况对应于冰结构相对于温度梯度的并联和串联排列的热传递（Sturm et al., 1997）。此外，近期的模型研究指出，分辨率仅为10cm的密度观测无法有效识别薄层低导热雪层，而这些薄层对地表附近的雪层温度剖面估算具有显著影响（Dadic et al., 2008）。

雨雪事件、表面霜晶形成和雪面升华产生的潜热对积雪的热状态有显著影响（Marks et al., 2001; Marks and Winstral, 2001; Lehning et al., 2002）。更为关键的是，冰层附近热导率的空间变化会导致显著的温度梯度。这些梯度驱动晶体形态演变，进而形成薄弱层——这是引发雪崩的主要机制之一（McClung and Schaerer, 1993; Schweizer, 1999）。积雪释放的热能可以冷却雪面，使雪层表面温度远低于边界层空气温度，导致水蒸气的沉积和表面霜晶的形成。表面霜晶是露水的固态等价物，它可能不仅是雪坡稳定性中潜在重要的弱层，而且还记录了雪结构的一个重大变化。在冰川和多年积雪区，早秋形成的霜晶被用于计算年层的冰芯的视觉变化。

2.1.1.3 机械性能

雪是由冰的晶格组成，因此冰的机械性能最终决定了雪的机械性能。冰的分数体积以及晶粒和键合的微观结构排列控制了雪在施加应力下的宏观响应。由于雪、粒雪和冰的密度范围很广（从 10kg/m³ 到 917kg/m³ 不等），这些材料的机械性能变化幅度很大（图2-2）。新鲜的雪会因为变质作用而迅速开始初始致密化，由于后续雪的重量而压实，可能在融化过程中饱和。由于雪的密度和微观结构在短时间内会发生显著变化，雪的强度也会随之变化。

像冰一样，雪的机械响应可以被描述为黏弹性体，雪变形取决于应力和应力率（Glen, 1958）。然而，脆性破坏确实经常发生。尽管雪是一个由冰构成的多孔晶格结构，但它通常被建模为一种细胞固体（Gibson and Ashby, 1997）。在应变率每秒大于 $10^{-4} \sim 10^{-3}$ 的范围内，具体取决于温度、密度和微观结构（Narita, 1983; Schweizer, 1998），雪表现出近似线性弹性的行为，直到强度被超过并发生脆性破坏（Marshall and Johnson, 2009）。较低的应变率（每秒小于 10^{-6}）会导致黏性变形（Theile et al., 2011; Schleef and Löwe, 2013）。

雪的强度与密度相关，但在任何给定密度下，都会观察到强度值的广泛范围，因为强度最终由雪的微观结构控制（图2-2）。雪粒之间的键合特性主要负责抗拉、抗压和抗剪强度。在野外测量微观结构仍然非常困难，只有通过实验室对小样本进行微CT测量才能获得详细、准确的测量结果（Schneebeli and Sokratov, 2004; Wang and Baker, 2013; Chandel et al., 2014）。雪的野外稳定性评估通常采用宏观

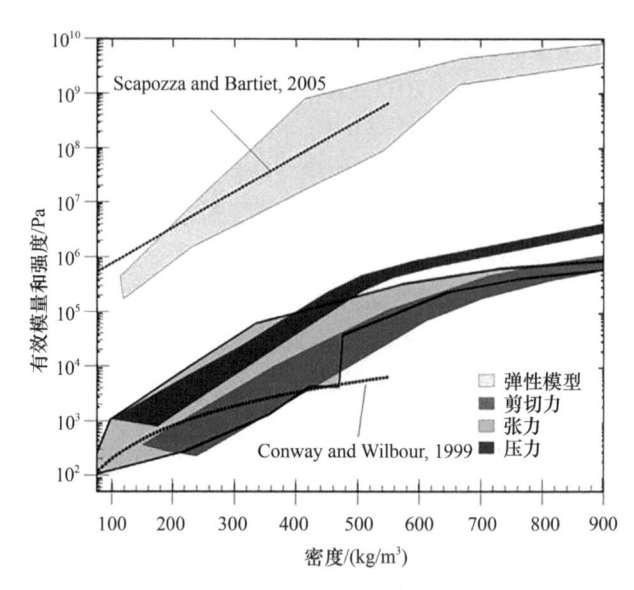

图 2-2　雪的弹性模量、剪切强度、抗拉强度和抗压强度作为密度的函数
在 Mellor（1975）和 Shapiro 等（1997）之后更新。阴影区域表示文献中的测量范围

尺度测试。最近使用毫米级锥形渗透测试的研究表明，毫米级锥形渗透仪测量值与稳定性以及雪的强度之间存在强烈的相关性，但这仍然仅限于研究中，并非已经应用的技术（Schneebeli and Johnson，1998；Bellaire et al.，2009；Marshall and Johnson，2009；Pielmeier and Marshall，2009）。在实验室环境中，主要对湿雪或人造雪进行了三轴压缩测试（Shapiro et al.，1997；Bartelt and Von Moos，2000；Scapozza and Bartelt，2003；Theile et al.，2011；Schleef and Löwe，2013），并且最近成功地对自然雪板样本进行了三点弯曲测试，以测量断裂能量（Sigrist and Schweizer，2007）。

　　新降雪的强度数量级可以通过密度来近似估算，雪的压实模型被用于操作中，基于强度增强和负荷的估算来估计风暴期间雪的强度和稳定性演变（Conway and Wilbour，1999）。由温度梯度变质作用引起的埋藏的脆弱分层雪层通常在剪切时弱但在压缩时强，这使得它们能够持续存在（Shapiro et al.，1997）。这些层的强度仍然难以建模或测量（Hagenmuller et al.，2014），因此构成了雪坡稳定性预测中的危险成分（Schweizer，1999；Schweizer et al.，2003）。图 2-2 显示了雪的弹性模量、剪切强度、抗拉强度和抗压强度作为密度的函数。在给定密度下的值范围很大，这主要被认为与微观结构的差异有关，其次与雪的温度差异有关。

　　在脆弱的雪层中，裂缝的传播是一个重要的过程，能够在数秒内传播数百米甚至更远。雪崩常常是从远处触发的，即使是在平坦的地形上，最终会在一个远处的位置释放，那里的拉应力超过了雪板的抗拉强度。当前研究（McClung，2011）不仅为剪切传播提供了证据，也证实了上覆雪层的压缩破坏性坍塌和雪板弯曲力矩引起的变形同样是能量传播的机制。

2.1.1.4 雪的蠕变

雪、冰和冻土的机械行为取决于应变率,或者同时取决于应变和时间(图 2-3)。对于非常慢的加载速率,机械响应通常是延展性的,可以描述为蠕变响应。蠕变定义了在恒定应力下材料随时间继续变形的现象。基于各种实验室研究,可以明显看出三种不同的蠕变阶段:初级蠕变、次级(或稳态)蠕变和三级蠕变(图 2-4)。这些蠕变阶段之间的转换依赖于材料,通常与达到某一特定阈值应变所需的时间无关。雪、冰和冻土都存在这三个蠕变阶段。

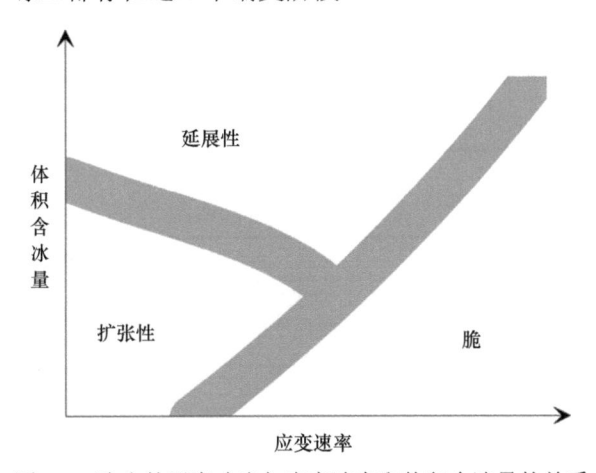

图 2-3 冻土的强度响应与应变速率和体积含冰量的关系
Vyalov(1963)之后更新

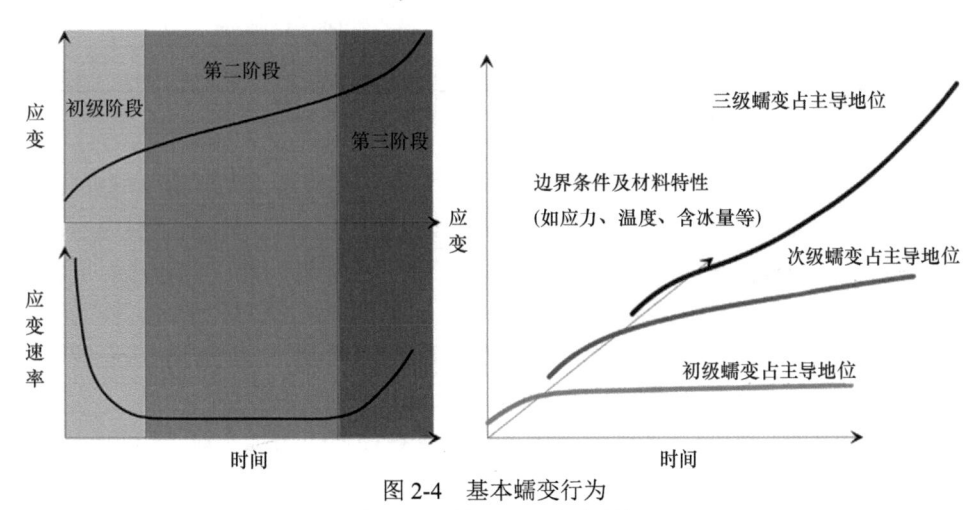

图 2-4 基本蠕变行为
在 Arenson 等(2007)之后更新

在低应力速率下，雪的粘性应变会导致其密度增加，并且在重力作用下使雪沿山坡下滑。近表面雪的密度化速率与雪的温度、密度和液态水含量呈指数关系变化（Kojima，1967；Yamazaki et al.，1993；Shapiro et al.，1997）。仅由于变质作用引起的干雪粘性应变率变化可达三个数量级，而雨水或融雪产生的液态水可以将速率提高 3~5 个数量级（Marshall et al.，1999）。雪中的粘性致密化受微观结构控制，是由晶界滑移和晶内键合变形的组合造成的，最近的研究结果表明，在低密度雪中，后者过程最有可能占主导地位（Theile et al.，2011）。雪的密度化速率与密度呈指数关系变化，要达到大于 350kg/m³ 的雪密度，除非存在由重新冻结的液态水形成的厚冰层，这通常需要覆盖应力。雪和粒雪之间的密度阈值大约为 550kg/m³，这与紧密排列的冰球的质量和体积相符，并且与实地测量结果一致（表 2-2）。

表 2-2　雪、冰和冻土的物理性质

		密度
鲜雪		15~100kg/m³（干）、100~300kg/m³（湿）
陈雪		200~550kg/m³（干）、400~650kg/m³（湿）
积雪		550~830kg/m³
空气		1.15~1.42kg/m³
冰		830~917kg/m³
水		999.87kg/m³
冰冻土（含冰量）	少冰（<20%）	1900~2300kg/m³
	中等的（20%~50%）	1500~2300kg/m³
	多冰（50%~80%）	1000~1800kg/m³
	脏冰（>80%）	700~1300kg/m³

注：雪在负载下的密度迅速变化。

由于过载应力和/或重新冻结的液态水，需要压实以将雪的密度从 550kg/m³ 增加到冰的密度（917kg/m³）。季节性积雪很少会受到足够长时间的足够应力以通过变质作用达到冰的密度，而且通常饱和的雪层不会因与水相关的潜热而重新冻结。持续到夏天的雪会变成粒雪，并在冰盖、冰川和多年积雪区形成。粒雪经历多年冬季积累和/或饱和液态水渗透后暴露于低温，其过载压力增加，从而能够缓慢增加其密度至固态冰的密度（Herron and Langway，1980）。

在饱和之前，雪融动态极其复杂，包括垂直柱体中的优先流（Colbeck and Davidson，1972；Schneebeli，1995；Waldner et al.，2004）和沿地层层理的侧向流动（Eiriksson et al.，2013）。由于液态水含量的大异质性以及通常不可用的所需地层和微观结构特性，对未饱和雪中融化的致密化建模具有挑战性。相比之下，能量平衡和校准的温度指数模型通常在估算春季融化的时序演变方面表现良好。但上述模型需要满足以下条件：①均匀饱和的湿润锋达到地面并大量消除了主要的地层边界和优先流路径；②没有新增的雪来增加反照率。

地形曲率和雪流的相互作用导致雪层在凸起处造成拉应力集中，在凹陷处造成压应力集中，这通常导致雪层剖面的这些转折点具有最低的坡度稳定性(McClung and Schaerer, 1993; Schweizer et al., 2003)。当蠕变过程中超过拉伸强度时，雪层表面会形成裂缝，裂缝向下延伸至雪-地界面，导致下层雪层沿界面滑动。滑动裂缝雪崩通常在摩擦力低的岩石板块上的深海雪层中形成，它们难以被预测且通常不会对爆炸物作出反应。雪蠕变也可以对结构造成显著的静态负荷，这需要仔细的工程设计。

2.1.1.5 动态和电磁特性

雪、冰和冻土的动态和电磁特性不仅可用于地球物理参数的定量解释，还对电磁辐射的响应以及评估对动态负载（如地震、爆炸或机械振动）的机械响应具有重要意义。与冰冻圈材料的多种静态力学特性类似，雪、冰和多年冻土的动态和电磁特性也存在广泛的差异（表 2-3）。

表 2-3 冰雪地的动态和电磁特性

	P 波速度/（km/s）	电阻率/Ωm	电介电常数	电磁运动速度/（m/ns）
雪	~1.00	$10^6 \sim 10^7$	1~3	0.230
冰	~3.80	$10^4 \sim 10^8$	3~4	0.167
冻土	2.40~4.40	$10^3 \sim 10^6$	4~8	0.110~0.150
水	1.45~1.58	10~300	80	0.033
空气	0.33	∞	1	0.300

雪的磁导率与空气的相等，且其导电性接近 0，除非它潮湿并含有尘埃。在低于 100GHz 的频率下，冰的相对介电常数实部与频率无关，在雪中则大约与密度呈线性关系变化，密度为 $50kg/m^3$ 时接近空气介电常数（约 1.08），密度达 $550kg/m^3$ 时升至 2.15，密实雪则趋近冰的值（3.00）。在干燥的雪中，介电常数的虚部在 10GHz 以下的频率下低于 0.005，因此可能实现数十到数千米的穿透。然而，在潮湿的雪中，介电常数的虚部是频率的强函数，当频率超过 5GHz 或含水量超过体积的 1%时，穿透深度限制在 1m 以下。在光学波段，介电常数的实部与虚部均呈现强频率依赖性，同时散射与吸收效应显著；穿透深度通常小于 50cm，具体值随波长和雪粒尺寸变化。

标准的商用地面穿透雷达（GPR）常用于绘制雪深和雪水当量图，以及估算液态水含量（Lundberg and Thunehed, 2000; Harper and Bradford, 2003; Bradford et al., 2009）。通过重复从雪层底部进行 GPR 测量，可以追踪雪层的发展和融化过程（Heilig et al., 2010）。为了在雪中获得高分辨率以详细研究干雪层结构，目前研究中已经使用了定制的频率调制连续波雷达系统（Marshall and Koh, 2008）。这种技术允许进行超宽带微波雷达测量，提供小于 1cm 的垂直分辨率。可以在商业上可用的最高 GPR 频率下进行 C-波段、X-波段和 Ku-波段频率（2~20GHz）观测，测量雪粒散射并模拟雷达遥感观测体积。目前，X-波段和 Ku-波段的雪后向散射是测量空间雪水当量的重要方法。最近，Kulessa 等（2012）使用自电位进行了低频电磁测量，以测量雪中液态水的流动。

雪是一个非常有效的声学能量吸收体，超声频率被迅速衰减（Shapiro et al., 1997; Maysenhölder et al., 2012）。标准的自动雪深测量使用空气中超声脉冲的反射来追踪固定位置的雪面。像雪崩这样的大声音信号已经在地震阵列上测量过，并使用了次声波（Ulivieri et al., 2011; Lacroix et al., 2012）。扫频声波信号已被用于在低频下测量雪深和雪水当量（Kinar and Pomeroy, 2009）。地震 P 波速度随着密度和液态水含量的变化而变化，并覆盖了一个目前尚未充分约束的广泛范围，但测量表明地震 P 波速度介于空气和冰之间。

2.1.2 化学特性

2.1.2.1 积雪的化学组成

雪和大气气溶胶一样，是多源化学组成的样品。雪是由天空带雨的雨层因气温急剧下降凝结成的，其化学组成成分主要是 H_2O，其中 99%以上是 H_2O，因环境污染雨层导致雨层混有各种气体和尘埃，气体中有自然的空气成分，也有人类环境污染产生的二氧化硫、二氧化碳、一氧化碳、氯化氢、氯气等成千上万种气体成分，还有工业排放的各种粉尘，风暴吹起的地球尘埃等，以及 Ca、Mg 等金属元素。以上杂质因总量相对很小，在水中的总浓度在 1%以下。雪在形成及降落过程中会通过 3 种主要途径将大气中的化学物质（如陆地尘埃、人为污染物、自然界中性有机质、弱有机酸及痕量金属等）进行整合：一是在冰晶形成初期，将周围的化学物质禁锢在冰晶结构中；二是在云层内通过物理作用捕获气体、气溶胶及较大颗粒物质；三是在降雪过程中，将云中的这些化学物质带至地面，实现从大气中的清除。

雪化学组成的最新研究结果表明，雪并不是降雪期间从大气中清除的化学种的被动储存库（Grannas et al., 2007）。雪与大气通过干沉降和挥发发生交换，交换过程中伴随着各种物理过程，如雪场内气体运动和雪的变形，可能会增加和降低某些化学种的数量，导致积雪内部化学种重新分布。融雪期间也会发生化学反应，微生物的存在也会影响养分的浓度。由于雪调节着从土壤到大气的气体排放，因而雪中还常常显示出很强的二氧化碳和痕量气体浓度梯度。

2.1.2.2 雪化学和生态学

雪化学的研究源于两个原因：一是雪融水对地表水质量的潜在影响，二是阐述寒冷干燥积雪中所记录的气候和污染状况。而污染气团来源于工业城区。早期的研究工作主要集中于从融化积雪中冲洗或洗提溶质（Rangel-Alvarado et al.，2022）。近期更多的研究已经集中于雪中发生的其他化学变化（Rangel-Alvarado et al.，2022）。很显然，积雪在物理变化期间，可能会得到或失去某些化学种。在一定的气候条件下，某些化学种可能发生变化，也可能受微生物活动的影响。在20世纪90年代，学术界建立了雪化学和生态学之间的协同关系。

2.2 积雪的密实化过程

2.2.1 深度变化过程

2.2.1.1 稳定积雪期深度变化过程

1）观测期积雪深度变化

降落到地表的新雪由于结构较为松散，空隙大，随着积雪时间的延长，新雪粘结到一起，空隙逐步减小。同时，雪层受自身重力作用而逐步变得密实。稳定期内，积雪密实化是个缓慢的变化过程。观测期积雪深度变化如图 2-5 所示，在

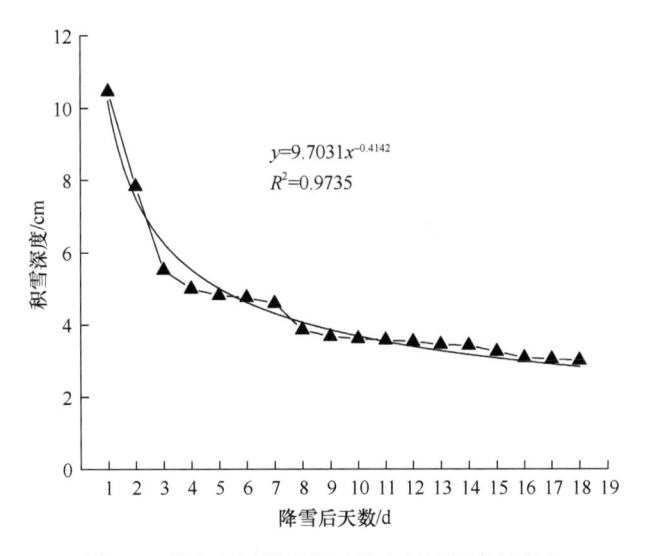

图 2-5 稳定积雪期观测时段内积雪深度的变化

整个积雪观测期内,积雪深度从降雪后第 1 天的 10.46cm 减小到第 18 天后的 3.01cm,平均沉降速率为 0.41cm/d。可见,积雪深度随沉积时间的延长而不断减小。积雪深度的变化符合幂函数规律,拟合方程为:$y=9.7031x^{-0.4142}$($R^2=0.9735$)。由积雪深度的变化曲线可以看出,积雪深度在降雪后第 2 天沉降速率最快,达到 2.48cm/d。从第 3 天开始,沉降速率明显放缓。

2)观测期不同时段积雪深度的变化

降雪后 48h 积雪深度变化曲线如图 2-6 所示,降雪后 48h 积雪深度总体上随时间呈逐步减小的趋势,变化过程符合线性关系,拟合方程为:$y=-0.1158x+10.59$($R^2=0.9137$)。通过对积雪深度变化曲线的分析可以看出,其在降雪后 48h 内的变化又可以分为两个过程。前 24h 积雪深度降低幅度更为明显,从观测开始的 11.39cm,减小到降雪后 24h 的 6.98cm,平均沉降速率为 0.18cm/h。后 24h 积雪深度减小程度较前 24h 明显放缓,沉降速率为 0.05cm/h。分别对前 24h 和后 24h 积雪深度变化曲线做趋势线可知,两个时段均呈线性关系变化,但相关性均较 48h 内的好。新雪在刚降落地表时内部结构最为松散,空隙大,因此沉降作用发生较为容易,积雪深度迅速降低。

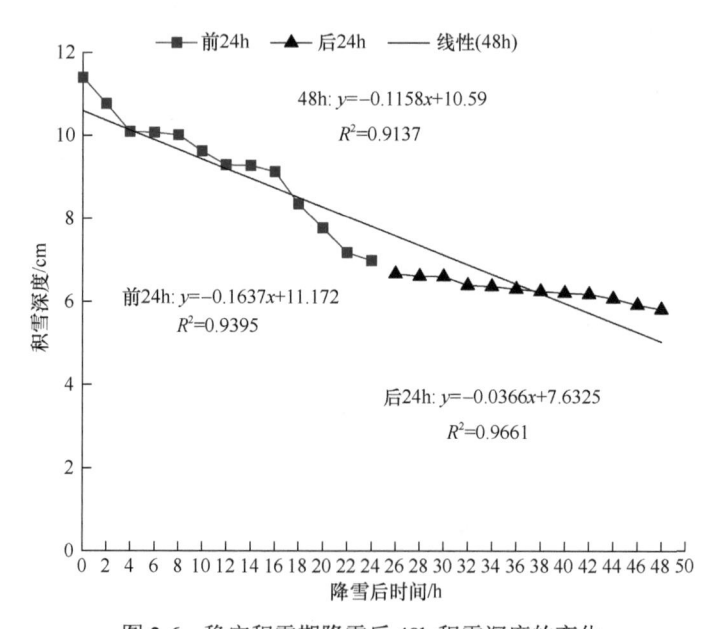

图 2-6 稳定积雪期降雪后 48h 积雪深度的变化

观测期第 3~第 18 天积雪深度变化曲线如图 2-7 所示。该时段内积雪深度从第 3 天的 5.51cm 减小到第 18 天的 3.01cm,平均沉降速率为 0.16cm/d,变化过程较为平缓。由趋势线分析可知,积雪深度的变化符合线性函数关系,拟合方程为:$y=-0.1563x+5.2238$($R^2=0.9166$)。随着新雪在地表堆积时间的延长,雪层内部空隙变小,逐步变得密实,积雪的沉降逐渐变得困难而缓慢。

$y=-0.1563x+5.2238$
$R^2=0.9166$

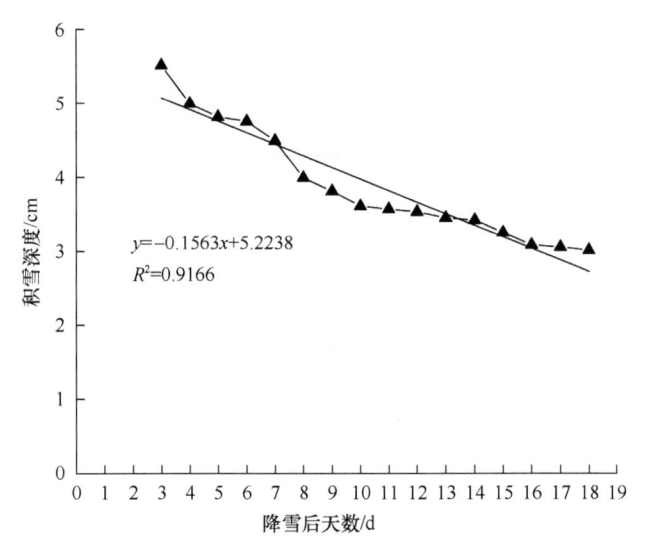

图 2-7　稳定积雪期降雪后第 3～第 18 天积雪深度的变化

2.2.1.2　不稳定积雪期深度过程

1) 观测期积雪深度的变化

春季不稳定积雪期一次降雪后积雪深度的变化如图 2-8 所示。由图 2-8 可知,该时段的积雪深度变化与稳定积雪期的变化过程存在很大差异。该时段内,积雪

$y=-3.9486\ln x+10.673$
$R^2=0.9691$

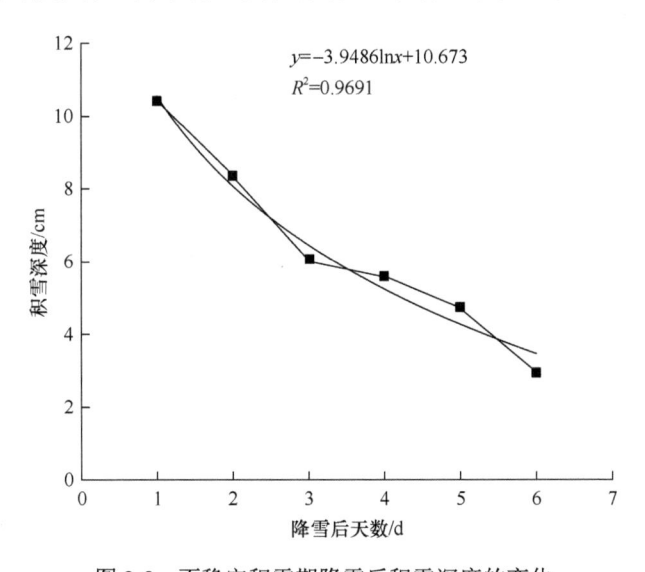

图 2-8　不稳定积雪期降雪后积雪深度的变化

深度随着积雪时间的变化没有明显的分段特征，符合对数递减规律，拟合方程为：$y = -3.9486\ln x + 10.673$（$R^2 = 0.9691$）。积雪深度从降雪后第 1 天的 10.41cm 减小到第 6 天后的 2.95cm，平均沉降速率为 1.24cm/d。可见，积雪深度随沉积时间的延长而不断减小，而且沉降的速度显著快于稳定期。仔细观察积雪深度的变化过程便可发现，降雪后第 2 天的降低程度更为显著，因为此时的积雪结构松散，颗粒间存在很大的空隙，且降雪过程中和降雪刚结束后气温相对较高。在经历了一个快速沉降后，积雪深度变化转入短暂的缓慢变化阶段，此时因为积雪受重力作用而发生的沉降基本完成，且降雪过后必然经历大幅度降温，使得积雪深度降低变得缓慢。随后气温快速回升，最高气温已经达到零上，积雪由于融化而迅速降低直至完全消失。

2）观测期不同时段积雪深度的变化

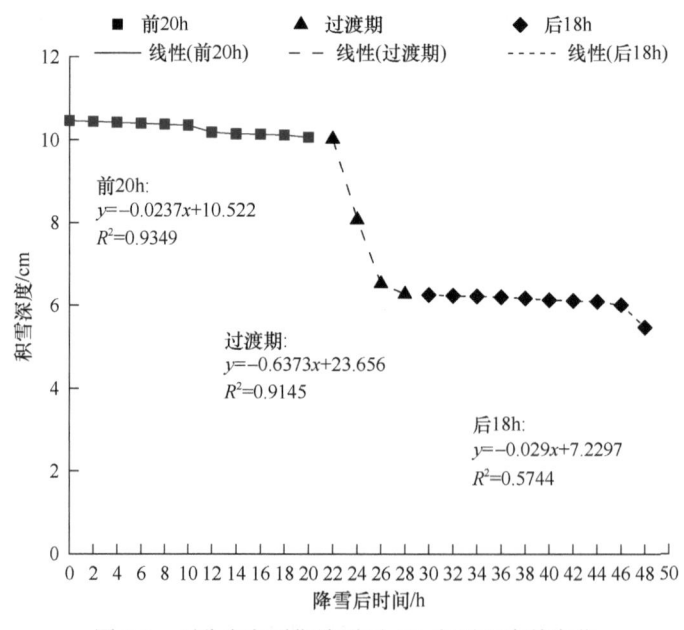

春季不稳定积雪期降雪后 48h 积雪深度的变化曲线如图 2-9 所示。降雪后 48h 积雪深度随时间的延长呈逐步减小的趋势，但是存在明显的突变过程。通过分析积雪深度的变化曲线可以看出，其在降雪后 48h 内的变化可以分为 3 个不同的线性降低过程。从观测开始到降雪后 20h，积雪深度处于缓慢的降低过程，从开始观测时的 10.46cm 降为 10.06cm，平均沉降速率为 0.02cm/h。随后积雪深度发生快速沉降，从降雪后 22h 到 28h，积雪深度由 10.02cm 迅速降为 6.28cm，平均沉降速率达到 0.62cm/h。接着积雪深度变化又转为缓慢的降低过程，从 30h 时的 6.26cm 降低到 48h 的 5.47cm，平均沉降速率为 0.04cm/h。积雪深度急剧降低的时段为正午时间，此时是一天中气温最高的时间，积雪因温度作用而加快了沉降的速率。

图 2-9 不稳定积雪期降雪后 48h 积雪深度的变化

不稳定积雪期观测第 3~第 6 天积雪深度的变化曲线如图 2-10 所示。该时段内积雪深度从第 3 天的 6.02cm 降为第 6 天的 2.95cm，平均沉降速率为 0.7675cm/d，变化过程明显较稳定积雪期剧烈。由趋势线分析可知，积雪深度的变化符合线性函数关系，拟合方程为：$y=-1.006x+9.251$（$R^2=0.9141$）。

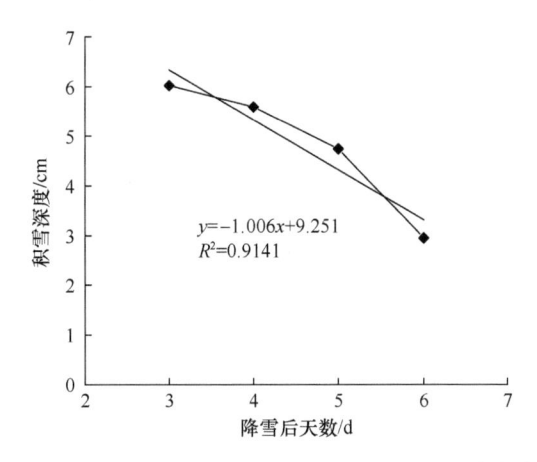

图 2-10 不稳定积雪期观测第 3~第 6 天积雪深度的变化

2.2.2 密度变化过程

2.2.2.1 稳定积雪期积雪密度的变化过程

1）观测期积雪密度的变化

积雪层主要受到自身重量产生的沉降作用和受温度梯度发生的变形作用，前者使雪层内部空隙减小，后者促使雪颗粒形成不同的形状和大小。观测期积雪密度的变化如图 2-11 所示，观测期内积雪密度从第 1 天的 0.096g/cm³，增大到第 18 天的 0.206g/cm³，积雪密度平均增加速率为 6.11×10^{-3}g/（cm³·d），这也表明积雪密实化是个缓慢的增加过程。由趋势线分析可知，积雪密度趋势线呈线性关系，拟合方程为：$y=0.0066x+0.0958$（$R^2=0.9658$）。与积雪深度的变化不同，积雪密度的变化过程较为均匀。

2）观测期不同时段积雪密度的变化

稳定积雪期降雪后 48h 积雪密度的变化曲线如图 2-12 所示。降雪后 48h 积雪密度随时间呈微弱的波动式增加，变化曲线可用线性关系来描述，拟合方程为：$y=0.0014x+0.0861$（$R^2=0.7915$），拟合度较高。由积雪密度的变化曲线可知，前 24h 与后 24h 密度变化过程存在一定的差异。前 24h 内积雪密度变化较为平稳，从新雪密度的 0.084g/cm³ 增加到降雪后 24h 的 0.106g/cm³，积雪密度平均增加速率为 9.17×10^{-4}g/（cm³·h）。后 24h，积雪密度变化过程较为复杂，波动幅度较前 24h 大。

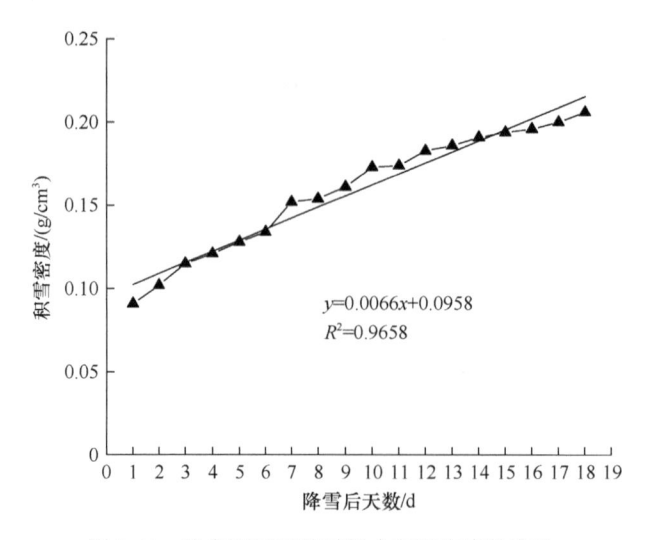

图 2-11　稳定积雪观测时段内积雪密度的变化

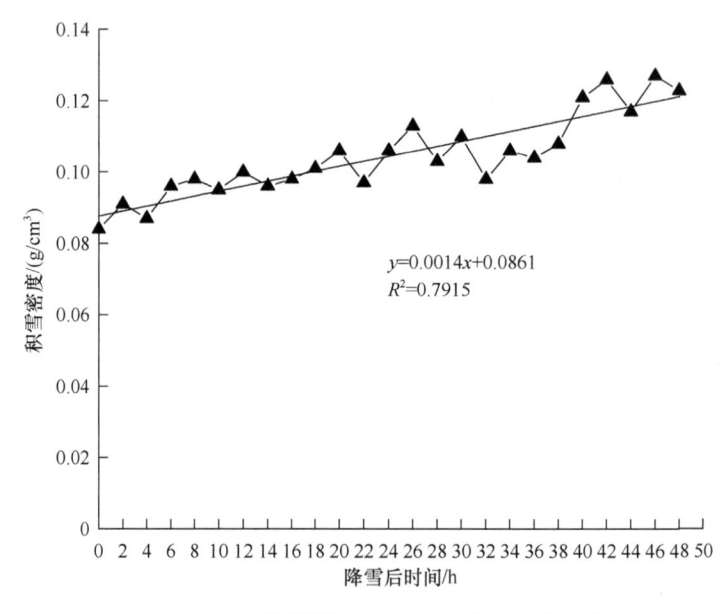

图 2-12　稳定积雪期降雪后 48h 积雪密度的变化

48h 后积雪密度增大到 0.123g/cm³，后 24h 平均增加速率为 7.08×10^{-4} g/（cm³·h）。由此可见，虽然两个时段变化过程不尽一致，但是积雪密度增加速率却相差不大。积雪密度除受积雪自身性质的影响外，还受所处环境的气象因子影响，是众多影响因子共同作用的结果，短期内某些因子的变化就会引起积雪密度产生一定程度的波动。

观测第 3～第 18 天积雪密度的变化曲线如图 2-13 所示。在该时段内积雪密度从第 3 天的 0.115g/cm³ 增大到第 18 天的 0.206g/cm³，积雪密度平均增加速率为

$5.69×10^{-3}$g/(cm³·d),与整个观测期的增加速率较为接近,表明积雪密度在各时段增长都较为均匀。积雪密度总体上随时间呈逐步增加的趋势,过程曲线符合线性关系,拟合方程为:$y=0.0061x+0.1145$($R^2=0.9647$)。积雪密度主要受沉降作用和变形作用共同影响,雪层逐渐变得密实。

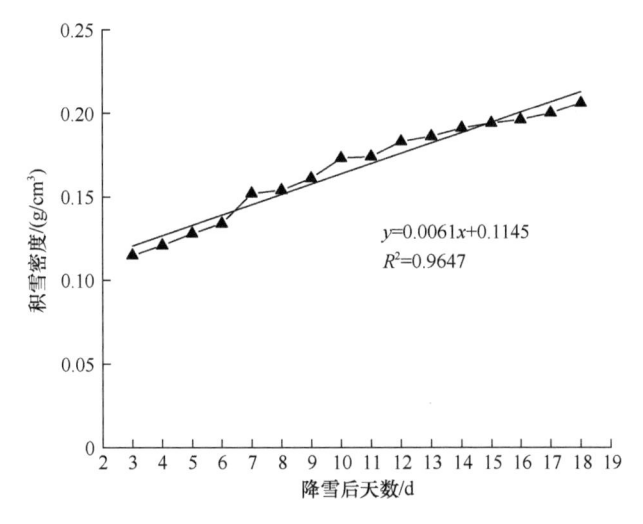

图 2-13　稳定积雪期观测第 3～第 18 天积雪密度的变化

3)不同观测时间点积雪密度的差异

稳定积雪期不同观测时间点积雪密度的变化曲线如图 2-14 所示。在整个积雪

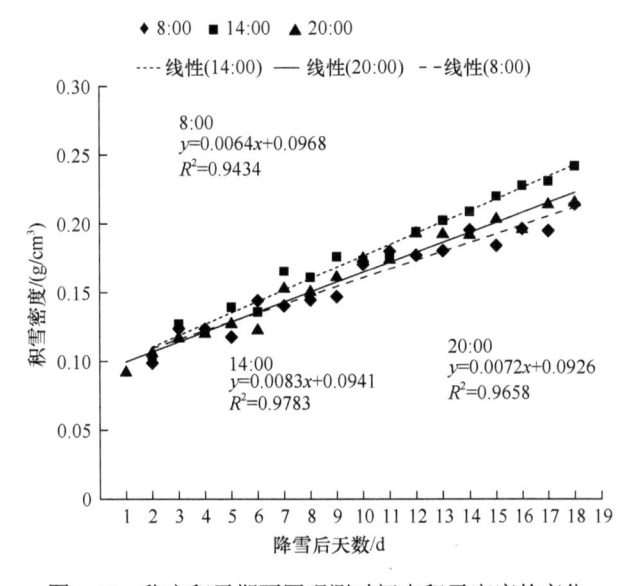

图 2-14　稳定积雪期不同观测时间点积雪密度的变化

观测期（18d）内，三个时间点测得积雪密度总体上均随时间呈不断增加的趋势。变化曲线符合线性关系，相关系数均达到 0.9 以上，方程拟合度较高。比较三个时间点处的积雪密度发现，14：00 的积雪密度比 8：00 和 20：00 的积雪密度大，而 8：00 和 20：00 的积雪密度相差不大且大小关系不固定。通过与观测时气温变化的曲线（图 2-15）对比分析可知，气温的变化规律与积雪密度的变化规律呈现出一致性，气温越高对应的积雪密度也越大。一天中 14：00 时的气温最高，个别观测日期此时气温接近 0℃，导致积雪发生短暂融化，增加了积雪层内的含水率，从而使积雪密度较高。8：00 和 20：00 气温较为接近且都处于 0℃以下，积雪层内不存在融化现象，因此积雪密度相较 14：00 低。由此可以看出，尽管积雪密度总体上随时间延长而不断增大，但在小的时间尺度范围内存在小幅波动。

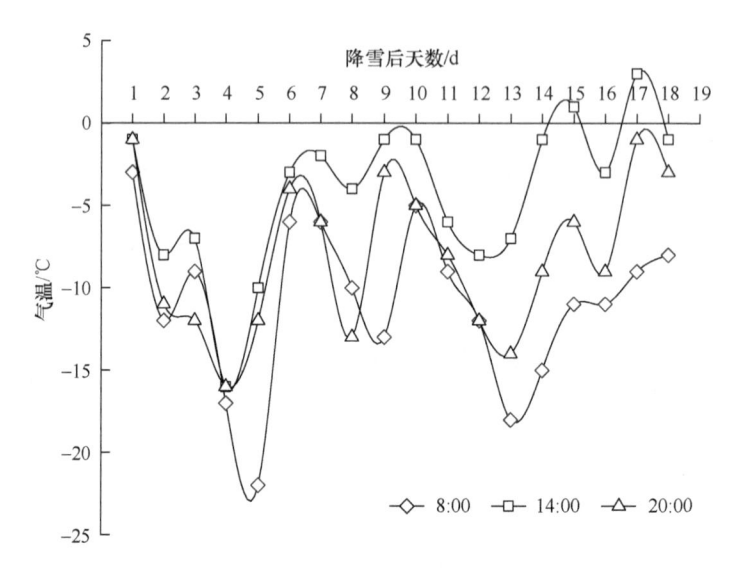

图 2-15　稳定积雪期不同观测时间点气温的变化

2.2.2.2　不稳定积雪期积雪密度的变化过程

1）观测期积雪密度的变化

不稳定积雪期观测时间内积雪密度的变化如图 2-16 所示。整个观测期内积雪密度总体上表现为随着沉积时间的延长而不断增加的变化过程。由趋势线分析可知，积雪密度趋势线符合指数关系递增，拟合方程为：$y=0.0876e^{0.1846x}$（$R^2 = 0.9607$）。从第 1 天的 0.106g/cm³ 增大到第 6 天的 0.287g/cm³，积雪密度增长速率为 0.03g/(cm³·d)，这也表明不稳定积雪期积雪密度的增加速率明显更快，在不足一周的时间内就变得很大。春季降雪的颗粒粒径小加上气温较高，积雪密实化进程明显加快。

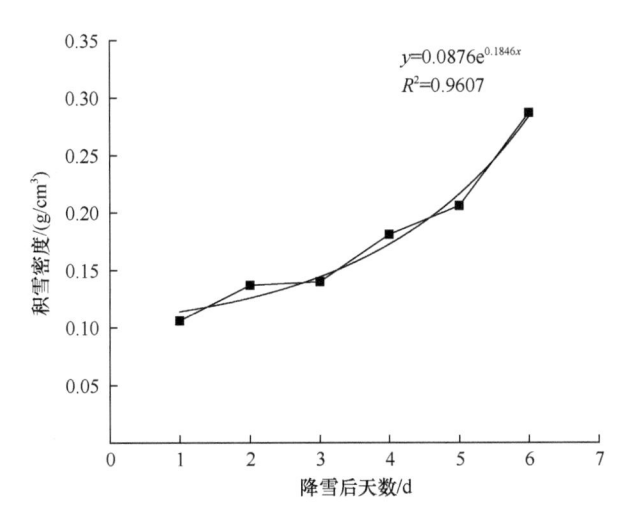

图 2-16　不稳定积雪期观测时间内积雪密度的变化

2）观测期不同时段积雪密度的变化

不稳定积雪期降雪后 48h 积雪密度的变化曲线如图 2-17 所示。降雪后 48h 积雪密度随时间延长存在一个明显的突变过程。由积雪密度的变化曲线可知，积雪密度在降雪后 48h 内经历了平稳增长到急剧增加再到稳步增长 3 个时段。第一个时段从开始观测到降雪后 20h，积雪密度从 0.106g/cm³ 缓慢增加到

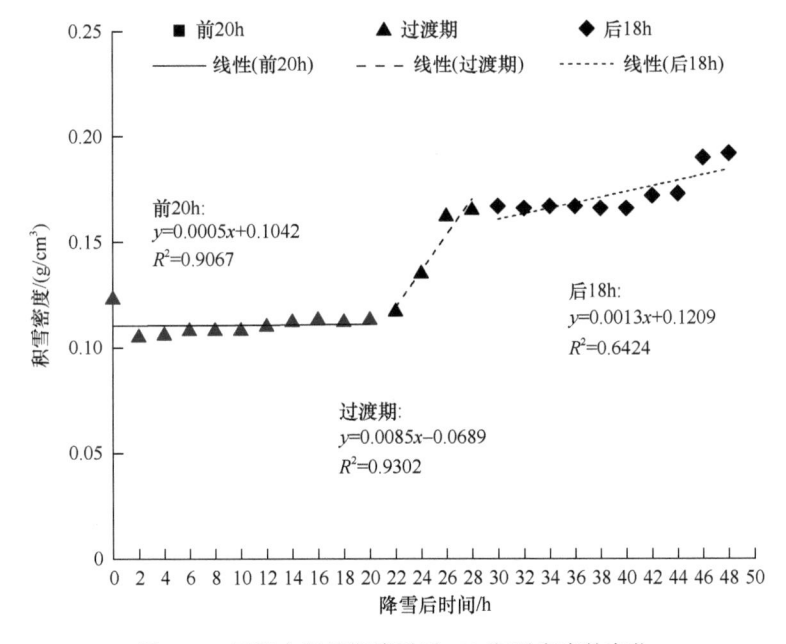

图 2-17　不稳定积雪期降雪后 48h 积雪密度的变化

0.113g/cm³，平均增长速率为 3.5×10⁻⁴g/（cm³·h）。第二个时段为降雪后 22～28h，积雪密度由 0.117g/cm³ 快速增加为 0.165g/cm³，平均增长速率为 8×10⁻³g/（cm³·h）。第三个时段为降雪后 30～48h，积雪密度从 0.167g/cm³ 增加到 0.192g/cm³，平均增长速率为 1.3×10⁻³g/（cm³·h）。积雪密度除了受积雪自身性质的影响外，还受到所处环境的气象因子作用。积雪密度快速变化的第二个时段正值中午，此时气温相对较高，强的太阳辐射导致部分积雪出现消融，积雪层内部断裂重组，加速了向下一阶段的发育。

不稳定积雪期观测第 3～第 6 天积雪密度的变化曲线如图 2-18 所示。在该时段内积雪密度从第 3 天的 0.140g/cm³ 增大到第 6 天的 0.287g/cm³，积雪密度平均增加速率为 0.037g/（cm³·d），较整个观测期的增加速率更快，变化过程曲线符合指数递增规律，拟合方程为：$y=0.1112e^{0.2283x}$（$R^2=0.9745$）。在沉降作用和变形作用共同影响下，雪层变得逐渐密实。

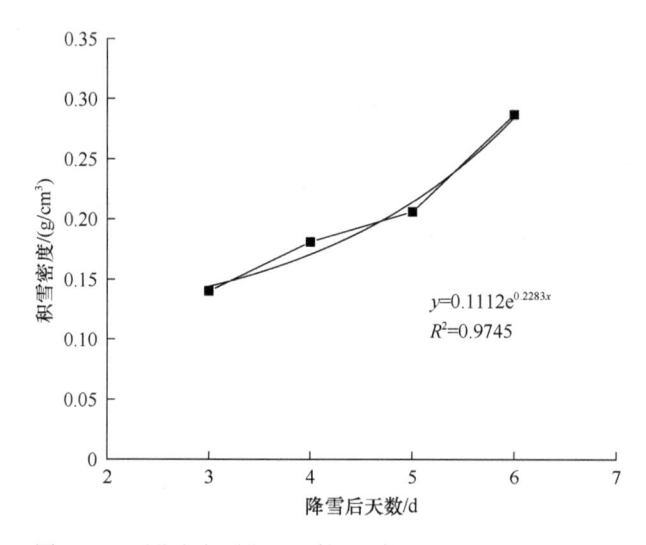

图 2-18　不稳定积雪期观测第 3～第 6 天积雪密度的变化

3）不同观测时间点积雪密度的差异分析

不稳定积雪期不同观测时间点积雪密度的变化曲线如图 2-19 所示。在整个积雪观测期内，3 个时间点测得的积雪密度总体上均随时间呈不断增加的趋势。变化曲线均符合指数关系，相关性系数均达到 0.8 以上，方程拟合度较高。比较 3 个时间点处的积雪密度发现，一天内 20：00 的积雪密度总体上较 8：00 和 14：00 的积雪密度大。通过与观测时气温变化曲线（图 2-20）的对比分析可知，气温与积雪密度变化规律呈现出一致性，气温越高对应的积雪密度也越大。一天中 14：00 时的气温最高，观测期间多数时间接近 0℃，部分时间高于 0℃，导致积雪层融化，这期间积雪层有较大的含水率，积雪密度增加显著。8：00 和 20：00 时气温都处于0℃以下,但是20:00时的气温明显高于8:00,积雪持续密实。由此可以看出,不稳定积雪期内积雪密度不存在短期内的小幅波动,而是表现为不断增加的变化过程。

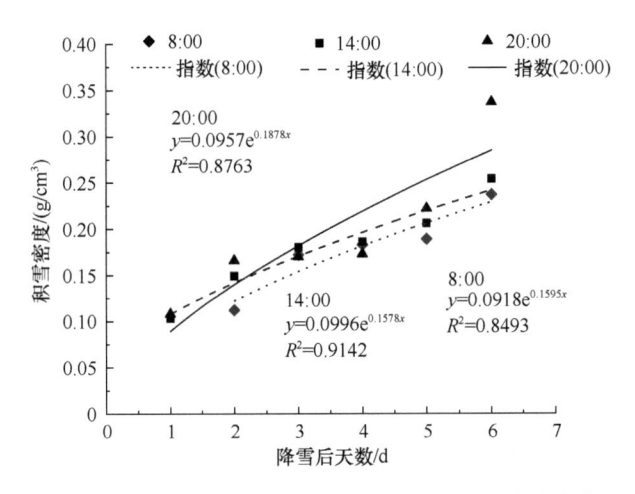

图 2-19 不稳定积雪期不同观测时间点积雪密度的变化

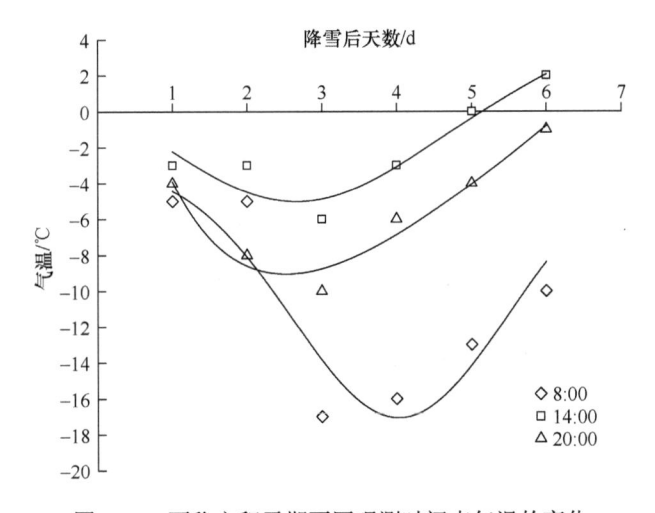

图 2-20 不稳定积雪期不同观测时间点气温的变化

积雪深度是积雪性质的一个重要研究指标,是反应积雪总量的主要因子。积雪密度是单位体积积雪的重量,这一基本物理参量对积雪区域水量平衡研究、融雪径流模拟、雪崩预报和建筑物雪荷载计算均有重要意义。积雪深度和积雪密度均是积雪物理特性中异常关键的要素,积雪密度的变化过程比积雪深度显得更为复杂。通过分析积雪深度和积雪密度的变化过程可以看出,稳定积雪期内积雪深度表现出分段变化的特征,而积雪密度变化较为均匀,没有明显的分段性。积雪深度在野外实验中更易测得,而积雪密度获取较为困难,且取样误差偏大。由于积雪深度具有更强的指示性和可操作性,所以今后在对积雪密实化过程进行阶段划分时可将积雪深度作为一个主要的依据。积雪具有以下特征。

(1)稳定积雪期内,对比发现积雪深度较积雪密度具有更显著的分段变化特征,故依据积雪深度对积雪密实化过程进行阶段划分,可分为积雪密实化剧烈变化期(前24h)、快速变化期(24~48h)和稳步发展期(48h之后)3个阶段。其中,剧烈变化期完成整个密实化过程的52.63%,快速变化期完成12.17%,可见积雪在前期很短的时间内快速密实。不稳定积雪期内,积雪深度与积雪密度均没有明显的分段变化特征,在相同的降雪量下,密实化过程显著快于积雪稳定期,整个密实化过程只相当于稳定积雪期密实化过程的1/3。

(2)稳定积雪期内,对一天内3个时间点所测的积雪密度的对比分析显示,短期内积雪密度由于受以气温为主导因子的作用而表现出一定程度的波动,14:00测得的积雪密度最高,8:00和20:00相差不大。积雪不稳定期内,3个时间点观测的积雪密度表现为20:00>14:00>8:00,不存在短期内的波动变化。

2.3 风吹雪过程

2.3.1 雪粒运动的影响因素

2.3.1.1 积雪深度和温度

据观测,只有积雪较厚(10cm以上)的稳定雪层才会形成较大的风吹雪。这是因为,在冬末春初积雪开始解冻融化,表层积雪常有一层薄消融壳将雪粒与风完全隔绝。积雪表面一旦形成冰壳,即使在–18.5℃低温下,贴地层5cm高处的风速达到7.1m/s时,也看不到雪粒运动。

气温和雪面温度不同,积雪的物理力学性质也不一样。积雪性质的改变可造成雪粒起动风速(使雪花或雪粒从静止到开始运动的风速叫起动风速,也叫临界风速)大小的差异。野外观测资料表明,当气温从–23℃上升到–6℃时,1m高处的起动风速一般在3.7~4.3m/s范围内变化。在积雪密度等变化较小的条件下,起动风速随气温的升高而有所增加。若气温上升到–1.0℃,由于雪的含水量增加,雪粒之间的附着力显著增大,只有起动风速增至7.6m/s时,雪粒才能运动。

2.3.1.2 雪粒粒径

在低温情况下,雪粒大小不同,起动风速也不一样。有资料表明,当雪粒粒径小于2mm时,随着粒径的增大,起动风速也增大,但增大的幅度越来越小。在

温度低于–6℃时，起动风速（V_t，m/s）与雪粒粒径（D，mm）的平方根呈线性关系，关系式如下

$$V_t = 3.4 + 1.5\sqrt{D} \tag{2-1}$$

2.3.1.3 积雪密度

积雪密度对起动风速和吹雪强度的影响较大。新雪的平均密度只有 0.05g/cm³ 左右，较小的风速雪粒就能起动。经过风吹雪搬运后，积雪密度增大到 0.100~0.150g/cm³ 时，雪粒需较大的风速才能搬运。经过多次搬运后，积雪密度可达到 0.300~0.390g/cm³，加之雪粒间的粘结作用，雪粒粒径也随之增大，这时需要更大的风速才能使雪粒运动。根据大量观测资料计算分析得到，当积雪密度为 0.050~0.400g/cm³ 时，10m 高处的起动风速与积雪密度的关系可由下列经验公式来表达：

$$V_t = 3.123 + 11.99\rho_s + 0.135e^{12.06\rho_s} \tag{2-2}$$

式中，V_t 为起动风速（m/s）；ρ_s 为雪粒密度（g/cm³）。

需要指出的是，在秋末初春，暖流空气带来的降雪往往具有较高的温度（–6~–1℃），此时片状雪花间黏滞力增加，致使密度较小的湿雪起动风速反而有随着积雪密度的减小而增大的趋势。有时含水量过高的积雪遇到低温时，表面冻结成坚硬的冰壳，使雪粒无法起动，这时起动风速随积雪密度的变化可能不遵循上述方程所反映的规律。这种起动风速随季节而变化的特点在实际运用中应加以考虑。

2.3.1.4 雪面硬度

以上我们主要分析了影响单个雪粒启动的因素，如果是多个雪粒堆积在一起，雪晶之间的黏合力和内聚力会增加雪粒的启动难度。这时，气流的动力需要大于雪粒之间的黏合力和内聚力，雪粒才有可能启动。雪粒之间的黏合力和内聚力的大小可以用雪面硬度来近似地表示。黏合力和内聚力越大，雪的硬度也就越大，临界风速也就越大。南极临界风速和雪表面硬度的关系为：当雪表面硬度为 100N/m² 时，临界风速为 4.3m/s；当雪表面硬度升至 1×10^5N/m² 和 2.5×10^5kN/m² 时，临界风速分别为 9m/s 和 18m/s。Li 和 Pomeroy（1997）发现，在加拿大北部草原，潮湿或结冰的雪的临界风速（在 10m 高处为 9.9m/s）要比干雪（在 10m 高处，新雪为 7.5m/s，陈雪为 8.0m/s）高。干雪的临界风速在–25℃时最低（7m/s），随着温度的升高风速略微增加，温度接近 0℃时增加更显著（9.4m/s）。

2.3.1.5 地面粗糙度

对于一般自然地面，因长有野草、灌木等，地面凹凸不平，粗糙度比较大。虽然野草、灌木等也能促进气流向上运动，利于雪粒运动，但主要起阻碍作用，阻挡近地气层的气流运动，使地面雪粒不易起动，并使运动着的雪粒停留下来。这也是草地、灌木丛中积雪较多的原因。因此，对于一般自然地面来说，雪粒起动风速随地面粗糙度的增加而增大。据本课题组野外测定，对于草原牧区新鲜的干雪，在-25℃的温度条件下，当地表无植被时，雪粒的起动风速在 2m 处为 3.8m/s；当地表植被高 6cm，盖度为 10%~20%时，雪粒的起动风速在 2m 高处为 4.2m/s；当植被高度为 26cm，盖度为 80%~100%时，雪粒的起动风速在 2m 高处为 5.4m/s。

公路路面可分为高等级的沥青路面、混凝土路面和一般的砂石路面。各种路面的粗糙度情况对公路风吹雪的影响基本不大。而积雪面则是另外一种情况。雪面均匀、平坦、粗糙度小，气流垂直运动的分量相对较小，造成雪粒与气流的接触面也较小，雪粒不易运动。如果雪面凹凸不平，粗糙度大，气流垂直运动分量较大，同时雪面凹凸处增加了一部分雪粒与气流的接触，因而这些雪粒容易起动。

当地的微地形特点和沿途房屋、建筑物、植物影响着风雪流的速度。在风流路径中的地表低洼处风速降低，输雪能力也随之减小。在这些地方，雪粒沉落下来，形成雪埋。与此相反，在局部高出的地段，气流的截面变小，引起速度的提高（因为空气的流量保持基本不变），在这里可观察到雪粒脱离地面并被带走。国内外的研究人员详细地研究过雪的搬运规律，且继续用着这些规律。

2.3.2 风雪流运动特征

2.3.2.1 风雪流与风吹雪

积雪可分为自然积雪、风雪流和雪崩三大类。自然积雪为静止的雪（一般称为积雪），系指由降雪形成的覆盖在地表上的雪层，是地面气温低于冰点的寒冷地区或寒冷季节的自然景观和天气现象。观测台站视野范围内地表一半以上面积被雪覆盖时，才被认为出现了积雪（该天记为一个积雪日）。风雪流（又称风吹雪，简称吹雪）为空气挟带着雪粒运行的非典型的两相流，也就是常说的雪粒被风卷着随风运行的一种天气现象，对自然积雪有重新分配的作用。风雪流形成的积雪深度一般为自然积雪深度的 3~8 倍。山坡上的积雪在一定条件下受重力作用向下滑动，并在山坡积雪中发生连锁反应，引起大量雪体崩塌的现象称为雪崩。雪崩具有突然发生、运动速度快和崩塌量大的特点。

降雪时或降雪后风力达到一定强度（4～8m/s）时，风扬起雪粒形成风雪流，从风雪流到集雪的全过程（雪粒子的蠕移、跳移、悬移、沉积）称为风吹雪。风吹雪是一种非典型的气固两相流，其形成有两个必要条件：动力条件的风和物质条件的雪，缺少任何一个条件都不能形成风吹雪。风吹雪一旦形成并发生在路域范围内就会形成公路雪害。

2.3.2.2 风雪流的类型

随风速的变化，风雪流的运动特征和所造成的危害会有所不同。王中隆（2001）基于多年野外观测，根据风速（10m 高处）、雪粒的吹扬高度及对能见度的影响等因素，将风雪流分为低吹雪、高吹雪和暴风雪三类。

低吹雪：和风（风速 5.5～7.9m/s）将地面雪粒吹起，雪粒随风贴地运行，吹扬高度在 2m 以下，水平能见度大于 10km。

高吹雪：清劲风（风速 8.0～10.7m/s）将地面雪粒卷起，吹扬高度在 2m 以上，水平能见度小于 10km。

暴风雪（中国气象局编定的地面气象观测规范称雪暴）：大量雪粒被强风（风速 10.8～13.8m/s）或大于强风风速卷着随风运行，一般伴随降雪，天空不可辨，水平能见度小于 1km，有时 1～2m 都难以分清目标物（黑色）。

低吹雪和高吹雪多发生在晴天，其危害性比暴风雪小。暴风雪来临时多伴有强烈的降温和降雪现象，无论是对工业和农牧业生产，还是对交通运输造成的危害都是非常严重的。风雪流对自然积雪有重新分配的作用，风雪流形成的积雪深度一般为自然积雪深度的 3～8 倍。

加拿大学者在研究极地冰盖时考虑当地风力强劲的实际，以决定雪搬运强度的指标风速为依据，把风吹雪划分为四类：轻微的（风速在 10m/s 以下）、一般的（风速为 10～20m/s）、强烈的（风速为 20～30m/s，含上不含下）、非常强烈的（风速大于 30m/s）。

综合分析两种风雪流分类指标和方式，我们认为王中隆（2001）的分类指标更适合草原牧区的实际。

2.3.2.3 风吹雪的形成过程

雪花虽然微小，但也有一定的质量，没有外界的动力雪花是不会运动的。使雪花（或雪粒）运动的能量来源于风。风速越大，雪花运动的强度越大。在内蒙古草原牧区，形成风吹雪的起动风速一般为 4～8m/s（离雪面 1m 高处）。

在大于临界风速的风力作用下，表层雪粒开始运动。气流与积雪覆盖层表面摩擦，使积雪表面之上形成很多细小的但很活跃的涡旋，从而产生压力差。在很薄的涡旋层内,压力急剧下降,表层雪粒被吸起(几乎是被竖直抛起),然后沿着平顺的曲线飞行,并以很小的角度返回地面。高速降落的雪粒以其运动能量破坏着积雪层表面雪粒间的联结,并使另一些雪粒进入风雪流。风雪流便以这种独特的方式逐渐增加着饱和度。

然而,较重的雪粒和很细小的雪粒都不会以上述跳动方式运动。较重的雪粒几乎不能从雪面跃起,在风力作用下只能以滚动或滑动的方式运动。很细小的雪粒升入空气中后,则可在风力作用下长时间保持悬浮状态。因此,风雪流中雪粒是以 3 种方式运动的,即滑动(滚动)、跳动和浮动。一些文献指出,通常 90%以上的雪粒以跳动方式在积雪层以上 5cm 左右范围内运动,有的学者则认为这一高度范围为 20cm 左右(戴明,2022;Lever and Haehnel,1995)。

在运动的空气层中,雪粒的分布是不均匀的,越接近地表雪粒越多。低吹雪时,在低处(10~20cm)空气层中移动的雪粒占比达 90%~95%;当风速达到 12m/s 时,雪粒能升到 2m 高处或更高,在 10~15cm 空气层内的雪粒占比 85%~90%。我们在内蒙古草原上观测到,当风速为 7.0m/s 时,地面以上 10cm 高度内的雪粒占到全部移雪量的 90%以上;当风速达到 15m/s 时,地面以上 10cm 高度内的雪粒只占全部移雪量的 63%。可见,风速越大,越有利于风蚀,越不利于堆积。

2.4　风吹雪防治

2.4.1　风吹雪害

在北半球,约 1/4 的地区年平均气温低于 0℃,这些地区中一半以上的地区至少有一个月气温低于 0℃。在北方冬季即将结束时,全球约 30%的土地面积被积雪覆盖,陆地上持续到春末的积雪往往出现在欧亚大陆东北部,而冰川上的积雪通常被视作冰川的组成部分。

雪和冰的直接影响(如雪崩)与间接影响(如海平面上升)均可构成灾害。相应的危害主要与冰雪的固有物理特性有关(Arenson et al.,2015)。它们经历融化和冻结、移动(蠕变、滑动、下降)、漂浮,受重力作用显著且密度可变,有时很硬,有时易碎或延展。这些特征中的每一个都可独立或共同影响冰雪危害的类型和强度,并且它们经常与环境的其他组成部分相互作用。

冬季极端的天气是导致自然灾害的主要原因。1970~2004 年,美国因自然灾害造成死亡的人数比例高达 18%(平均每年约 570 人死于自然灾害,其中与积雪危害有关的死亡人数为 100 人)(Borden and Cutter,2008)。冬季自然灾害造成的死亡率与夏季因天气(28%)、极端热量(20%)、洪水(14%)和闪电(12%)等灾害造成的死亡率接近(Borden and Cutter,2008)。1998~2008 年,仅美国西部地区，平均每年因雪崩导致 27 人死亡（Borden and Cutter，2008）。在美国的一些州，雪崩是导致死亡的主要自然灾害之一。但由于美国山区人口密度低，故雪崩可能不会产生重大的经济后果。在瑞士，雪崩是一种严重的自然灾害，因此，瑞士在雪地机械，以及缓解、适应和预测雪崩的基础设施方面作出重大投资。

风吹雪害与其他自然灾害比较，有如下特点。

（1）季节性：风吹雪主要发生在冬、春寒冷季节；

（2）突发性：通常难以确切预报发生时间，但灾害出现前有一定的预兆；

（3）潜在性：随着山区经济建设的迅速发展，道路、工矿设施的不断增加，冰雪灾害将日益严重，不断加剧；

（4）空间分布上的区域性：从总体上来看，冰雪灾害山区多于平原，西部多于东部。

以美国为例，1976 年美国国民经济总产值减少 20 多亿美元，其中一个很重要的原因是暴风雪阻塞交通、中断输电网，导致停工停产等；1997 年 2 月上旬，美国东北部的新英格兰地区一场暴风雪造成的经济损失就达 80 亿美元；2001 年 3 月 5 日，一场强烈的暴风雪袭击了新英格兰地区，公路和铁路全部停运，3500 次航班被迫取消，所有的学校被迫关闭，暴风雪沿途所经的各州进入紧急状态（Borden and Cutter，2008）。

2.4.2 草原风吹雪害

我国风雪流分布区域大，占国土面积的 55.2%，主要分布在青藏高原及其周围山区、天山、内蒙古中西部及东三省，其南界比北半球其他地区风雪流南界纬度偏低。我国风雪流的危害比较严重，风雪灾害主要集中在新疆、青海、西藏、四川西部高原、甘肃、内蒙古及东三省的山区和平原（王中隆，1983）。我国现有草原面积 400 多万平方千米，居世界第 2，但我国牧业落后，其中一个重要原因是牧区雪灾严重。据初步统计，我国六大牧区平均每年因风雪灾害死亡的牲畜总计约 500 万头，年均损失达 15 亿元。

2.4.3 风吹雪防治技术

通过对风吹雪的形成机理及其主要影响因素的分析，可以针对影响因素得出基本的防治原理，分别阐述如下。

1）控制雪的供给

根据风吹雪的形成机理可知，风吹雪在一定速度下能运送雪粒子的数量是有限的。在某一风速下能够输送的最大输雪强度称为饱和输雪强度。风吹雪的输雪强度是逐渐达到饱和的，就是当风吹雪发生后，在运动过程中不断增加新的雪粒子，从而使输雪强度不断增加，最后达到一定速度下的饱和状态。因此，风速、降雪量及风吹雪的长度都会影响风吹雪的强度。在达到饱和输雪强度的状态下，如果由于某种原因而风速下降，则一部分雪粒子将下落，堆积，从而使输雪强度变小；输雪强度的减小会引起风吹雪速度的增加，吹蚀作用加剧，使得风挟带的雪粒子的数量不断增加，直至达到饱和，而在达到饱和之前，风速也在逐渐下降。

根据风雪流中饱和输雪强度的形成过程，可以通过控制雪的供给的方法来防治风吹雪积雪。控制雪的供给的措施有：①选择线路尽量避开大规模雪源地带，选择地势平坦、通风顺畅的地区；②在线路上风侧建立防雪栅、挡雪墙等设施，以及防雪林等植物设施，使风吹雪在到达公路之前先损失部分雪粒子，使其输雪强度为不饱和状态。通过采取上述措施保障风吹雪以不饱和状态到达公路，便不会在公路上形成积雪。

2）改变来流风向

风向与线路走向的夹角影响雪害的危害程度，这是因为地形会严重影响气流。一般来说夹角越大，雪的堆积现象越严重。当风向与线路平行时，风雪流不易把线路周边的雪粒带到路面上，不易形成雪的大量堆积。根据这一原理，在选择线路建设时，应充分考虑当地气象条件，尽可能使线路与当地冬季主风向保持一致；当线路与当地冬季主风向有一定夹角时，应该采用导流板等将风向引导成与线路大致平行。

3）增加路面风速

风速会影响风吹雪的形成。风吹雪的流速增加会使风吹雪原本的饱和状态变得不饱和，路面上的部分雪粒被吹走，因此就不会形成积雪。根据这一原理，可以采取增加路面风速的措施，比如利用导风板进行下导风，或者也可以针对路面设计的横断面设计来提高路面风速。

4）改善流场形态

风吹雪流经线路上空时由于横断面的影响会形成一定形态的流场，在特定的区域形成一定强度的涡旋减速区。涡旋减速区内部由于压力小、能量损失，雪粒子在此大量沉降形成积雪，因此，在路堤（路堑）建设时，尽可能对路堤（路堑）进行流线型设计，同时减小路堤（路堑）两边的坡度率，从而降低涡流减速区的强度，避免形成大量的路面积雪。

5）避免气流扰动

风吹雪的饱和输雪量与其流速成正比。因此，在线路设计时，应尽量确保风吹雪在通过线路时不遇到障碍、不引起速度的较大降低。这种对风吹雪来说的无障碍，不仅应体现在设计上，在线路的施工和日常养护时也要注意周边地形、地貌的整治和利用。路基边坡上的杂草和碎石虽然体积不大，但却会对风吹雪的运行造成一定扰动，导致局部风速降低，形成少量积雪，只要雪源足够充足，雪就会越来越多，最终在路面形成积雪。所以要及时清理路基边坡上的杂草与碎石，做好线路的养护工作。

主要参考文献

戴明. 2022. 高速公路风吹雪灾害分析和挡雪板参数研究. 北京交通大学学报, 46(6): 132-143.

王中隆. 1983. 我国雪害及其防治研究. 山地研究, 1(3): 22-31, 65-66.

王中隆. 2001. 中国风雪流及其防治研究. 兰州: 兰州大学出版社.

Arenson L U, Colgan W, Marshall H P. 2015. Physical, thermal, and mechanical properties of snow, ice, and permafrost // Haeberli W, Whiteman C. Snow and Ice-Related Hazards, Risks, and Disasters. Pittsburgh: Academic Press: 35-75.

Bartelt P, Von Moos M. 2000. Triaxial tests to determine a microstructure-based snow viscosity law. Annals of Glaciology, 31: 457-462.

Bellaire S, Pielmeier C, Schneebeli M, et al. 2009. Stability algorithm for snow micro-penetrometer measurements. Journal of Glaciology, 55(193): 805-813.

Booth A D, Mercer A, Clark R, et al. 2013. A comparison of seismic and radar methods to establish the thickness and density of glacier snow cover. Annals of Glaciology, 54(64): 73-82.

Borden K A, Cutter S L. 2008. Spatial patterns of natural hazards mortality in the United States. International Journal of Health Geographics, 7: 64.

Bradford J H, Harper J T, Brown J. 2009. Complex dielectric permittivity measurements from ground-penetrating radar data to estimate snow liquid water content in the pendular regime. Water Resources Research, 45(8): 2263-2289.

Calonne N, Flin F, Morin S, et al. 2011. Numerical and experimental investigations of the effective thermal conductivity of snow. Geophysical Research Letters, 38(23): 537-545.

Chandel C, Srivastava P K, Mahajan P. 2014. Micromechanical analysis of deformation of snow using X-ray tomography. Cold Regions Science and Technology, 101: 14-23.

Colbeck S, Davidson G. 1972. Water percolation through homogeneous snow // International Symposium on the Role of Snow and Ice in Hydrology. Proceedings of the Banff Symposia. Banff: 242-257.

Conway H, Wilbour C. 1999. Evolution of snow slope stability during storms. Cold Regions Science and Technology, 30: 67-77.

Dadic R, Schneebeli M, Lehning M, et al. 2008. Impact of the microstructure of snow on its temperature: a model validation with measurements from summit, Greenland. Journal of Geophysical Research: Atmospheres, 113(D14): D14303-D14311.

Eiriksson D, Whitson M, Luce C H, et al. 2013. An evaluation of the hydrologic relevance of lateral flow in snow at hillslope and catchment scales. Hydrological Processes, 27(5): 640-654.

Gibson L J, Ashby M F. 1997. Cellular Solids: Structure and Properties. 2 Ed. Cambridge: Cambridge University Press.

Glen J W. 1958. The flow law of ice from measurements in glacier tunnels, laboratory experiments and the Jungfraufirn borehole experiment. Journal of Glaciology, 3(26): 493-507.

Grannas A M, Jones A E, Dibb J, et al. 2007. An overview of snow photochemistry: evidence, mechanisms and impacts. Atmospheric Chemistry and Physics, 7(16): 4329-4373.

Hagenmuller P, Theile T C, Schneebeli M. 2014. Numerical simulation of microstructural damage and

tensile strength of snow. Geophysical Research Letters, 41(1): 86-89.
Harper J, Bradford J. 2003. Snow stratigraphy over a uniform depositional surface: spatial variability and measurement tools. Cold Regions Science and Technology, 37(3): 289-298.
Havens S, Marshall H P, Pielmeier C, et al. 2013. Automatic grain type classification of snow micro penetrometer signals with random forests. IEEE Transactions on Geoscience and Remote Sensing, 51(6): 3328-3335.
Heierli J, Gumbsch P, Zaiser M. 2008. Anticrack nucleation as triggering mechanism for snow slab avalanches. Science, 321(5886): 240-243.
Heilig A, Eisen O, Schneebeli M. 2010. Temporal observations of a seasonal snowpack using upward-looking GPR. Hydrological Processes, 24(22): 3133-3145.
Herron M M, Langway Jr C C. 1980. Firn densification: an empirical model. Journal of Glaciology, 25(93): 373-385.
Kinar N, Pomeroy J W. 2009. Automated determination of snow water equivalent by acoustic reflectometry. IEEE Transactions on Geoscience and Remote Sensing, 47(9): 3161-3167.
Kojima K. 1967. Densification of seasonal snow cover // Oura H. Physics of Snow and Ice, Proc. Int. Conf. on Low Temp. Sci, Vol. 1. Sapporo: Hokkaido University: 929-952.
Kulessa B, Chandler D, Revil A, et al. 2012. Theory and numerical modeling of electrical self-potential signatures of unsaturated flow in melting snow. Water Resources Research, 48(9): W09511.
Lehning M, Bartelt P, Brown B, et al. 2002. A physical SNOWPACK model for the Swiss avalanche warning: Part II. Snow microstructure. Cold Regions Science and Technology, 35(3): 147-167.
Lever J H, Haehnel R. 1995. Scaling snowdrift development rate. Hydrological Processes, 9(8): 935-946.
Li L, Pomeroy J W. 1997. Estimates of threshold wind speeds for snow transport using meteorological data. Journal of Applied Meteorology and Climatology, 36(3): 205-218.
Lundberg A, Thunehed H. 2000. Snow wetness influence on impulse radar snow surveys theoretical and laboratory study. Hydrology Research, 31(2): 89-106.
Marks D, Winstral A. 2001. Comparison of snow deposition, the snow cover energy balance, and snowmelt at two sites in a semiarid mountain basin. Journal of Hydrometeorology, 2(3): 213-227.
Marshall H P, Conway H, Rasmussen L A. 1999. Snow densification during rain. Cold Regions Science and Technology, 30: 35-41.
Marshall H P, Johnson J B. 2009. Accurate inversion of high-resolution snow penetrometer signals for microstructural and micromechanical properties. Journal of Geophysical Research: Earth Surface, 114(F4): F04016.
Marshall H P, Koh G. 2008. High-resolution snow structure characterization using frequency-modulated continuous wave ground-penetrating radar. Journal of Glaciology, 54(187): 709-720.
Matzl M, Schneebeli M. 2006. Measuring specific surface area of snow by near-infrared photography. Journal of Glaciology, 52(179): 558-564.
Maysenhölder W, Heggli M, Zhou X, et al. 2012. Microstructure and sound absorption of snow. Cold Regions Science and Technology, 83-84: 3-12.
McClung D M, Schaerer P. 1993. The Avalanche Handbook. The Mountaineers, Seattle, WA, 271.
Mellor M. 1975. A Review of Basic Snow Mechanics. Wallingford: IAHS Publication.
Narita H. 1983. An experimental study on tensile fracture of snow. Contributions from the Institute of Low Temperature Science, 32(A): 1-37.
Pielmeier C, Marshall H P. 2009. Rutschblock-scale snowpack stability derived from multiple quality-

controlled SnowMicroPen measurements. Cold Regions Science and Technology, 59(2/3): 178-184.

Rangel-Alvarado R, Li H J, Ariya P A. 2022. Snow particles physiochemistry: feedback on air quality, climate change, and human health. Environmental Science: Atmospheres, 2(5): 891-920.

Riche F, Schneebeli M. 2010. Microstructural change around a needle probe to measure thermal conductivity of snow. Journal of Glaciology, 56(199): 871-876.

Riche F, Schneebeli M. 2013. Thermal conductivity of snow measured by three independent methods and anisotropy considerations. Cryosphere, 7: 217-227.

Satyawali P K, Schneebeli M, Pielmeier C, et al. 2009. Preliminary characterization of alpine snow using SnowMicroPen. Cold Regions Science and Technology, 55(3): 311-320.

Satyawali P K, Singh A. 2008. Dependence of thermal conductivity of snow on microstructure. Journal of Earth System Science, 117(4): 465-475.

Scapozza C, Bartelt P. 2003. Triaxial tests on snow at low strain rate. Part II: Constitutive behaviour. Journal of Glaciology, 49(164): 91-101.

Scapozza, C, Bartiet P. 2005. Snow mechanics under variable loading conditions. Journal of Glaciology, 51(179): 567-580.

Schleef S, Löwe H. 2013. X-ray microtomography analysis of isothermal densification of new snow under external mechanical stress. Journal of Glaciology, 59(214): 233-243.

Schneebeli M. 1995. Development and Stability of Preferential Flow Paths in a Layered Snowpack. Wallingford: IAHS Publication, 228: 89-95.

Schneebeli M, Johnson J B. 1998. A constant-speed penetrometer for high-resolution snow stratigraphy. Annals of Glaciology, 26: 107-111.

Schneebeli M, Sokratov S A. 2004. Tomography of temperature gradient metamorphism of snow and associated changes in heat conductivity. Hydrological Processes, 18(18): 3655-3665.

Schweizer J. 1998. Laboratory experiments on shear failure of snow. Annals of Glaciology, 26: 97-102.

Schweizer J. 1999. Review of dry snow slab avalanche release. Cold Regions Science and Technology, 30: 43-57.

Schweizer J, Jamieson J B, Schneebeli M. 2003. Snow avalanche formation. Reviews of Geophysics, 41(4): 1016.

Shertzer R H, Adams E E. 2011. Anisotropic thermal conductivity model for dry snow. Cold Regions Science and Technology, 69(2/3): 122-128.

Sturm M, Holmgren J, Konig M, et al. 1997. The thermal conductivity of seasonal snow. Journal of Glaciology, 43(143): 26-41.

Sturm M, Johnson J. 1992. Thermal conductivity measurements of depth hoar. Journal of Geophysical Research: Solid Earth, 97(B2): 2129-2139.

Theile T, Löwe H, Theile T C, et al. 2011. Simulating creep of snow based on microstructure and the anisotropic deformation of ice. Acta Materialia, 59(18): 7104-7113.

Vyalov O S. 1963. Strength and deformation of frozen soils. Moscow: Izd-vo Akademii Nauk SSSR.

Waldner P A, Schneebeli M, Schultze-Zimmermann U, et al. 2004. Effect of snow structure on water flow and solute transport. Hydrological Processes, 18(7): 1271-1290.

Wang X, Baker I. 2013. Observation of the microstructural evolution of snow under uniaxial compression using X-ray computed microtomography. Journal of Geophysical Research: Atmospheres, 118(22): 12371-12382.

Yamazaki T, Kondo J, Sakuraoka T, et al. 1993. A one-dimensional model of the evolution of snow-cover characteristics. Annals of Glaciology, 18: 22-26.

第 3 章　典型草原积雪的时空分布

早在 20 世纪 30 年代，有些学者就已经对积雪研究展开了基础性的探索。我国对积雪的研究始于 20 世纪 50 年代，主要利用积雪深度及积雪日数两个指标对我国积雪进行区划并绘制我国积雪分布图，同时分析了我国主要积雪区的时空分布特征及影响因素（王芝兰，2011）。但是，以往积雪时空分布研究的区域主要集中在新疆、青藏高原及东三省，关于内蒙古地区的积雪研究甚少，对锡林郭勒盟典型草原积雪时空分布的研究更是鲜有报道。因此，本章将利用锡林郭勒盟 15 个气象观测站 45 年的气象资料，揭示该地区积雪的时空分布特征。

锡林郭勒盟地处我国三大积雪高值区之一，降雪丰富，积雪较深、持续时间较长、分布范围较广。锡林郭勒盟作为我国重要的畜牧业生产基地，积雪灾害发生频率高，对草原畜牧业威胁尤为严重（王国强，2011）。独特的地理环境条件决定了该地区是开展高平原地区积雪研究的典型天然试验场，所以探明该地区积雪的时空分布特征并掌握相应的周期变化规律对减轻草原积雪灾害的发生、防治交通线路的风雪灾害及科学合理安排农牧业生产活动至关重要（郝璐等，2003；董芳蕾，2008）。

3.1　积雪的时空分布特征

3.1.1　时间变化特征

本研究从降雪量、积雪日数和积雪深度 3 个方面对锡林郭勒盟积雪的时间分布特征进行分析。如图 3-1 所示，45 年间该地区降雪量年际变化波动明显，增减往复，其中 1972 年太仆寺旗达到最大值，为 65.3mm，在 1973 年二连浩特和苏尼特右旗都达到最小值，为 1.2mm。在月平均降雪量变化图（图 3-2）中，研究区降雪量主要出现在当年的 10 月到翌年的 4 月，总体呈现双峰型的变化特征，峰值分别出现在 11 月和 3 月，波谷出现在 1 月。其中，降雪量的最大值出现在 11 月，达到 5mm，占全年降雪总量的 24%；其次是 3 月，达到 4.3mm，占全年的 21%；而 1 月的降雪量最少，仅有 1.9mm，极差达到 3.1mm，整个降雪量月变化图呈现出增长—减少—增长—减少的变化趋势。

积雪日数年际变化幅度比较显著（图 3-3），其中在 1980 年东乌珠穆沁旗达到最大值，为 171d，2001 年二连浩特达到最小值，只有 5d。在月平均积雪日数变化图（图 3-4）

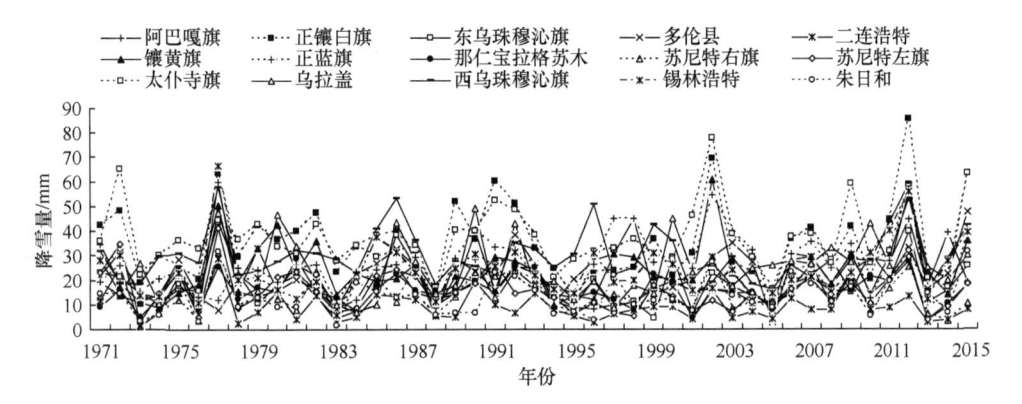

第 3 章 典型草原积雪的时空分布 | 51

图 3-1 锡林郭勒盟 1971～2015 年各观测站的降雪量

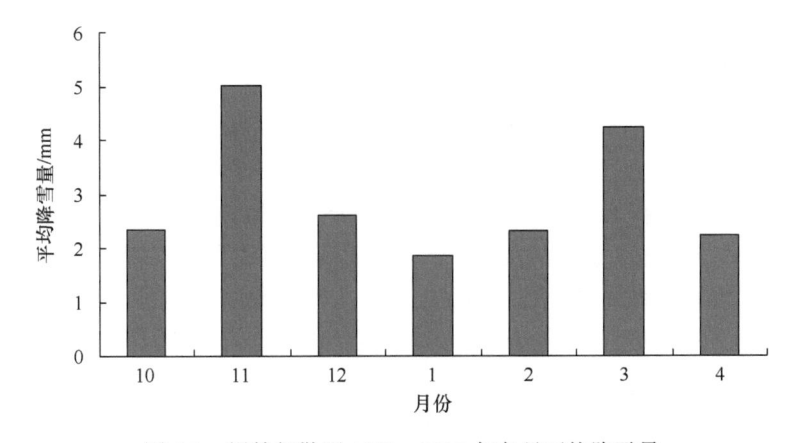

图 3-2 锡林郭勒盟 1971～2015 年各月平均降雪量

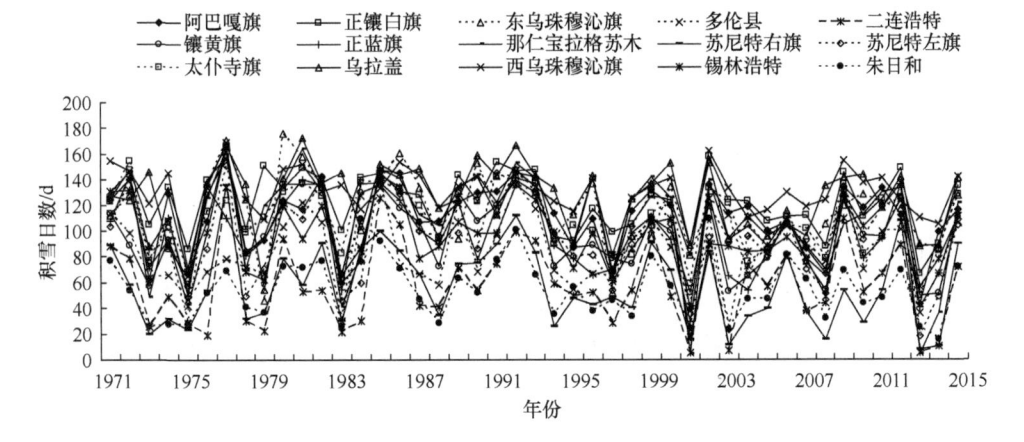

图 3-3 锡林郭勒盟 1971～2015 年各观测站的积雪日数

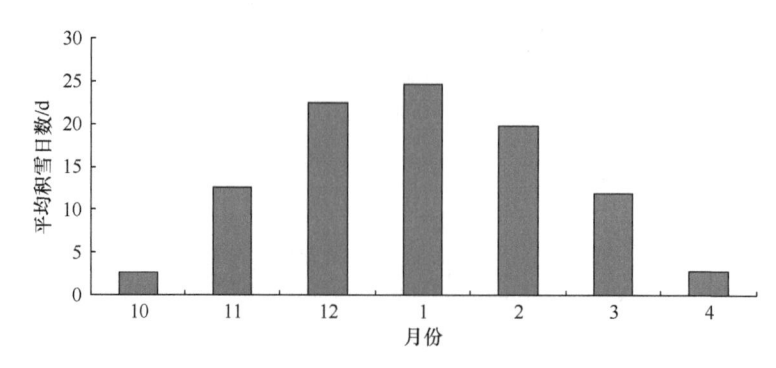

图 3-4 锡林郭勒盟 1971~2015 年各月平均积雪日数

中呈现单峰型的分布特征，从 10 月到翌年 1 月呈逐渐增加的趋势，达到最大值后开始逐月递减。年平均总积雪日数为 96.7d，其中平均积雪日数较多的月份是 12 月、1 月和 2 月，占全年积雪日数的 69%，1 月达到最大值（24.6d）；平均积雪日数较少的月份出现在刚入冬的 10 月和积雪开始消融的 4 月，仅占年平均总积雪日数的 6%。

1971~1990 年积雪深度年际变化有逐渐增加的趋势（图 3-5），之后变化趋势又恢复稳定。累积最大积雪深度在 1977 年的乌拉盖达到最大值，为 224mm，在 1983 年的二连浩特达到最小值，仅为 10mm。积雪深度的月际变化（图 3-6）也呈现出单峰型的分布特征，从 10 月开始到翌年的 2 月，平均积雪深度呈稳步增长的趋势，在 2 月达到积雪深度最大值（55mm），占全年累积雪深的 19%；3 月开始下降。由于天气变化等原因，3~4 月积雪消融速度加快，积雪深度下降幅度大，到 4 月时积雪深度仅为 28mm，占全年的 9.4%。

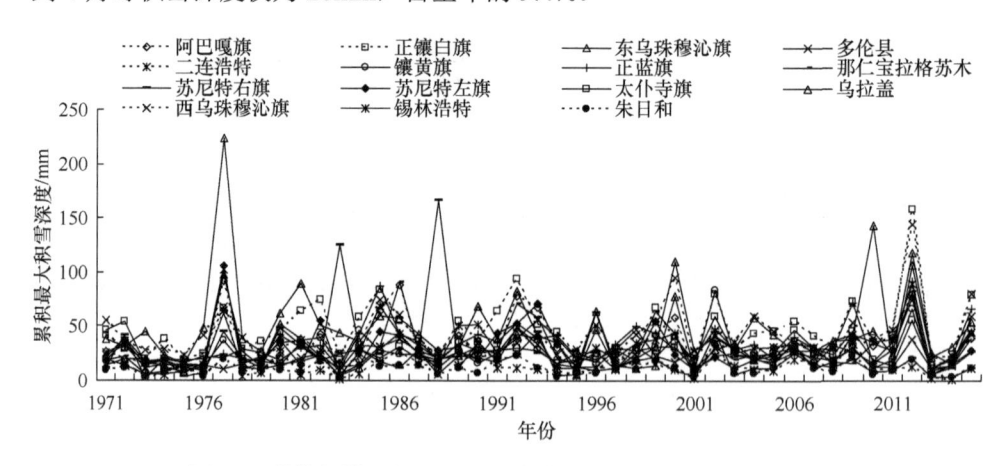

图 3-5 锡林郭勒盟 1971~2015 年各观测站累积最大积雪深度

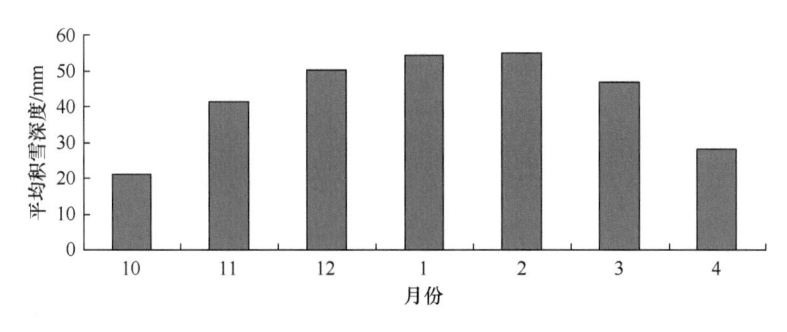

图 3-6　锡林郭勒盟 1971～2015 年各月平均积雪深度

3.1.2　空间变化特征

由于研究区可利用的气象站点较少，现有数据不能完全覆盖整个研究区域，所以通过空间差值法将离散的数据转换为连续的曲面数据，填补样本之间的数据空白，以便与其他地区积雪分布进行建模的相关研究。本书利用 Surfer 9.0 中提供的 12 种内插方法对锡林郭勒盟的积雪进行空间插值分析（利用积雪日数数据进行检验）。通过对 12 种方法的原理、优缺点及适用范围进行筛选，首先，从应用范围方面，排除改进谢别得法、自然邻点插值法、最近邻点插值法、线性插值法、移动平均法及多元回归分析；其次，从精确度方面，排除最小曲率法和局部多项式方法；最后，对反距离加权法、径向基函数法及克里金空间插值法进行对比分析（左合君等，2016）。

表 3-1 为 3 种不同空间差值方法的误差分析对比。径向基函数法除平均残差外，其他三项的值均表现为最小，差值效果最好。因此，在之后的空间插值分析中优先选用径向基函数法。

表 3-1　不同空间插值方法的误差分析

方法	平均残差	均方根预测误差	相对均方差	平均估计误差百分比/%
反距离加权法	−2.300	10.055	0.154	110.7
克里金空间插值法	−4.633	9.815	0.147	105.5
径向基函数法	−4.267	7.656	0.089	64.2

径向基函数法包括 5 种基函数：反转多重二次曲面、多重对数函数、多重二次曲面函数、自然三次样条插值及薄板样条插值，通过对 5 种基函数的残差和标准偏差的对比分析，得出表 3-2 所示结果。其中，反转多重二次曲面的平均残差最大，标准偏差最小，精度最高。因此，选用反转多重二次曲面作为径向基函数法的基函数。

表 3-2 径向基函数法中不同基函数的误差分析

基函数	平均残差	标准偏差
反转多重二次曲面	−0.900	16.657
多重对数函数	−3.167	24.721
多重二次曲面函数	−4.233	25.948
自然三次样条插值	−3.900	28.673
薄板样条插值	−3.933	27.554

经过筛选后，利用优选方法对降雪量、积雪日数和积雪深度45年的年平均值进行了空间插值。

研究区的平均降雪量（图3-7a）整体呈现出东南部多、西北部少的分布格局。平均降雪量＞30mm的地区包括太仆寺旗和正镶白旗全部，西乌珠穆沁旗少部；其中，太仆寺旗平均降雪量最大，达到36.5mm。平均降雪量20～30mm的地区包括多伦县、正蓝旗和镶黄旗全部地区，东乌珠穆沁旗、西乌珠穆沁旗和锡林浩特大部分地区，阿巴嘎旗、苏尼特右旗和苏尼特左旗小部分地区。平均降雪量10～20mm的地区包括苏尼特右旗、苏尼特左旗、阿巴嘎旗、东乌珠穆沁旗大部分地区。平均降雪量＜10mm的地区包括二连浩特全部地区，苏尼特右旗和苏尼特左旗小部分地区，二连浩特平均降雪量最少，只有9.6mm。高值区是低值区的近4倍，说明整体空间分布差异较大。

积雪变率是指距平值与平均值的商。变率值越大说明该地区的积雪波动幅度越大。由图3-7b可知，各地区年际降雪量变率总体较大，研究区降雪量总体处于不稳定状态。

研究区平均积雪日数在55～130d，整体偏高，并且研究区的西部和东部积雪日数相差较大，西部明显少于中东部，北部和南部相差较小。积雪日数＜60d

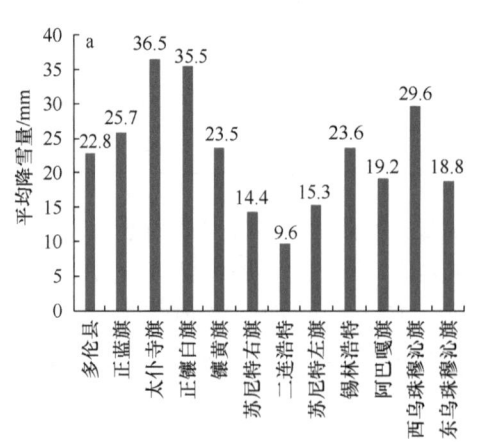

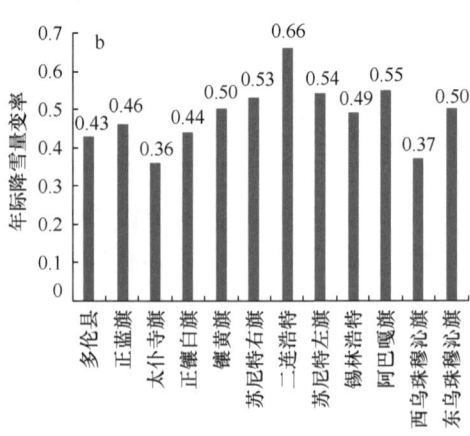

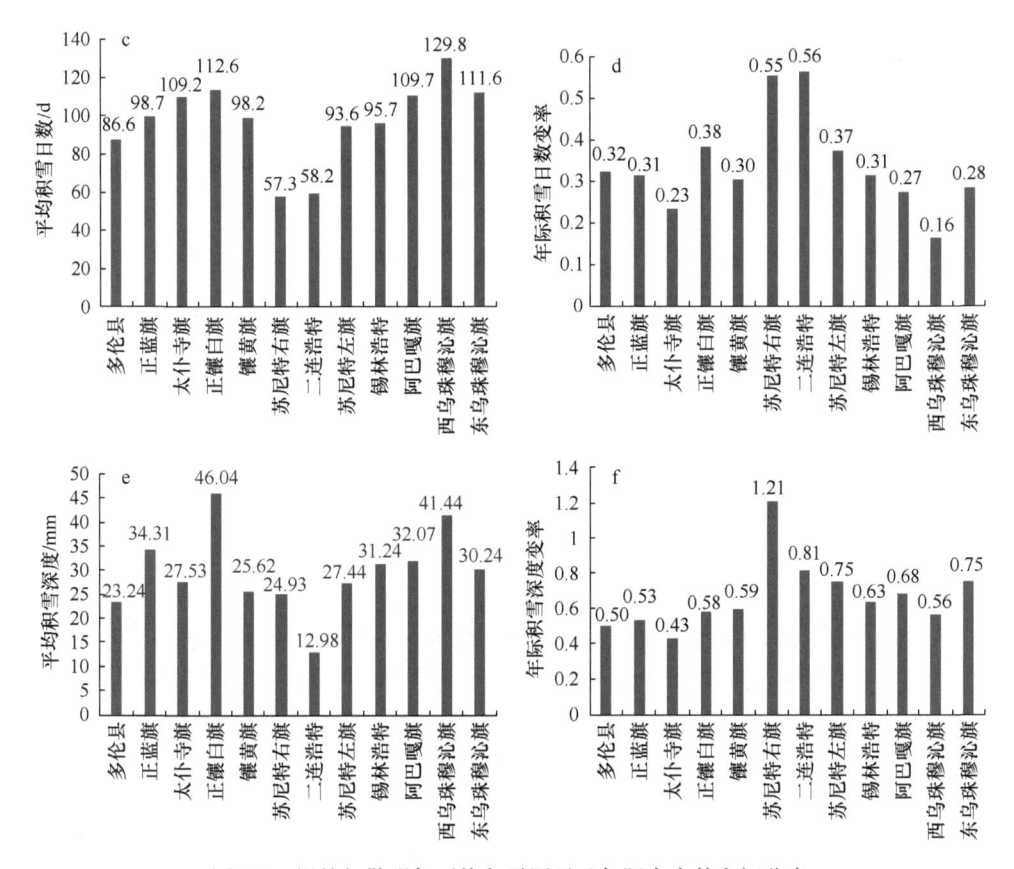

图 3-7 锡林郭勒盟年平均积雪因子及年际变率的空间分布

的地区分布在西部,包括二连浩特全部、苏尼特右旗少部分地区。60~90d 的地区包括苏尼特左旗中西部、苏尼特右旗和多伦县大部分地区。90~120d 的地区主要分布在锡林郭勒盟中部大部分地区,包括锡林浩特、阿巴嘎旗、正蓝旗、太仆寺旗、镶黄旗全部地区,东乌珠穆沁旗、西乌珠穆沁旗及正镶白旗大部分地区,以及苏尼特左旗中东部。积雪日数>120d 的地区包括正镶白旗、西乌珠穆沁旗少部分地区,其中平均积雪日数最大值出现在西乌珠穆沁旗,为 129.8d。研究区平均积雪日数为 97.3d,高值区是低值区的 2 倍多。通过图 3-7c 和图 3-7d 的对比,平均积雪日数多的地区年际变率也相对较小,积雪相对稳定。研究区除二连浩特和苏尼特右旗年际积雪日数变率达到 0.4 以上外,其余地区的年际积雪日数变率都低于 0.4。因此,研究区基本属于稳定积雪区。

积雪深度分布呈现由东南向西北逐渐递减的态势。积雪深度>40cm 的地区包括正镶白旗、正蓝旗、阿巴嘎旗和苏尼特左旗小部分地区,东乌珠穆沁旗和西乌珠穆沁旗大部分地区(图 3-7e)。积雪深度 30~40cm 的地区包括锡林浩特、阿巴嘎旗和正蓝旗全部，东乌珠穆沁旗、西乌珠穆沁旗、苏尼特左旗、苏尼特右旗和镶黄旗小部分地区。积雪深度 20~30cm 的地区包括多伦县全部，苏尼特左旗、苏尼特右旗、阿巴嘎旗大部分地区，东乌珠穆沁旗、锡林浩特小部分地区。积雪深度＜20cm 的地区包括二连浩特全部，苏尼特右旗、苏尼特左旗小部分地区。研究区平均积雪深度达到 30cm，高值区是低值区的 3 倍多。研究区除太仆寺旗外，其他地区年际积雪深度变率普遍较高（图 3-7f），基本在 0.5 以上，说明大部分地区积雪深度年际波动较大。

由于分布范围较广、影响因素较多，为了更加准确地进行区域划分，现将降雪量、积雪日数、积雪深度、海拔、气象等因子进行相关性分析。结果表明，研究区气温、风速、蒸发量、湿度及日照时数与积雪各因子存在较好的相关性（$P<0.01$），决定系数达 0.7~0.8。其中，积雪各因子与湿度表现为正相关关系，与其余因子为负相关，与海拔相关性不显著。根据前期积雪的空间变化特征并结合主要影响因子，采用 SPSS 软件中 K-均值聚类法将研究区划分为 4 个类型（表 3-3），首先选定初始聚类中心，经过多次迭代，不断修改聚类中心直到合理为止。划分结果为：一致偏少区包括二连浩特、苏尼特右旗和朱日和；中值区包括锡林浩特、多伦县、苏尼特左旗、镶黄旗和正蓝旗；一少两多区包括阿巴嘎旗、东乌珠穆沁旗、那仁宝拉格苏木和乌拉盖；一致偏多区包括太仆寺旗、正镶白旗和西乌珠穆沁旗。

表 3-3　锡林郭勒盟积雪类型划分

类型	观测站	特点
一致偏少区	二连浩特、苏尼特右旗、朱日和	该区降雪量不足，加上平均气温和风速偏高，蒸发量较大，加速了积雪损失，综合造成积雪深度和积雪日数较少
中值区	锡林浩特、多伦县、苏尼特左旗、镶黄旗、正蓝旗	该区降雪量接近全盟的平均值，同时气温、风速、蒸发量中等，综合导致积雪深度和积雪日数表现为中间水平
一少两多区	阿巴嘎旗、东乌珠穆沁旗、那仁宝拉格苏木、乌拉盖	该区降雪量偏少，但是区域内气温、风速及蒸发量较低，冬季积雪升华和融化的损失较少，导致积雪深度较大，积雪能够在地表维持较长时间
一致偏多区	太仆寺旗、正镶白旗、西乌珠穆沁旗	该区降雪量丰富，气温、风速、蒸发量偏低，导致冬季积雪深度较大，且积雪持续时间较长

3.2　积雪的时空变异

3.2.1　周期性与突变性特征

小波分析是在傅里叶分析方法的基础上发展和延伸出来的更具有突破性的手段。相比傅里叶变换，它在刻画时频局部化特征上更具备显著的优势。进入 20 世纪 90 年代，小波分析逐渐被科学家们关注，并被广泛应用于信号处理、图像处理、计算机应用、电子信息等领域。尤其在近几年，因小波分析能够充分反映出问题的某些特征而被作为气象研究所常用的一种方法（魏凤英，1999）。其基本运行过程如下。

首先，小波函数 $\psi(t) \in L^2(R)$ 满足：

$$\int_{-\infty}^{\infty} \psi(t) \mathrm{d}t = 0 \tag{3-1}$$

式中，$\psi(t)$ 为基小波函数，可通过尺度的伸缩和时间轴上的平移构成一簇函数系；t 为时间。

$$\psi_{a,b}(t) = |a|^{-\frac{1}{2}} \psi\left(\frac{t-b}{a}\right) \qquad a > 0, \ b > R \tag{3-2}$$

式中，$\psi_{a,b}(t)$ 为子小波，表示波动在时间上的平移；$\bar{\psi}\left(\dfrac{t-b}{a}\right)$ 为 $\psi\left(\dfrac{t-b}{a}\right)$ 的复共轭函数；a 是频域参数；b 是时间参数。那么，函数小波变换的连续形式为

$$\omega_f(a,b) = |a|^{-\frac{1}{2}} \int_R f(t) \bar{\psi}\left(\frac{t-b}{a}\right) \mathrm{d}t \tag{3-3}$$

式中，$\omega_f(a,b)$ 为小波变换系数；$f(t)$ 为一个信号或平方可积函数；$\bar{\psi}\left(\dfrac{t-b}{a}\right)$ 为 $\psi\left(\dfrac{t-b}{a}\right)$ 的复共轭函数。

在实际应用中，我们通常采用墨西哥帽小波函数进行计算，墨西哥帽小波函数（$\varphi(t)$）如下

$$\varphi(t) = (1 - t^2) \mathrm{e}^{\left(-\frac{t^2}{2}\right)} \tag{3-4}$$

式中，t 为时间。

为了更直观地判断各序列的主要周期，还应采用如下公式进行小波方差检验：

$$\mathrm{var}(a) = \sum \left[\omega_f(a,b)\right]^2 \tag{3-5}$$

式中，$\mathrm{var}(a)$ 代表小波方差；$\omega_f(a,b)$ 为小波系数，a 通常表示尺度参数（用于小波函数的缩放,不同尺度参数对应不同的分析尺度）,b 通常表示平移参数（用于小波函数的平移，确定分析在序列中的位置），$\omega_f(a,b)$ 就是对信号 f 做小波变换后，在尺度 a、位置 b 处得到的系数，反映了信号在该尺度和位置的特征。

降雪量的周期特征如图 3-8 所示。图中显示的是小波变换系数实部的波动特征，等值线中心所对应的时间尺度为积雪的周期，正值用实线表示，代表降雪量为增多期，负值用虚线表示，代表降雪量为减少期。方差变化图反映的是某一时间序列上能量波动的强弱变化（图 3-9），通过配合小波方差图可以更清

晰地确定该序列的主副周期。降雪量时间序列在 7 年、11 年及 18 年的时间尺度上能量波动最为显著，说明研究区降雪量存在 7 年、11 年和 18 年三种时间周期尺度变化情况。其中，在 7 年的时间尺度上峰值达到最大，表示能量波动最强，因此为整个研究时段的第一主周期，11 年和 18 年两个时间尺度为副周期。3 个时间尺度的周期变化在整个时间域内都表现得极不稳定。11 年和 18 年的时间尺度变化具有逐渐向短周期变化的趋势，7 年的时间尺度变化具有逐渐增加的趋势。

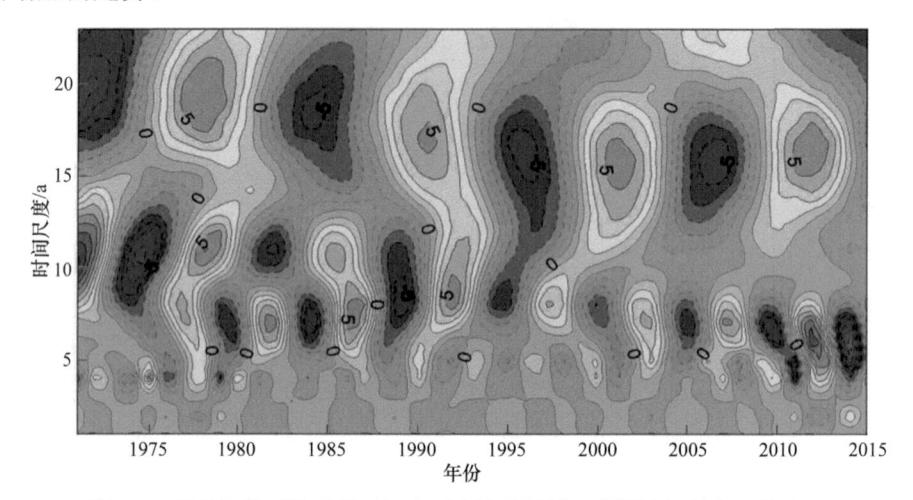

图 3-8　锡林郭勒盟降雪量时间序列小波分析图（彩图请扫封底二维码）

图中数据是小波变换系数实部的数值

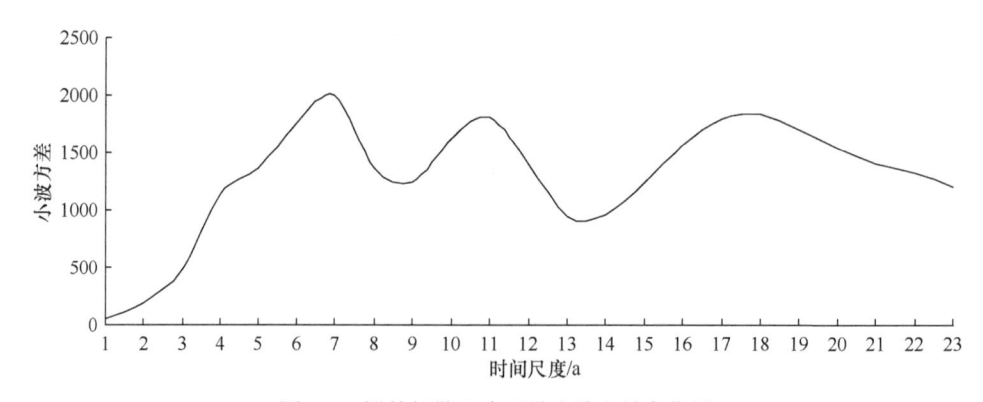

图 3-9　锡林郭勒盟降雪量小波方差变化图

积雪日数存在 7 年、11 年和 22 年三个震荡周期（图 3-10）。其中，7 年为积雪日数变化的第一主周期，其余两个周期为副周期。在主周期的时间尺度上存在着 12 次震荡，且震荡较为频繁，周期变化在 1989 年之前表现较为显著，之后周期有变短的趋势，形成 5 年的副周期。11 年的时间周期尺度在整个时段内表现得极不稳定，在 1998 年之前表现较为明显，之后周期变化有逐渐增加的趋势。在 22 年的时间周期尺度上出现了 3 次完整的增-减交替变化，第 4 次减少期的等值线还没有完全闭合，说明在 2015 年之后积雪日数还会继续减少。可以看出，整个周期在分析时段上表现得比较稳定，且具有全域性（图 3-11）。

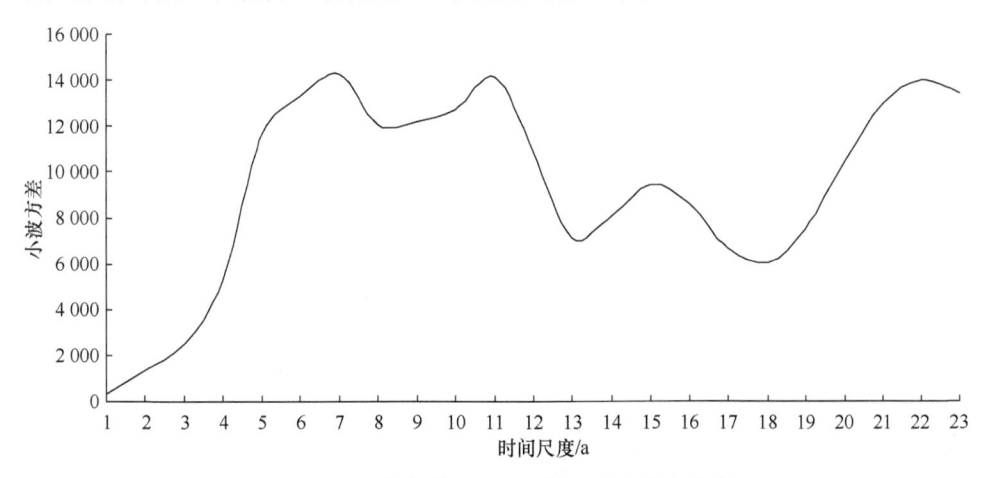

图 3-10　锡林郭勒盟积雪日数小波方差变化图

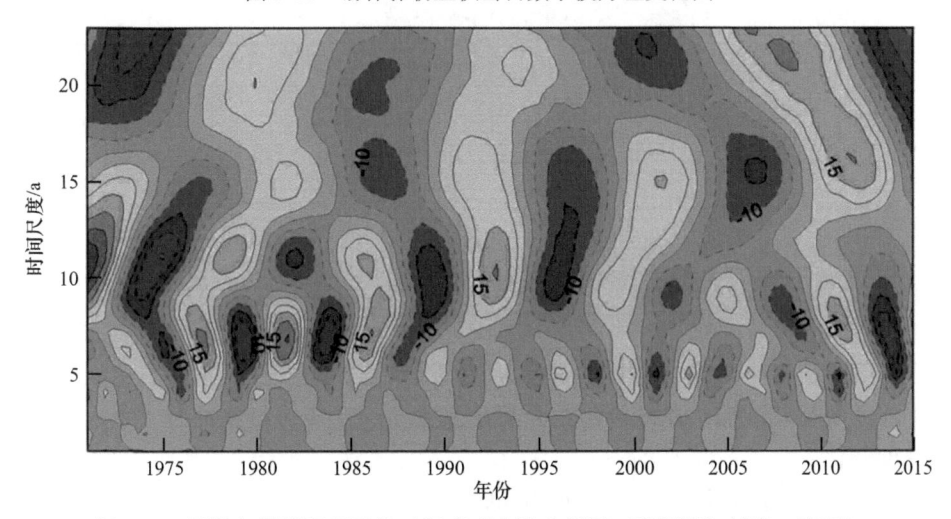

图 3-11　锡林郭勒盟积雪日数时间序列小波分析图（彩图请扫封底二维码）
图中数据是小波变换系数实部的数值

积雪深度存在 5 年和 11 年两个震荡周期（图 3-12），其中，5 年时间尺度为积雪深度变化的第一主周期，11 年时间尺度为积雪深度变化的第二周期。可以看出，5 年的时间尺度在整个时段内表现得较为稳定，基本控制着积雪深度在整个时间域内的变化特征，且具有全域性。在 11 年的时间尺度上积雪深度变化表现得不稳定，在 1998 年之后周期变化有逐渐增加的趋势，又形成了 16 年的副周期（图 3-13）。

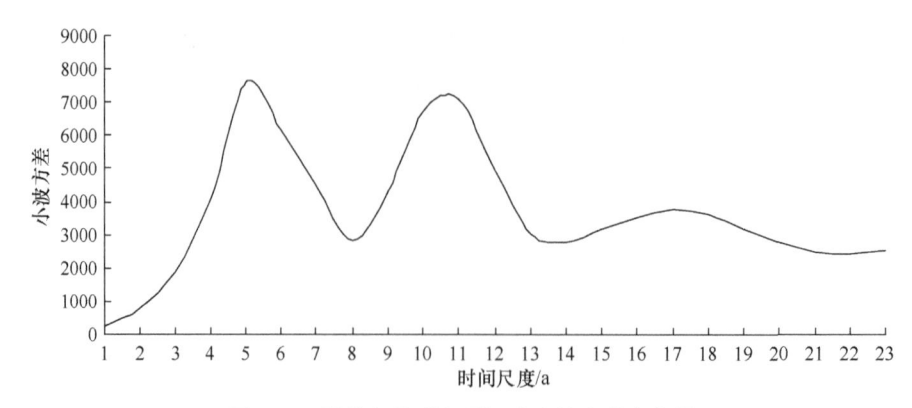

图 3-12　锡林郭勒盟积雪深度小波方差变化图

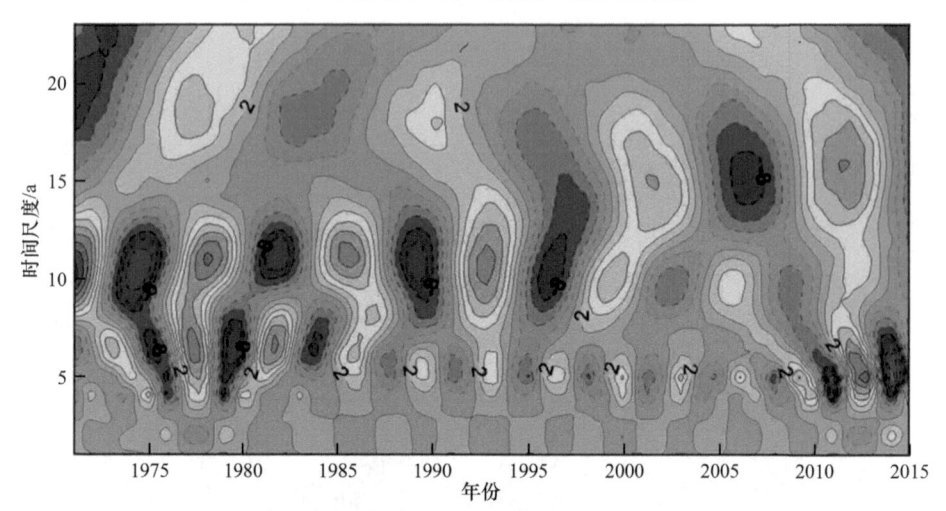

图 3-13　锡林郭勒盟积雪深度时间序列小波分析图（彩图请扫封底二维码）
图中数据是小波变换系数实部的数值

在气象研究中，某一指标通常会存在突变现象。突变在气象中被定义为是一种不连续变化的现象，从统计学的角度定义为从一个统计特性到另一个统计特性的急剧变化。

首先，给出曼-肯德尔（Mann-Kendall）检验的验证过程。

假定一个具有 n 个样本的时间序列，时间序列为 $x_1, x_2, \cdots, x_n$，构造一秩序列 S_k：

$$S_k = \sum_{i=1}^{k} r_i, \quad k = 2, 3, \cdots, n \tag{3-6}$$

其中，

$$r_i = \begin{cases} +1, & x_i > x_j \\ 0, & x_i \leq x_j \end{cases}, \quad j = 1, 2, \cdots, i$$

可知，秩序列 S_k 是第 i 时刻值大于第 j 时刻值个数的累计数。

在时间序列随机独立的假定下，定义统计量：

$$\mathrm{UF}_k = \frac{S_k - E(S_k)}{\sqrt{\mathrm{var}(S_k)}}, \quad k = 2,3,\cdots,n \tag{3-7}$$

式中 $\mathrm{UF}_1 = 0$，$E(S_k)$、$\mathrm{var}(S_k)$ 分别为秩序列 S_k 的均值和方差，在 $x_1, x_2, \cdots, x_n$ 相互独立，且有相同连续分布时，可由下式算出：

$$\begin{cases} E(S_k) = \dfrac{k(k-1)}{4} \\ \mathrm{var}(S_k) = \dfrac{k(k-1)(2k+5)}{72} \end{cases}, \quad k = 2,3,\cdots,n \tag{3-8}$$

UF_i 为标准正态分布，是按时间序列 x 顺序 $x_1, x_2, \cdots, x_n$ 计算出的统计量序列，给定显著水平 α，通过查表，如果 $|\mathrm{UF}_i| > U_\alpha$，则表明序列存在明显的趋势变化。

按时间序列 x 逆序 $x_n, x_{n-1}, \cdots, x_1$，重复上述过程，同时使 $\mathrm{UB}_k = -\mathrm{UF}_k$（$k = n, n-1, \cdots, 1$），$\mathrm{UB}_1 = 0$。通过分析 UF_k 和 UB_k 曲线图可知，若 UF_k 或 UB_k 的值大于 0，表明序列呈上升趋势，小于 0 则表明序列呈下降趋势。当它们超过临界线时，表明上升或下降趋势显著。超过临界线的范围确定为出现突变的时间区域。如果 UF_k 和 UB_k 出现的交点在临界线之间，那么交点对应的时刻便是突变开始的时间。

其次，给出滑动 t 检验的验证过程。

滑动 t 检验是通过考察两组样本平均值的差异是否显著来检验突变的。其基本思想是把一气候序列中两段子序列均值有无显著差异看作来自两个总体均值有无显著差异的问题来检验。如果两段子序列的均值差异超过了一定的显著水平，可以认为均值发生了质变，即有突变的发生。

对于具有 n 个样本量的时间序列 x，人为设置某一时刻为基准点，基准点前后两段子序列 x_1 和 x_2 的样本分别为 n_1 和 n_2，两段子序列平均值分别为 $\overline{x_1}$ 和 $\overline{x_2}$，方差分别为 s_1^2 和 s_2^2。定义统计量（t）为

$$t = \frac{\overline{x_1} - \overline{x_2}}{s \cdot \sqrt{\dfrac{1}{n_1} + \dfrac{1}{n_2}}} \tag{3-9}$$

其中，

$$s = \sqrt{\frac{n_1 s_1^2 + n_2 s_2^2}{n_1 + n_2 - 2}}$$

式（3-9）遵从自由度 $v = n_1 + n_2 - 2$ 的 t 分布。

此方法子序列时段的调整具有人为性，为了使计算结果更加准确，可反复变动子序列长度进行验证。

利用上述两种方法相结合的手段对降雪量、积雪日数和积雪深度进行检验。降雪量突变检验，UF 曲线在 1971~1977 年总体上呈下降的趋势，1977~1997 年总体上呈上升的趋势，1997~2009 年总体上又呈下降的趋势，之后几年又在波动中上升。整个时间段内没有显著的增减变化，且 UF、UB 曲线发生了多次相交（图 3-14a），再结合滑动 t 检验（图 3-14b）做进一步验证后发现，降雪量在 1996 年附近发生了显著的突变，但是两种检验突变结果所发生的时间不一致。因此，综合判定降雪量在时间序列上没有突变产生。

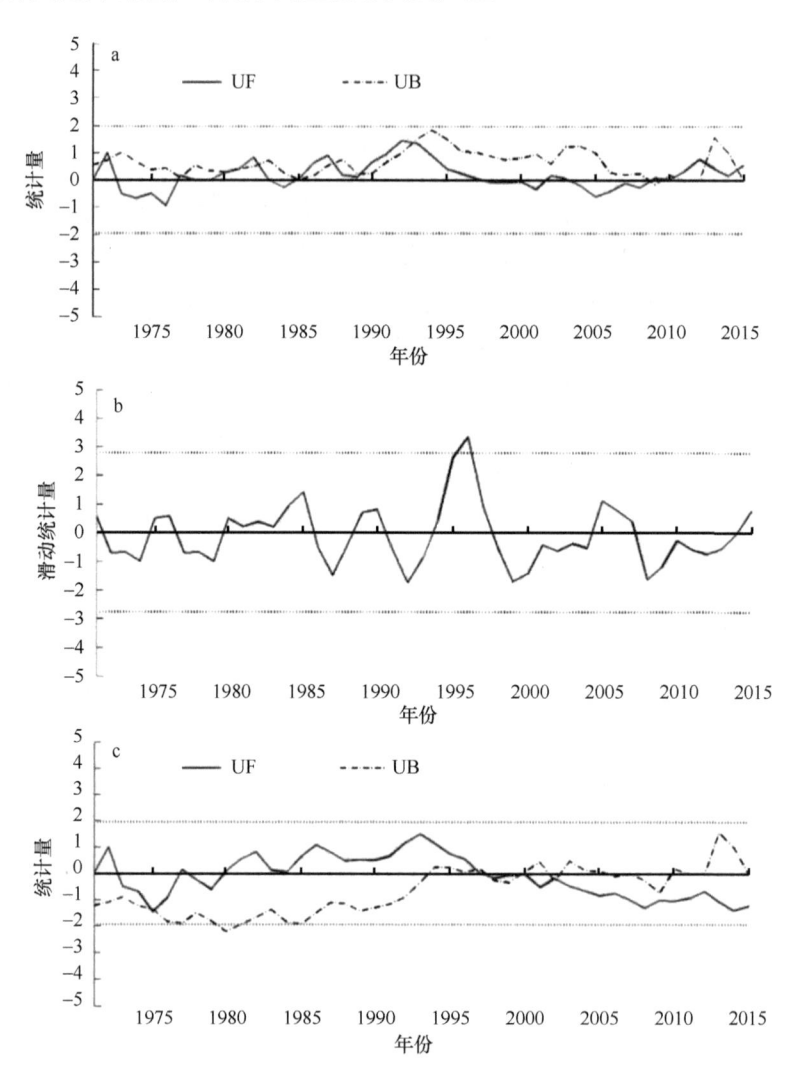

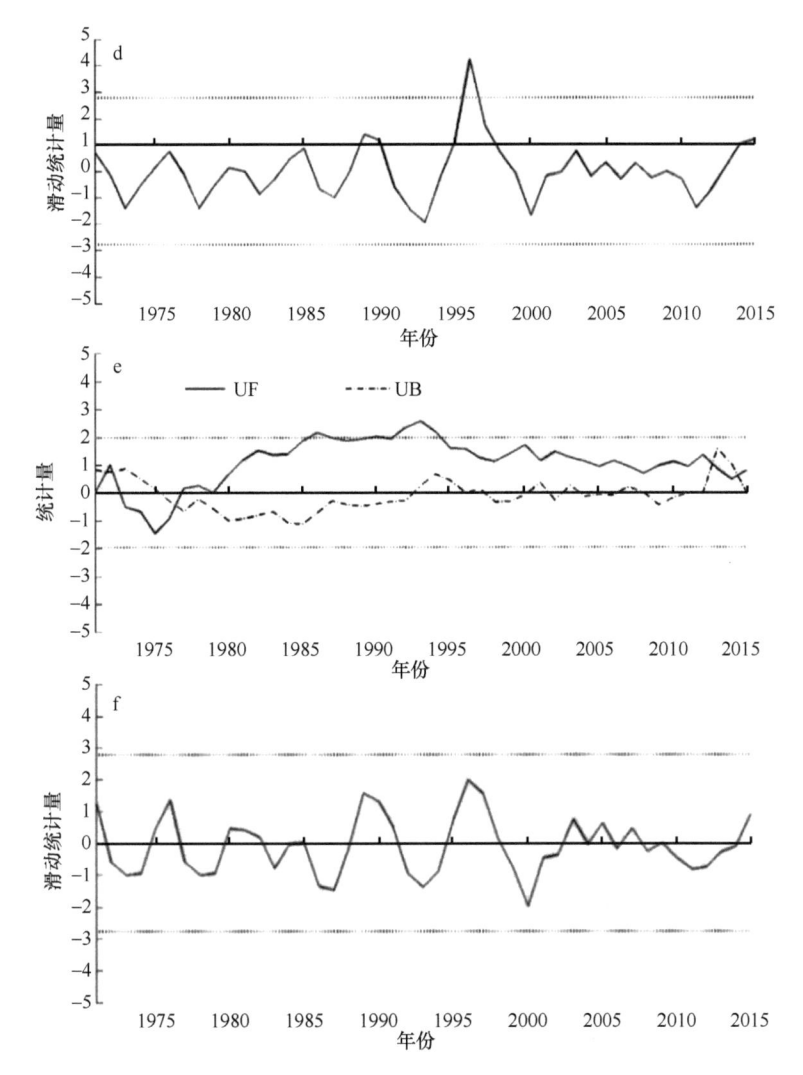

图 3-14　锡林郭勒盟积雪因子 Mann-Kendall 检验及滑动 t 检验结果

横轴上下两条直线为 α=0.05 显著性区间。a、b 为降雪量；c、d 为积雪日数；e、f 为积雪深度

积雪日数突变检验，UF 曲线在 1971~1980 年总体上呈下降的趋势，1980~1996 年总体上呈上升的趋势，之后总体上又呈下降的趋势（图 3-14c）。在不确定是否为伪突变造成的原因下，再结合滑动 t 检验（图 3-14d）做进一步验证，发现积雪日数在 1996 年前后确实发生了由多到少的突变，但突变现象不明显。

积雪深度 UF 曲线（图 3-14e）在 1971~1977 年呈下降的趋势，1977~2015 年总体上呈上升的趋势，且 1985~1994 年超过了显著性水平 0.05 临界线，表明该时间段内积雪深度增加较为显著。根据 UF、UB 曲线的交点可知，积雪深度分别在 1972 年、1976 年、2013 年及 2014 年的时间尺度上发生了突变。再结合滑动

t 检验（图 3-14f）做进一步验证后发现，整个研究时段内积雪深度没有发生突变。

Mann-Kendall 检验和滑动 t 检验目前是人们用于突变性检验的常用手段，但是由于检测方法尚未成熟，单一使用其中的一项可能会对结果造成较大的误差，因此需要两者同时使用方能达到精确值。

3.2.2 空间变异特征

利用经验正交函数和奇异值分解对空间分布是否异常进行验证。经验正交函数最早是由皮尔逊（Pearson）于 1902 年提出来的，因该函数能够对气候变量场不同地理区域的特征进行清晰准确地划分而被广泛用于气候诊断中。其主要工作步骤如下。

将某气候变量场的观测资料以矩阵的形式表示：

$$X = \begin{bmatrix} x_{11} & x_{12} & \cdots & x_{1j} & \cdots & x_{1n} \\ x_{21} & x_{22} & \cdots & x_{2j} & \cdots & x_{2n} \\ \vdots & \vdots & & \vdots & & \vdots \\ x_{i1} & x_{i2} & \cdots & x_{ij} & \cdots & x_{in} \\ \vdots & \vdots & & \vdots & & \vdots \\ x_{m1} & x_{m2} & \cdots & x_{mj} & \cdots & x_{mn} \end{bmatrix} \quad (3\text{-}10)$$

式中，m 是空间点，可以是观测站或网格点；n 是时间点，即观测次数；x_{ij} 表示在第 i 个测站或网格上的第 j 次观测值。

将矩阵 X 分解为时间函数和空间函数两部分的乘积之和，即

$$x_{ij} = \sum_{k=1}^{m} v_{ik} t_{kj} = v_{i1} t_{1j} + v_{i2} t_{2j} + \cdots + v_{im} t_{mj} \quad (3\text{-}11)$$

写为矩阵形式：$X = VT$ \quad (3-12)

式中，

$$V = \begin{bmatrix} v_{11} & v_{12} & \cdots & v_{1m} \\ v_{21} & v_{22} & \cdots & v_{2m} \\ \vdots & \vdots & & \vdots \\ v_{m1} & v_{m2} & \cdots & v_{mm} \end{bmatrix}$$

$$T = \begin{bmatrix} t_{11} & t_{12} & \cdots & t_{1n} \\ t_{21} & t_{22} & \cdots & t_{2n} \\ \vdots & \vdots & & \vdots \\ t_{m1} & t_{m2} & \cdots & t_{mn} \end{bmatrix}$$

它们分别称为空间函数矩阵和时间系数矩阵。根据正交性，V 和 T 应该满足

下列条件：

$$\begin{cases} \sum_{i=1}^{m} v_{ik}v_{il} = 1, 当 k = l 时； \\ \sum_{j=1}^{n} t_{kj}t_{lj} = 0, 当 k \neq l 时。 \end{cases} \quad (3\text{-}13)$$

若 X 为距平资料矩阵，则可以对式（3-12）乘以 X^T，即

$$XX^T = VTX^T = VTT^T V^T \quad (3\text{-}14)$$

其中，XX^T 是实对称阵。根据实对称分解定义可得

$$XX^T = V\Lambda V^T \quad (3\text{-}15)$$

其中，Λ 为 XX^T 矩阵的特征值构成的对角阵。由式（3-14）和式（3-15）可知：

$$TT^T = \Lambda \quad (3\text{-}16)$$

又由主分量的性质，有

$$V^T V = VV^T = I \quad (3\text{-}17)$$

式中，I 为单位矩阵。

显然，式（3-16）及式（3-17）满足式（3-13）的要求，说明空间函数矩阵可以由 XX^T 中的特征向量求得。V 得出后，即可得到时间函数矩阵，公式如下

$$T = V^T X \quad (3\text{-}18)$$

以上讲述的就是对矩阵 X 进行经验正交函数的全过程。

下面介绍单个主分量的贡献率和累积贡献率的计算过程。

矩阵 Λ 为对角阵，对角元素即 XX^T 的特征值 $\lambda = (\lambda_1, \lambda_2, \cdots, \lambda_m)$。将特征值按大小排列为 $\lambda_1 \geq \lambda_2 \geq \cdots \geq \lambda_m \geq 0$。

每个主分量的方差贡献为

$$R_k = \frac{\lambda_k}{\sum_{i=1}^{m} \lambda_i}, \quad k = 1, 2, \cdots, p \ (p<m) \quad (3\text{-}19)$$

前 p 个特征向量的累积方差贡献为

$$G = \sum_{i=1}^{p} \lambda_i \bigg/ \sum_{i=1}^{m} \lambda_i, \quad p<m \quad (3\text{-}20)$$

降雪量前 10 个载荷向量的累积方差贡献已达到 97%（表 3-4），说明研究区降雪量的区域差异性很小。其中，前三个载荷向量显著性较好，能够全面反映降雪量的时空异常变化。

表 3-4 降雪量经验正交函数分解后前 10 个载荷向量的个别方差和累积方差 （%）

载荷向量	个别方差	累计方差
LV$_1$	57.1	57.1
LV$_2$	16.8	73.9
LV$_3$	5.9	79.8
LV$_4$	5.3	85.1
LV$_5$	3.8	88.9
LV$_6$	2.7	91.6
LV$_7$	2.1	93.7
LV$_8$	1.8	95.5
LV$_9$	1.2	96.7
LV$_{10}$	0.9	97.6

第一空间模态表现出研究区一致为正值（表 3-4、图 3-15a），说明该地区的降雪量大约在 57%的比例下受同一大尺度天气系统或气候背景所影响，空间上表现为良好的一致性偏多/少。在对应地时间系数图（图 3-15b）中，时间序列波动趋势不明显，其中在 2012 年达到最大值，1988 年达到最小值，与第一空间模态一致的研究区多雪年有 1977 年/1978 年、2012 年/2013 年，一致少雪年有 1976 年/1977 年、1988 年/1989 年、2013 年/2014 年。

第二空间模态（图 3-15c）主要表现为南部地区多（少），东北部及西部地区少（多）的分布形式，其中南部为正值区，载荷向量大值区在正蓝旗一带；东北部及西部为负值区，载荷向量绝对值的大值区在阿巴嘎旗附近。载荷向量绝对值越大的区域，其积雪异常值也越敏感。此种空间异常可能是由于南部与东北部及西部地区的气候差异或影响降雪的天气系统路径不同造成的。第二载荷向量对应的时间系数显示（图 3-15d），1971~2002 年降雪量总体上呈缓慢的增加趋势，2003~2015 年总体上又呈逐渐减少的趋势。典型的南部多、东北部及西部少的年份有 1989 年/1990 年、2002 年/2003 年；典型的南部少、东北部及西部多的年份有 1977 年/1978 年、2010 年/2011 年、2014 年/2015 年。

第三空间模态（图 3-15e）主要分布形式为南部和西部为正值区，东部和北部为负值区。正值区中心位于正镶白旗和苏尼特左旗附近，负值区中心位于多伦县和正蓝旗附近。在对应的时间系数（图 3-15f）中，降雪量总体呈逐渐减少的趋势。典型的南部和西部多、东部和北部少的年份有 1972 年/1973 年、1974 年/1975 年、1991 年/1992 年；典型的南部和西部少、东部和北部多的年份有 1996 年/1997 年、2003 年/2004 年。

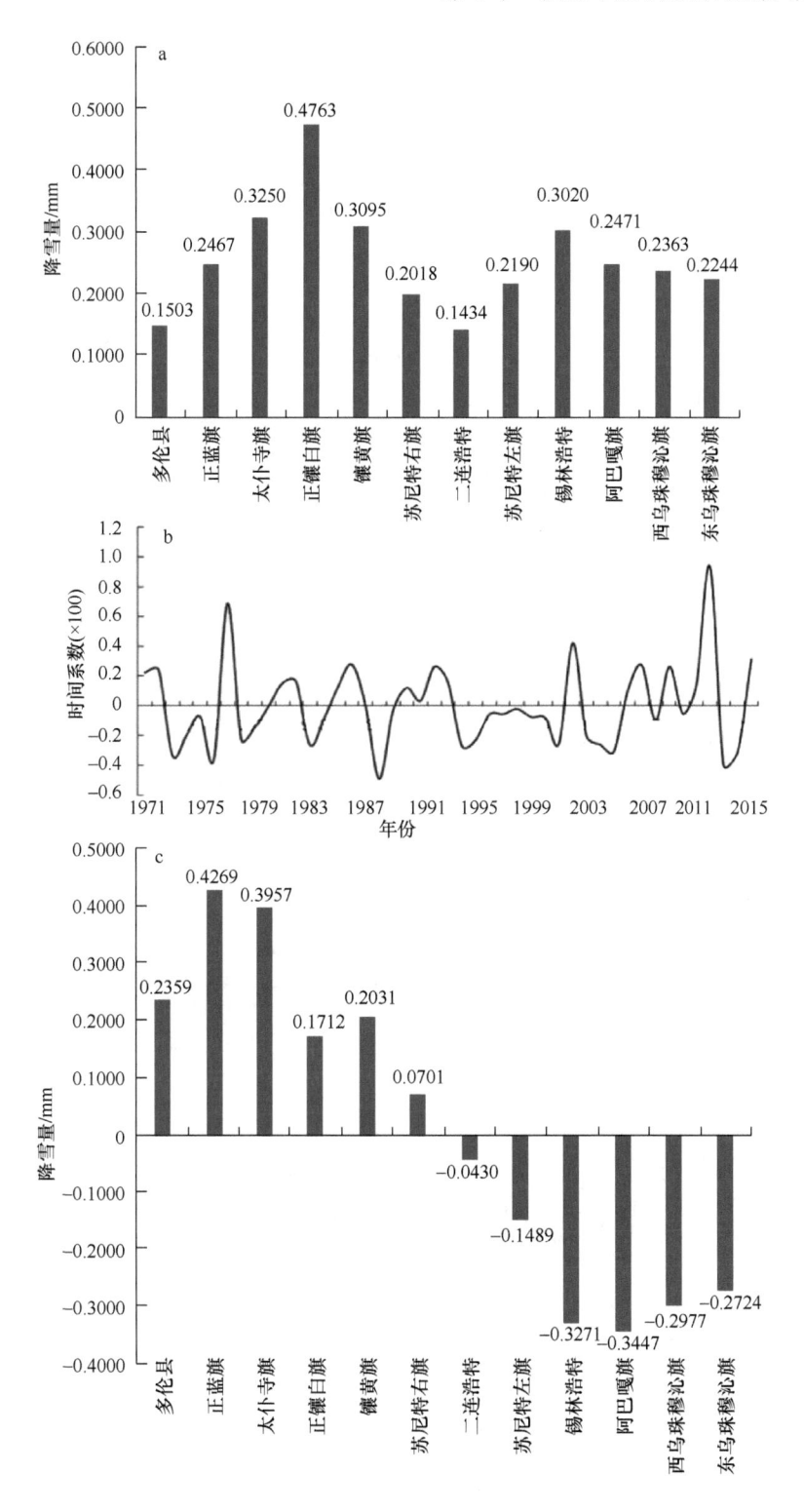

第 3 章　典型草原积雪的时空分布 | 67

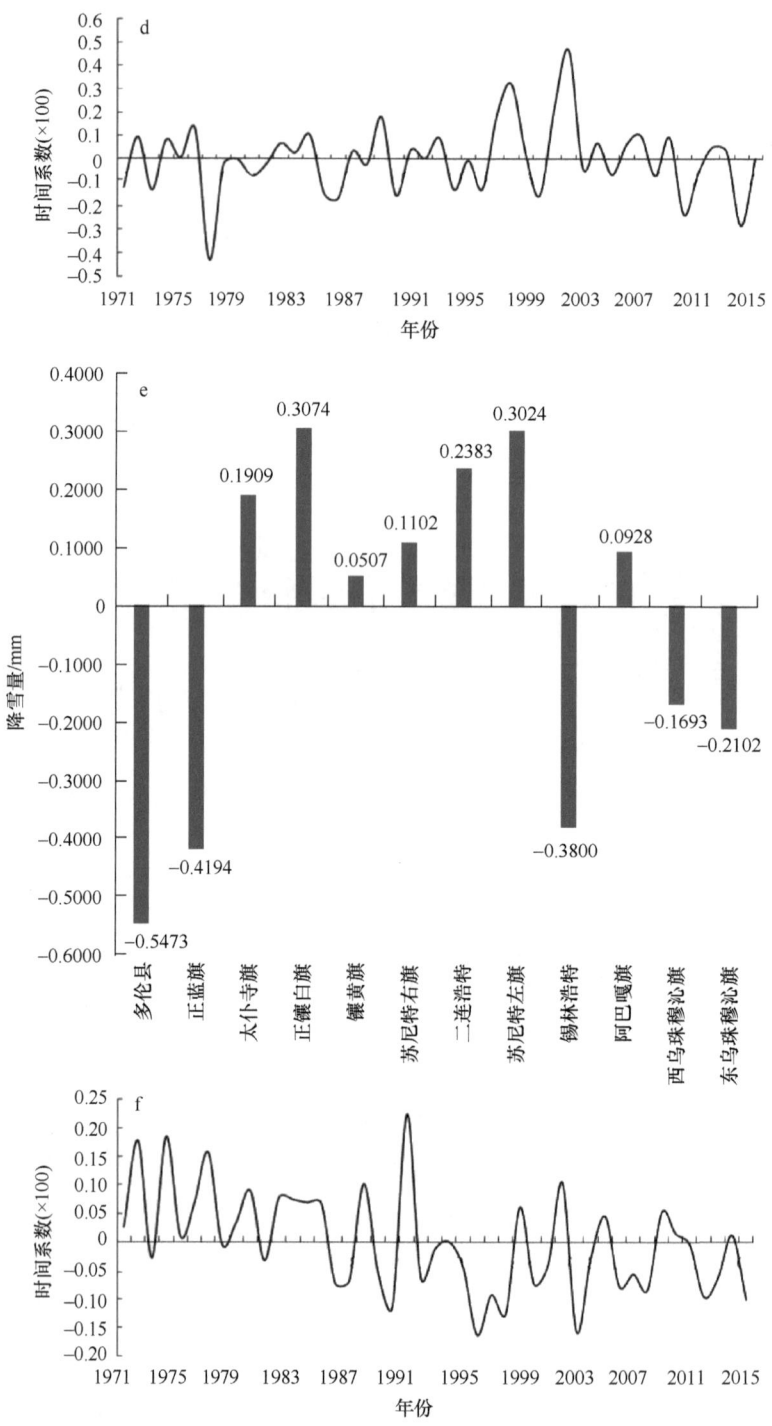

图 3-15　降雪量的第一（a、b）、第二（c、d）和第三（e、f）载荷向量及其所对应的时间系数

积雪日数前三个载荷向量占总方差的 87.30(表 3-5)。第一空间模态(图 3-16a)表现出研究区一致的正值,表明该地区的积雪日数大约在 75%的比例下受同一大尺度天气系统或气候背景所影响,空间上表现出良好的一致性偏多(偏少)。对应的时间系数曲线(图 3-16b)没有明显的变化趋势,并且在 1977 年达到峰值,与第一空间模态分布形式一致的研究区一致多雪年有 1977 年/1978 年、1985 年/1986 年、2002 年/2003 年,一致少雪年有 1975 年/1976 年、1997 年/1998 年、2001 年/2002 年、2013 年/2014 年。

表 3-5　积雪日数经验正交函数分解后前 10 个载荷向量的个别方差和累积方差　(%)

载荷向量	个别方差	累计方差
LV_1	75.37	75.37
LV_2	7.25	82.62
LV_3	4.68	87.30
LV_4	3.07	90.37
LV_5	2.52	92.89
LV_6	1.79	94.68
LV_7	1.74	96.42
LV_8	0.97	97.39
LV_9	0.77	98.16
LV_{10}	0.51	98.67

第二空间模态表现为南北变化反向型(图 3-16c),说明研究区除了一致偏多或偏少外,还有 7%的年份存在北多(少)南少(多)的情况,其中北部为正值区,载荷向量大值区在西乌珠穆沁旗和东乌珠穆沁旗一带;南部为负值区,载荷向量绝对值的大值区在苏尼特右旗、正蓝旗、镶黄旗、太仆寺旗和多伦县一带。此种空间异常可能是由南北气候差异造成的。对应的时间系数(图 3-16d)显示,20 世纪 70 年代到 90 年代中期积雪的年际波动较大,之后波动程度减弱。典型的南少北多年为 1973 年/1974 年、1977 年/1978 年、1990 年/1991 年、1996 年/1997 年;典型的南多北少年为 1984 年/1985 年、1989 年/1990 年、1997 年/1998 年。

第三空间模态(图 3-16e)表现为中西部是正值区,东南部是负值区。正值区中心位于二连浩特和阿巴嘎旗,负值区中心在多伦县和东乌珠穆沁旗一带。对应的时间系数(图 3-16f)波动幅度较为剧烈,1972 年出现极大值,表明该时期研究区出现了中西部雪多而东南部雪少的分布形式,1984 年出现极小值,表明该时期出现中西部雪少、东南部雪多的分布形式。

积雪深度前三个载荷向量占总方差的 83.4(表 3-6)。第一空间模态(图 3-17a)表现出研究区一致的正值,说明该地区的积雪深度大约在 54%的比例下受同一

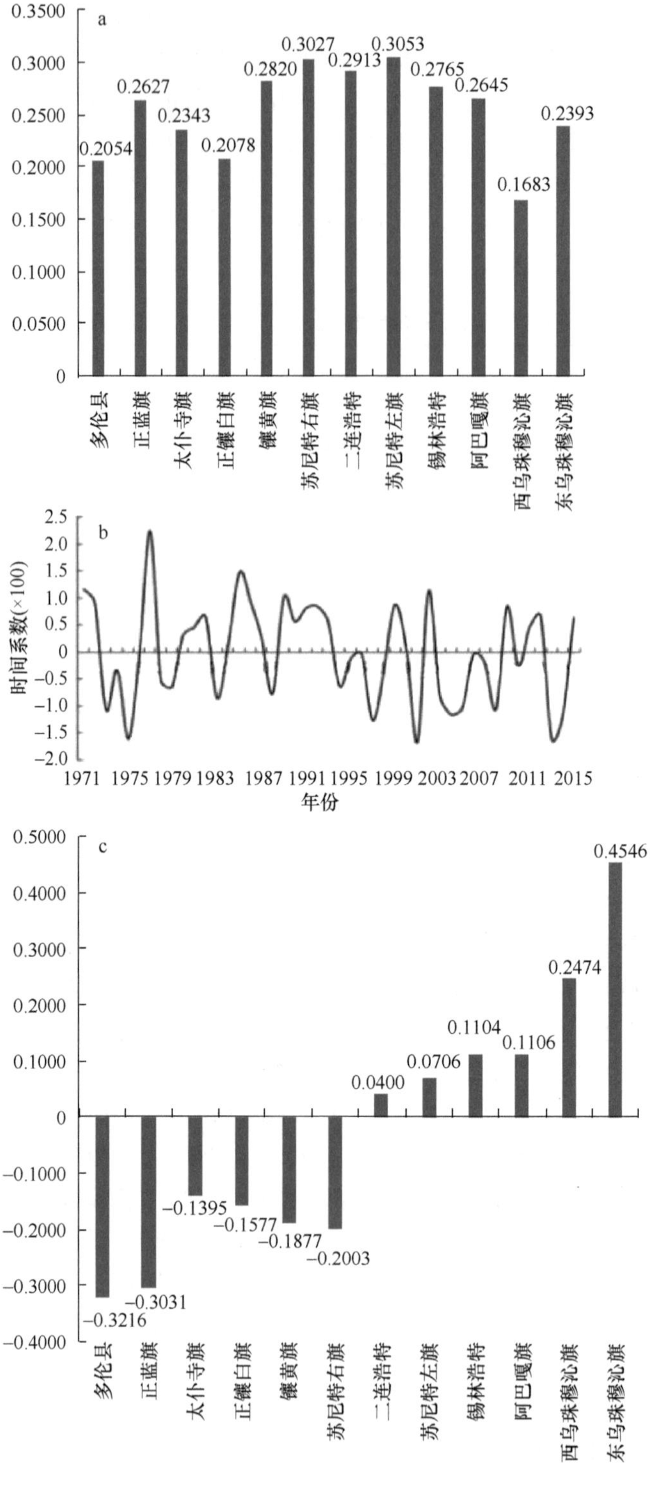
a
0.3500
0.3000
0.2500
0.2000
0.1500
0.1000
0.0500
0
0.2054
0.2627
0.2343
0.2078
0.2820
0.3027
0.2913
0.3053
0.2765
0.2645
0.1683
0.2393
多伦县
正蓝旗
太仆寺旗
正镶白旗
镶黄旗
苏尼特右旗
二连浩特
苏尼特左旗
锡林浩特
阿巴嘎旗
西乌珠穆沁旗
东乌珠穆沁旗
b
时间系数(×100)
2.5
2.0
1.5
1.0
0.5
0
−0.5
−1.0
−1.5
−2.0
1971
1975
1979
1983
1987
1991
1995
1999
2003
2007
2011
2015
年份
c
0.5000
0.4000
0.3000
0.2000
0.1000
0
−0.1000
−0.2000
−0.3000
−0.4000
−0.3216
−0.3031
−0.1395
−0.1577
−0.1877
−0.2003
0.0400
0.0706
0.1104
0.1106
0.2474
0.4546
多伦县
正蓝旗
太仆寺旗
正镶白旗
镶黄旗
苏尼特右旗
二连浩特
苏尼特左旗
锡林浩特
阿巴嘎旗
西乌珠穆沁旗
东乌珠穆沁旗

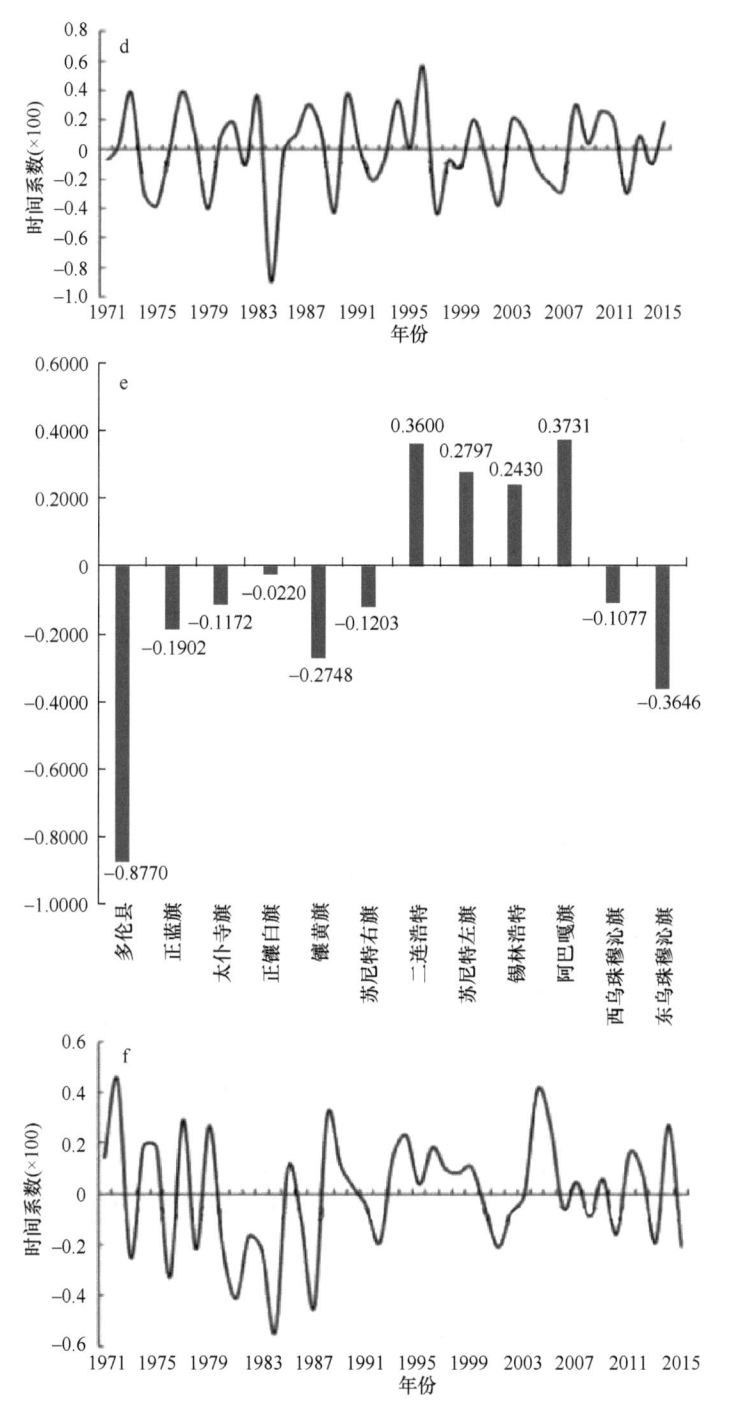

图 3-16 积雪日数的第一（a、b）、第二（c、d）和第三（e、f）载荷向量及其对应的时间系数

大尺度天气系统或气候背景所影响，空间上表现出良好的一致性偏多（偏少）。对应的时间系数图（图 3-17b）显示，研究区一致多雪年有 1977 年/1978 年、1985 年/1986 年、2012 年/2013 年，一致少雪年有 1976 年/1977 年、1988 年/1989 年、2001 年/2002 年、2013 年/2014 年。

表 3-6　积雪深度经验正交函数分解后前 10 个载荷向量的个别方差和累积方差　（%）

载荷向量	个别方差	累计方差
LV_1	54.3	54.3
LV_2	16.1	70.4
LV_3	13	83.4
LV_4	4.6	88.0
LV_5	3.1	91.1
LV_6	2.3	93.4
LV_7	1.7	95.1
LV_8	1.5	96.6
LV_9	1.0	97.6
LV_{10}	0.8	98.4

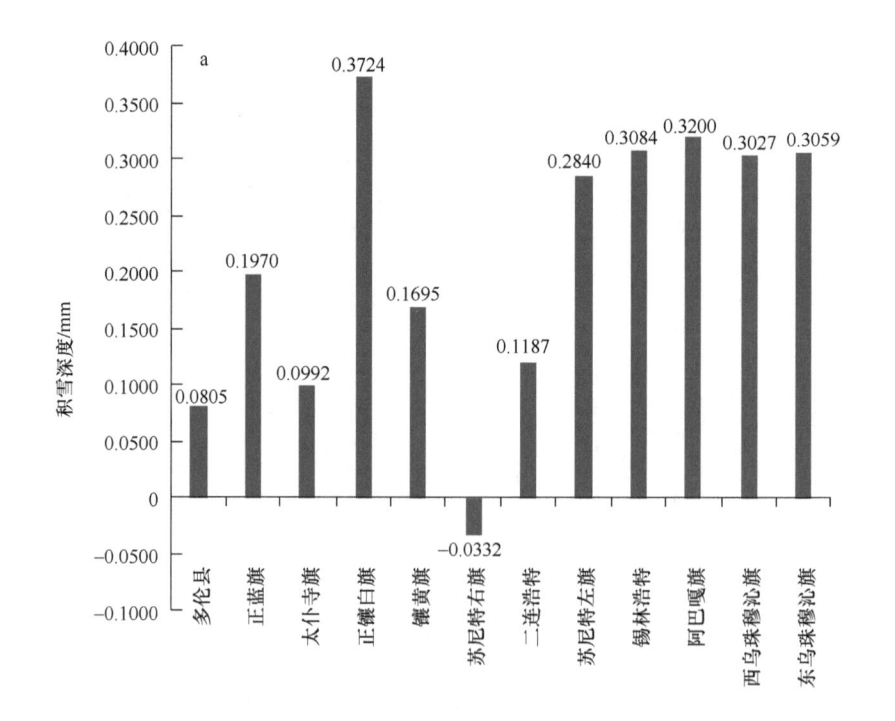

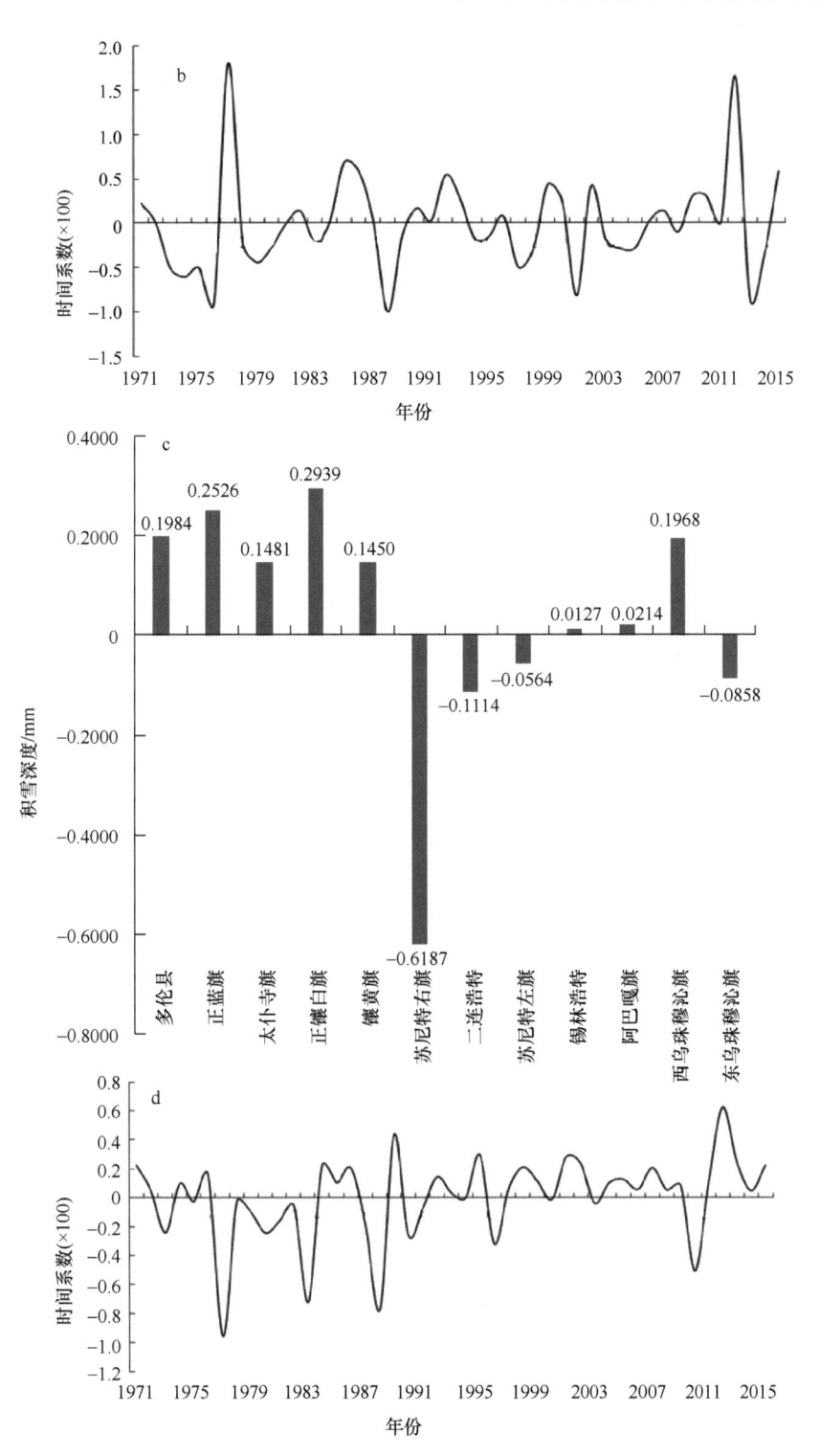

第 3 章　典型草原积雪的时空分布 | 73

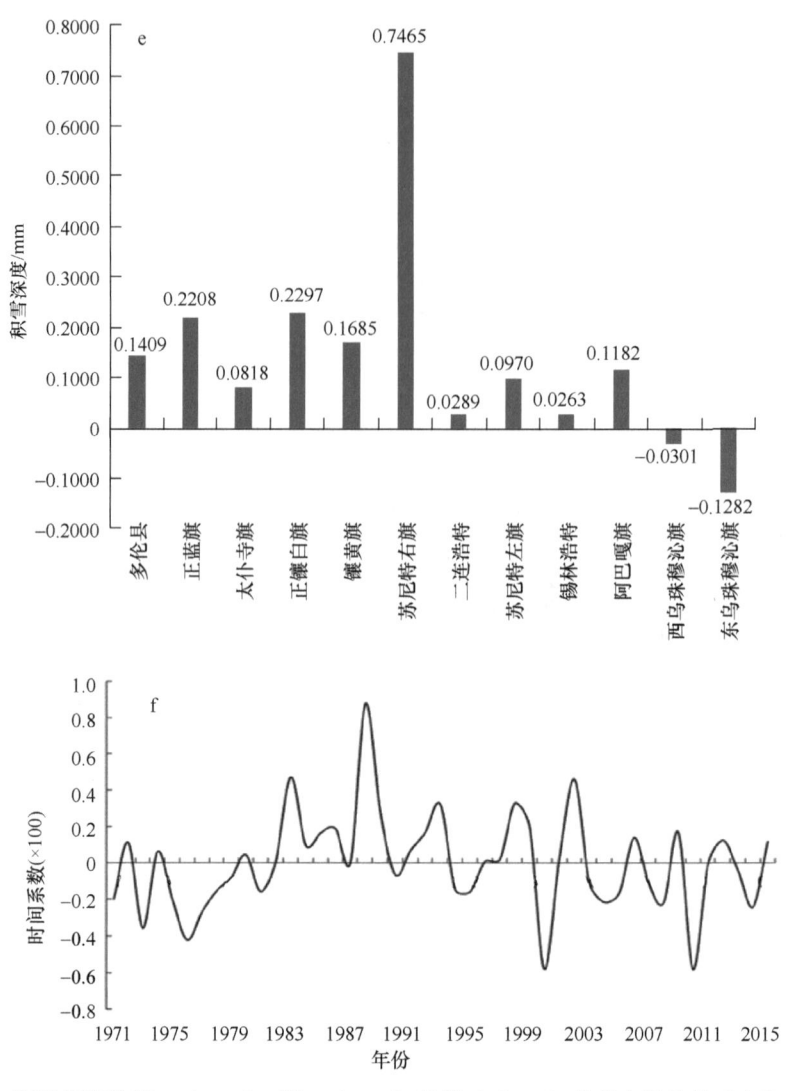

图 3-17 积雪深度的第一（a、b）、第二（c、d）和第三（e、f）载荷向量及其对应的时间系数

第二空间模态主要表现为中南部是正值区（图 3-17c），东北部及西部是负值区，说明研究区除了一致偏多或偏少外，还有 16%的年份存在中南部多（少）或东北部及西部少（多）的情况。正值中心较敏感区域在正镶白旗和正蓝旗一带，负值中心较敏感区域在西部的苏尼特右旗和东乌珠穆沁旗附近。对应的时间系数图（图 3-17d）中，2012 年达到峰值。典型的中南部多、东北部及西部少的年份有 1989 年/1990 年、2012 年/2013 年；典型的中南部少、东北部及西部多的年份有 1977 年/1978 年、1983 年/1984 年、1988 年/1989 年。

第三空间模态（图 3-17e）主要的分布形式为南部为正值区，东部、北部和西部为负值区。正值区较为敏感的区域在苏尼特右旗附近，负值区较为敏感的区域在东乌珠穆沁旗附近。对应的时间系数（图3-17f）总体呈先增加后减少的变化趋势，在1988年达到峰值。典型的南部和西部多雪、东部和北部少雪的年份有1983年/1984年、1988年/1989年，典型的南部和西部少雪、东部和北部多雪的年份有2000年/2001年、2010年/2011年。

经验正交函数的优点在于它能够对有限区域内分布不规则的气象站点进行分解，把原先较为复杂的变量场用较少的几个空间模态进行划分，把有效信息快速地提取出来。使用此方法不仅简化了研究人员的工作量，还提高了数据的精确度，使计算结果变得简单明了。

3.3 气象因子对积雪的影响

3.3.1 气象因子的动态变化

积雪受多种气象因子的影响，包括气温、降水、光照、风速等。以下给出了几种典型气象因子在45年间的年动态变化情况（图3-18）和月动态变化情况（图3-19）。年际动态变化中，总体上，平均气温距平呈上升的趋势，平均风速距平和大风日数距平呈明显的下降趋势，降水量距平、相对湿度距平、蒸发量距平和日照时数距平基本保持相对平稳的状态。月际动态变化中，平均气温、降水量、蒸发量和日照时数呈单峰型分布，平均风速、大风日数和相对湿度呈现双峰型或多峰型的分布特征。

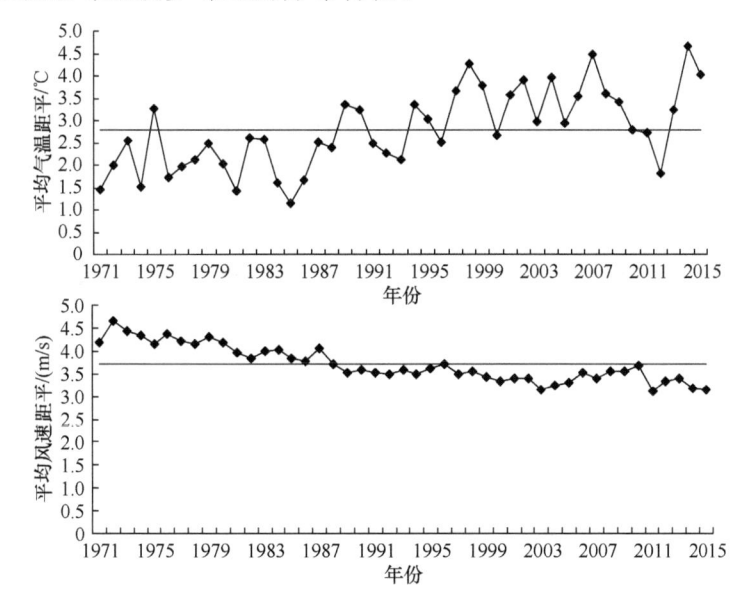

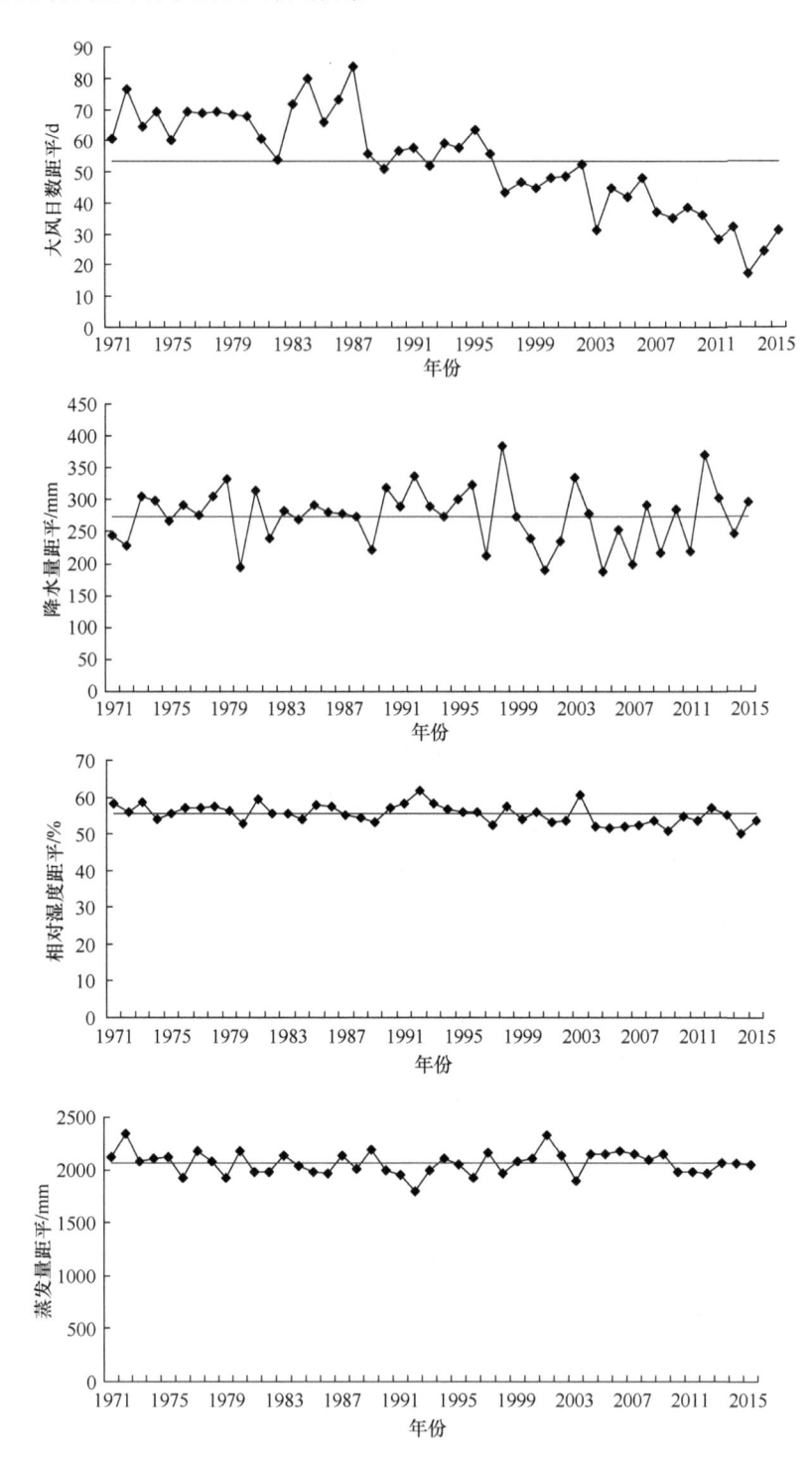

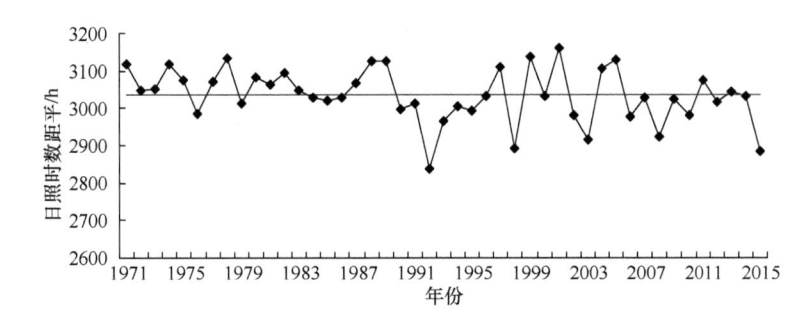

图 3-18　1971～2015 年锡林郭勒盟气象因子距平变化

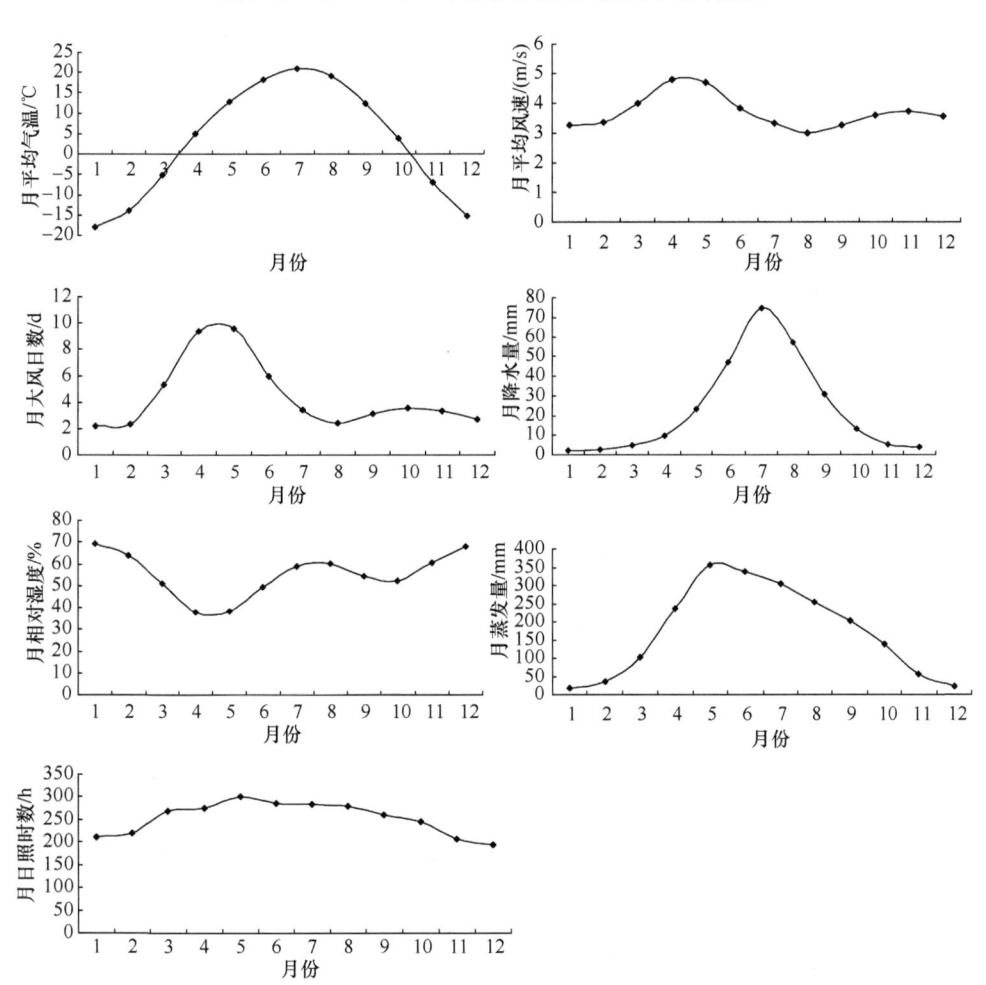

图 3-19　1971～2015 年锡林郭勒盟各月气象因子距平变化

3.3.2 气象因子的分布特征

我们利用 15 个气象观测站连续 45 年的年平均数据，以空间分布图的形式对锡林郭勒盟各气象因子的空间分布情况进行分析。气温、风速、大风日数、蒸发量和日照时数 5 个因子总体表现出西南部大于东北部的分布模式。其中朱日和地区各项指标总体都高于其他地区，低值区集中在东乌珠穆沁旗周围。降水量和空气湿度两个因子的分布与其他 5 个因子的分布有明显不同，表现为二连浩特较低，南部地区总体偏高（图 3-20）。

3.3.3 气象因子与积雪的关系

根据气象资料数据，结合其他人员相关研究成果，我们初步筛选出能够对积雪日数造成直接影响的 9 个因子（年积雪深度、年降雪量、年平均气温、年大风日数、年蒸发量、年日照时数、年平均风速、年平均相对湿度及年平均降水量）

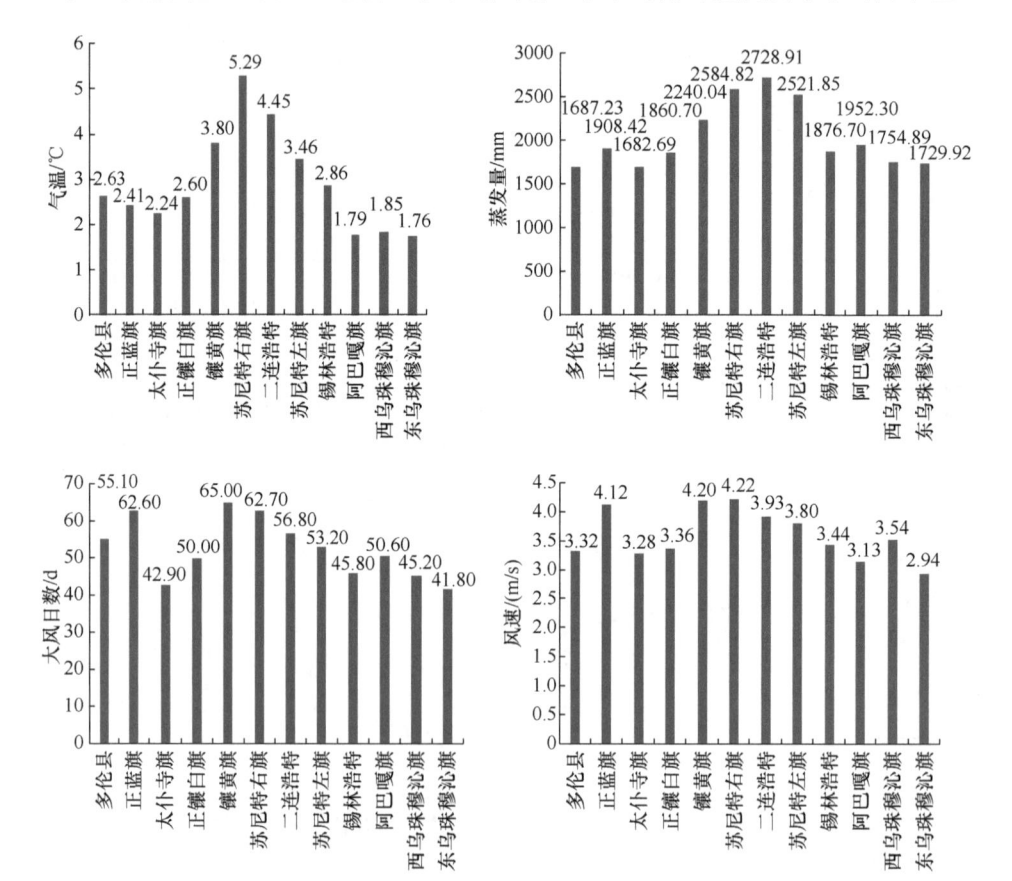

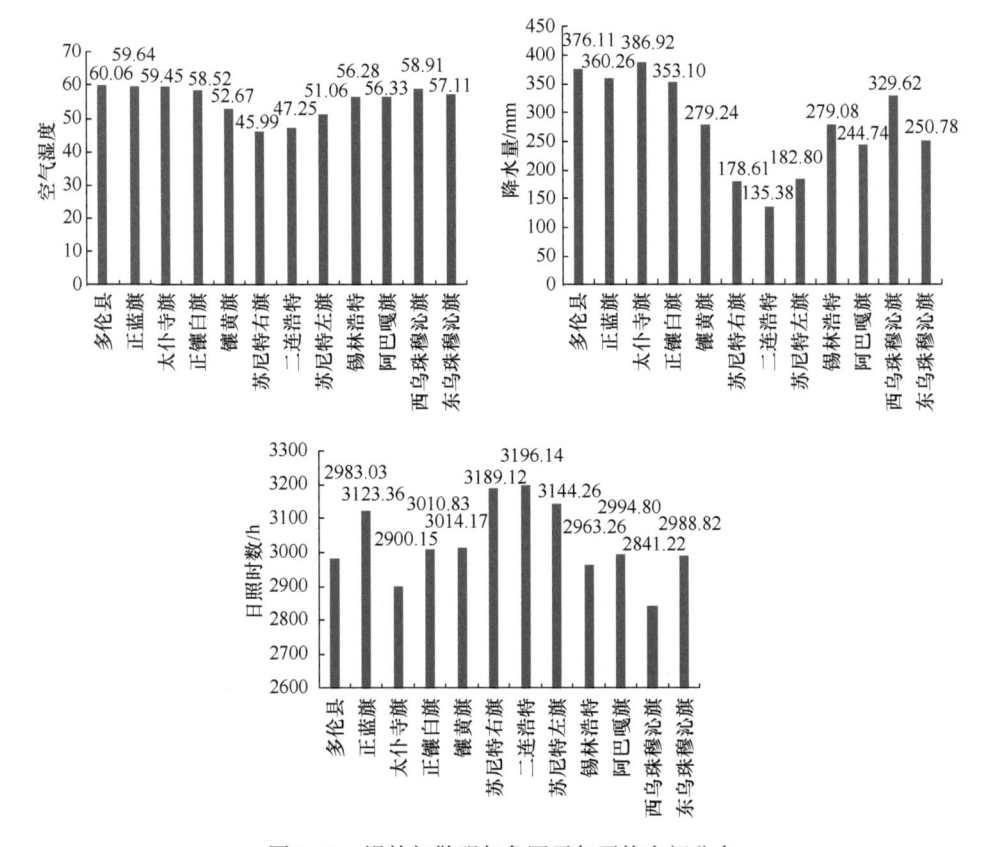

图 3-20　锡林郭勒盟气象因子年平均空间分布

进行相关分析。以年积雪日数为因变量，以年积雪深度、年降雪量、年平均气温、年大风日数、年蒸发量、年日照时数、年平均风速、年平均相对湿度及年平均降水量为自变量进行相关分析，结果（表 3-7）表明，年积雪日数与年积雪深度、年降雪量、年平均相对湿度、年平均气温有着良好的相关性。

表 3-7　对积雪日数造成直接影响的 9 个因子的相关系数

	年积雪日数	年积雪深度	年降雪量	年蒸发量	年平均降水量	年大风日数	年平均相对湿度	年日照时数	年平均风速	年平均气温
年积雪日数	1.000									
年积雪深度	0.768**	1.000								
年降雪量	0.657**	0.821**	1.000							
年蒸发量	−0.223	−0.167	−0.081	1.000						
年平均降水量	0.054	0.180	0.113	−0.689**	1.000					
年大风日数	0.267	−0.018	−0.076	0.088	0.060	1.000				

续表

	年积雪日数	年积雪深度	年降雪量	年蒸发量	年平均降水量	年大风日数	年平均相对湿度	年日照时数	年平均风速	年平均气温
年平均相对湿度	0.300*	0.220	0.172	−0.585**	0.656**	0.336*	1.000			
年日照时数	−0.208	−0.241	−0.269	0.519**	−0.533**	0.201	−0.370*	1.000		
年平均风速	0.103	−0.512	−0.107	0.138	0.086	0.800**	0.296*	0.234	1.000	
年平均气温	−0.446**	−0.260	−0.101	0.236	−0.206	−0.620**	−0.554**	−0.152	−0.628**	1.000

*表示显著相关（$P<0.05$）；**表示极显著相关（$P<0.01$）。

主要参考文献

董芳蕾. 2008. 内蒙古锡林郭勒盟草原雪灾灾情评价与等级区划研究. 长春: 东北师范大学硕士学位论文.

郝璐, 王静爱, 史培军, 等. 2003. 草地畜牧业雪灾脆弱性评价: 以内蒙古牧区为例. 自然灾害学报, 12(2): 51-57.

王国强. 2011. 内蒙古草原区积雪资源时空分布及影响因子研究. 呼和浩特: 内蒙古农业大学硕士学位论文.

王芝兰. 2011. 中国地区积雪的年际变化特征及其未来 40 年的可能变化. 兰州: 兰州大学硕士学位论文.

魏凤英. 1999. 现代气候统计诊断与预测技术. 北京: 气象出版社.

左合君, 闫敏, 刘宝河, 等. 2016. 典型草原区芨芨草灌丛积雪形态与滞雪阻雪能力. 冰川冻土, 38(3): 725-731.

第4章 典型草原风雪流的结构特征

　　锡林郭勒草原是温带草原最为典型的代表，是我国重要的牧业生产基地，同时也是我国北疆重要的生态屏障。作为我国三大积雪高值区之一，锡林郭勒草原积雪资源丰富，是重要的季节性积雪区。漫长严寒的冬季，加上强劲的风力条件，锡林郭勒草原积雪灾害频发，严重阻碍了农牧业生产和交通运输业的发展。风雪流的搬运导致地表积雪分配不均匀，影响草原植被返青和生长。20 世纪 30 年代，国内外学者对风雪运动进行了积极的探索，利用野外观测和风洞试验对风雪流运动特性、垂直分布规律以及输运规律、雪粒子的物理性质等基础理论进行了研究（王中隆等，1982）。我国从 20 世纪 50 年代起也相继对风雪运动展开研究，揭示出部分风雪流的运行规律，发表了一些工程实体防治的研究成果。由于风雪流运动较风沙运动更为复杂，观测也更加困难，因而目前尚未建立起一套完整的理论体系。风雪流运动研究内容与风沙物理学类似，主要包括边界层内风雪活动的基本规律，分为微观研究与宏观研究（胡文峰，2012）。微观研究侧重于单颗沙粒的受力机制和运动形式；宏观研究侧重于风雪流的整体特征。野外风雪环境复杂且观测较为困难，目前主要采用风洞试验和数值模拟的方法进行研究。然而，风洞试验往往难以准确模拟自然界中的风雪环境，与野外实际观测结果相差甚远。为了更清楚地了解野外风雪运动的真实特点，特别是作为雪源丰富地区贴地层的风速廓线和风雪流运动特征，本章将利用野外实地观测数据进行分析。

　　风雪流是有积雪地区冬春季风夹雪粒运行的一种常见自然现象（迟国彬，1983）。当风作用于雪表面的剪切力超过雪表面强度和所有作用于地表覆被物上的剪切力总和时，就会发生雪颗粒的侵蚀，形成风雪流。根据雪粒的吹扬高度、吹雪强度和对能见度的影响，可分成低吹雪、高吹雪和暴风雪三类。风雪流发生的时间一般在降雪中或降雪后，以降雪后较多。风吹雪的形成需要具备大量的雪以及能够使雪粒运行的风这两个基本条件（陈晓光等，2001）。降雪和积雪是风吹雪的物质来源，风是风吹雪的动力（马向贤和梁收运，2009）。风雪流的起动和运行与积雪本身的物理性质有关，同时也受地表覆被状况和风力条件的影响。积雪时间的长短、雪源的丰富程度、地表植被生长状况、地形等因素都会影响风雪流发生的条件和强度。鉴于草原牧区风雪流运行复杂，相关研究欠缺，且目前国内关于风雪流的认识极为有限，故开展相应的基础性研究十分必要和迫切，研究结果也可为丰富风雪流基础理论及风雪流灾害防治提供指导。

4.1 近地表风速廓线

4.1.1 裸露雪面风速廓线

风是雪粒发生运动的动力因素，风雪流运动是一种贴近地表的气流对雪粒的搬运现象。因此，要研究风雪流运动，首先要了解近地面层风的性质。几乎所有搬运雪粒的风，无论是在风洞还是野外均呈湍流（紊动）状态。大气做湍流运动时，各点的流速大小和方向是随时间脉动的，表现出一定的阵风性。因此，在讨论近地层大气的风速时，是用一定时间间隔的平均风速来代替瞬时风速的。要研究近地表气流特性，风速廓线（即风速沿高程的分布）是一个主要指标。图 4-1 为野外观测距离雪表面 2m 高度范围内的 12 组不同来流风速下 10min 数据统计得到的平均风速廓线。由图 4-1 可见，在距离雪面 0.2～0.5m 处，风速变化随高度的增加较为急剧；超过 0.5m 高度时，风速变化随高度的增加逐渐趋缓；当高度为 1.0～2.0m 时，风速近乎稳定状态，随高度的变化很微弱。随着风速的增加，风速廓线的形状由近乎直立变为倾斜，出现下凹。这也表明，风速的垂向变化幅度更大。

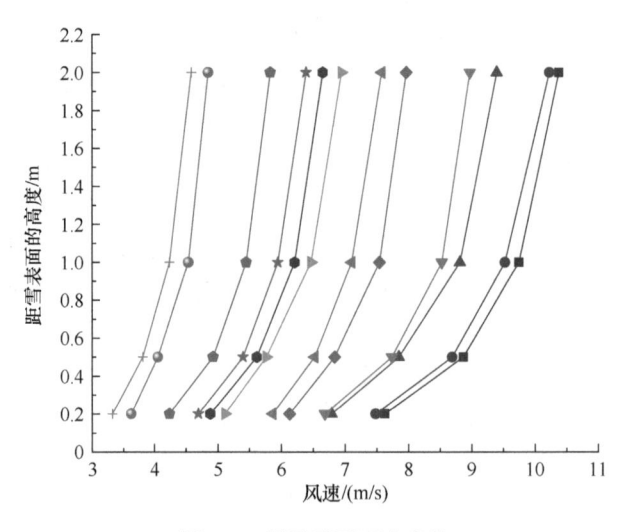

图 4-1 裸露雪面风速廓线

对风速廓线进行方程拟合，发现风雪流环境下的各风速梯度最优函数形式为 $U=a+b\ln h$ [U 为距地面 h 高度处的风速（m/s）；h 为距地面的垂直高度，即风速观测点的高度（m）；a 为方程拟合的常数项，反映风速廓线的基准值（与地表粗糙度、大气稳定度等综合因素相关）(m/s)；b 为方程拟合的斜率参数，表征风速随高度对数变化的速率（与近地面层的湍流切变强度相关）(m/s)]（表4-1），呈极显著的线性关系，决定系数均在 0.98 以上。把拟合线和实测进行比较（图4-1）可以看出，在离雪面 0.5m 高度以下的实测风速小于拟合风速，在离雪面 0.5~1m 高度处实测数据与拟合数据大小接近，1.0~2.0m 高度层内的拟合风速小于实测风速，1m 高度层以上的实测数据都小于拟合数据，这种现象在风雪流中表现更为明显，可能是由于贴近地表的气流中雪粒子浓度较高，对气流有反馈作用，一定程度上影响了气流。

表 4-1 裸露雪面风速廓线拟合函数

距雪面 2m 高处风速/(m/s)	最优函数形式	拟合参数		
		决定系数（R^2）	F 值	P 值
4.59	$U=0.0005+1.791\ln h$	0.999	1635.732	<0.001
4.85	$U=0.0003+1.810\ln h$	0.993	265.758	<0.001
5.83	$U=0.0005+1.423\ln h$	0.996	443.245	<0.001
6.39	$U=0.0004+1.340\ln h$	0.998	954.716	<0.001
6.65	$U=0.0004+1.280\ln h$	0.997	645.734	<0.001
6.94	$U=0.0004+2.272\ln h$	0.995	430.920	<0.001
7.57	$U=0.0001+1.330\ln h$	0.999	1575.985	<0.001
7.96	$U=0.0001+1.217\ln h$	0.993	275.673	<0.001
8.97	$U=0.0003+0.972\ln h$	0.986	137.134	<0.001
9.40	$U=0.0006+0.858\ln h$	0.994	309.767	<0.001
10.22	$U=0.0004+0.832\ln h$	0.996	514.190	<0.001
10.38	$U=0.0004+0.823\ln h$	0.993	278.538	<0.001

大气边界层底部的气流是紊动的，风速不断发生变化，表现出很强的脉动特征。湍流度是描述风速随时间和空间的变化程度，是衡量湍流强弱的相对指标，反映出脉动风速的相对强度，是描述大气湍流运动最重要的特征量。湍流的突出特点在于流速与压强等值的无规则脉动，使湍流场的瞬时值在空间上和时间上的变化过程非常复杂。本节主要关注风速平均廓线、标准差、偏度、峰度，其中标准差（σ）、偏度（SK）、峰度（K_g）分别为测量风速（U）时间序列的二阶、三阶和四阶中心距，分别由式（4-1）、式（4-2）、式（4-3）计算。

$$\sigma = \sqrt{\frac{1}{N_T}\sum_{i=1}^{N_T}\left[u_i-\overline{u}\right]^2} \quad (4-1)$$

$$SK = \frac{1}{\sigma^3 N_T}\sum_{i=1}^{N_T}\left[u_i-\overline{u}\right]^3 \quad (4-2)$$

$$K_{\mathrm{g}} = \frac{1}{\sigma^4 N_{\mathrm{T}}} \sum_{i=1}^{N_{\mathrm{T}}} [u_i - \bar{u}]^4 \qquad (4\text{-}3)$$

式中，u_i 为第 i 个测量数据点的风速值；N_{T} 为测量数据点个数；$\bar{u}$ 为所有测量数据点风速的平均值。

湍流度反映风速脉动的强弱，偏度反映随机变量的概率密度函数的不对称性，峰度反映随机变量的间歇性。偏度和峰度是定量描述一个随机变量与高斯分布的偏离程度的两个最基本的量。已有的研究表明，近中性大气边界层中风速近似服从高斯分布，高斯分布的偏度为 0，峰度为 3（Chu et al.，1996）。图 4-2 给出了对 12 组 10min 时长的风雪流中各高度风速脉动标准差（σ）、湍流度（I, $I = \sigma/\bar{u}$）、偏度、峰度的统计结果。由图 4-2 可以看出，风速脉动标准差随来流平均风速的增大而增大，随高度的增加而增大，随高度和来流平均风速均呈近似线性关系；湍流度随高度增加和来流平均速度的增大无明显变化规律。在观测数据中，湍流度主要在 0.09~0.12 范围内变化，平均值约为 0.11。测量的各个高度上风速脉动

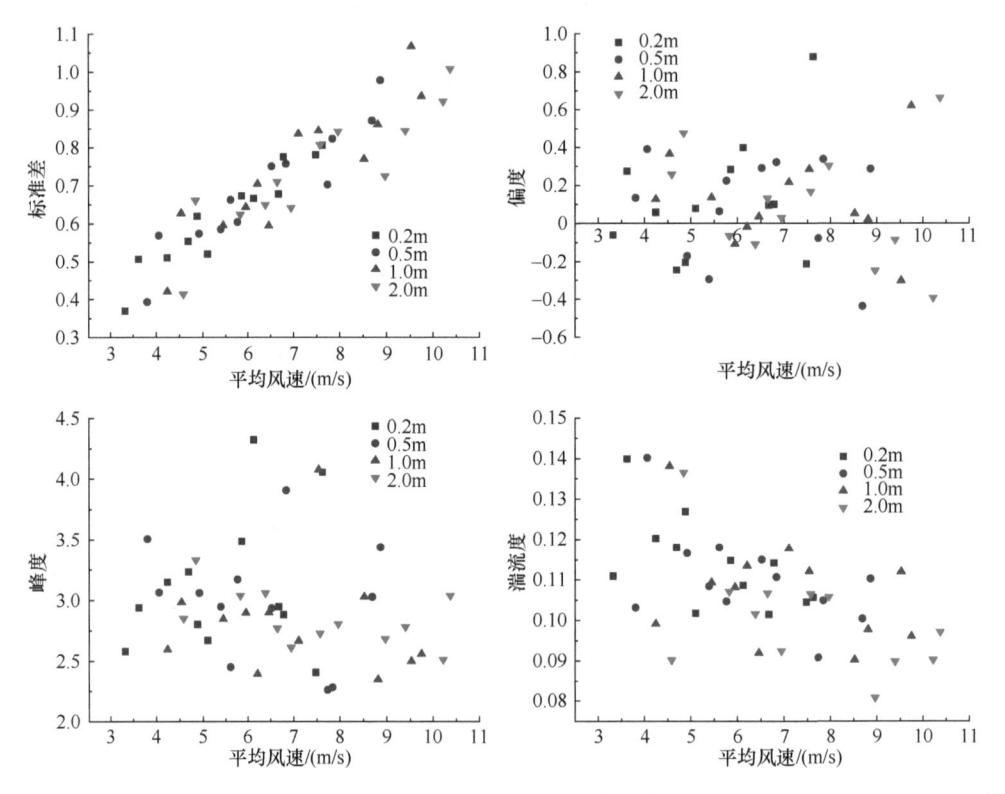

图 4-2 裸露雪面风速脉动统计结果
图例为高度

的偏度主要分布在-0.2~0.4，绝大多数情况下，偏度略大于 0。各高度风速的峰度主要集中在 2~3.5，且随来流平均风速没有明显的变化规律。由此可以看出，在野外近地表风雪流中，尽管雪粒的存在削弱了平均风场，但对风速的高阶统计量影响不大，挟雪气流仍与高斯分布近似。

4.1.2 植被出露下风速廓线

对实际观测的 8 组风速数据分别绘制风速廓线，如图 4-3 所示。从图 4-3 中可以看出在距离雪面 0.2m 高度以上，风速变化幅度随高度的增加呈现由剧烈到平缓的过程；当高度在 1.0~2.0m 时，风速近乎稳定状态，随高度的变化很微弱。通过对比 8 组观测数据，随着风速的增加，风速廓线形状从近乎直立变得倾斜，出现下凹。这也表明，风速的垂直变化幅度更大。

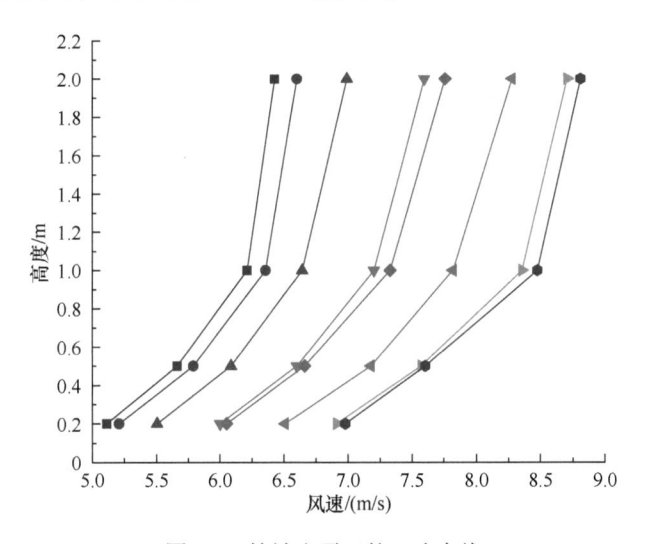

图 4-3 植被出露下的风速廓线

对风速廓线进行方程拟合，发现有植被出露情况的风雪流环境下的各风速梯度最优函数形式为 $U=a+b\ln h$（表 4-2），呈极显著的线性关系，决定系数都在 0.97 以上。把拟合线和实测进行比较（图 4-3）可以看出，在离地面 0.5m 高度以下的实测风速小于拟合风速，0.5~1.0m 高度层内实测数据与拟合数据大小接近，1m 高度层以上的实测数据小于拟合数据，这种现象在风雪流中表现更为明显。这可能是由于贴近地表的气流中雪粒子浓度较高，对气流有反馈作用在一定程度上影响了气流。

有植被出露情况下 8 组 10min 时长的风雪流中各高度风速脉动情况如图 4-4 所示。从图 4-4 可以看出，风速脉动标准差随来流平均风速的增大而增大，随高

表 4-2　植被出露下风速廓线拟合函数

距雪面 2m 高处风速/(m/s)	最优函数形式	拟合参数		
		决定系数（R^2）	F 值	P 值
6.43	U=6.092+0.595ln$h$	0.981	100.707	<0.01
6.60	U=6.242+0.626ln$h$	0.982	110.297	<0.01
6.99	U=6.572+0.657ln$h$	0.995	371.165	<0.01
7.60	U=7.136+0.710ln$h$	0.995	426.812	<0.01
7.76	U=7.256+0.761ln$h$	0.993	304.053	<0.01
8.28	U=7.762+0.782ln$h$	0.997	636.608	<0.01
8.70	U=8.211+0.810ln$h$	0.983	112.826	<0.01
8.81	U=8.304+0.836ln$h$	0.975	77.578	<0.01

度的增加而增大，随高度和来流平均风速均呈近似线性关系；湍流度随高度增加和来流平均风速的增大无明显变化规律。在观测数据中，峰度主要在 0.09～0.14 范围变化，平均值约为 0.11。测量的各个高度上来流平均风速的偏度主要分布在 −0.4～0.3，绝大多数情况下，偏度略大于 0。由此可以看出，有植被出露积雪面

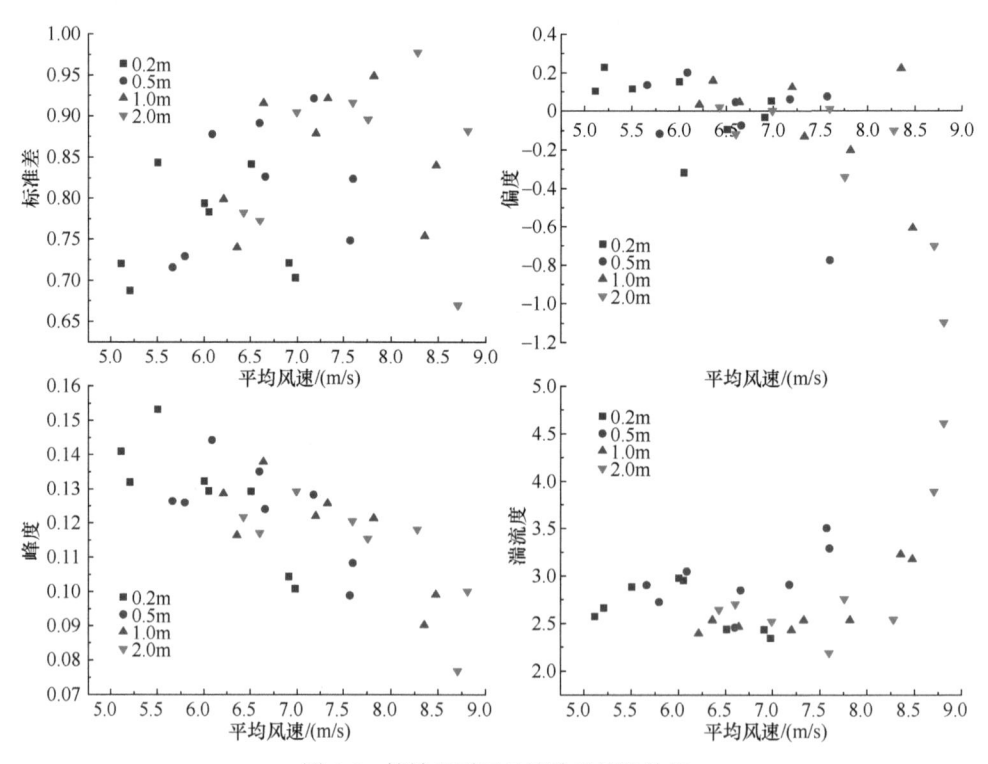

图 4-4　植被出露下风速脉动统计结果

图例为高度

的过境风速流场与裸露积雪面的情况相似，尽管地表枯落物和雪粒的存在削弱了平均风场，但对风速的高阶统计量影响不大，挟雪风仍与高斯分布近似。

4.2 风雪流结构

4.2.1 风速对风雪流结构的影响

4.2.1.1 裸露雪面风雪流结构

风雪流结构是指移雪量或者移雪强度在垂直高度上的分布规律，是风与地表积雪相互作用的结果。移雪强度是风雪运动的宏观反映，是风雪流结构中备受关注的一个物理量。移雪强度是气流搬运雪粒随高度的变化，定义为单位时间单位面积所搬运的雪粒质量。在下覆地表状况一致的条件下，风速是决定风雪流运行的主导因素。试验地地表全部被积雪覆盖，积雪深度为 20cm，表层积雪密度约为 0.28g/cm^3，处于密实化后期（刘宝河等，2017）。试验样地积雪条件下雪粒的起动风速约为 4.5m/s。对野外观测所得的 12 组不同风速下风雪流数据进行分析，风雪流结构如图 4-5 所示。由图 4-5 可知，不同风速下风雪流结构特征基本一致。分析某一风速下的风雪流结构可知，随着距离雪面高度的增加，移雪强度快速减弱。对比各组风速下的风雪流结构可以看出，随风速的增加，相同高度处的移雪强度不断增大。同时，风速的增加提升了风对雪粒的搬运高度。在 4~6m/s 风速等级下，风雪流主要在贴近地表的 0~10cm 运动。风速为 7~9m/s 强度时，风雪流的运行高度集中在 0~15cm。随着风速的进一步增强，达到 10m/s 以上时，风雪流主要在 0~20cm 活动。当穿过雪原的风速达到一定数值时，沿雪表面呈水平与垂直运动的微小旋涡群把雪粒卷入气流，使雪粒在地面或近地气层中运动。风速越大，风具有的能量也越大，可以夹带更多的雪粒并将之搬运得更高。

表 4-3 为上述 12 个风速下近地表 2m 范围风雪流结构的拟合结果。从表 4-3 中可以看出，风速的增加可导致近地表 2m 范围内风雪流结构函数的改变。当风速为 4~7m/s 时，风雪流结构函数仅遵循 $Q=a+b\ln h$ 形式的对数函数关系，且拟合效果一般，决定系数为 0.5 左右；随着风速的增强，当达到 8m/s 及以上时，风雪流结构函数对 $Q=ah^b$ 的幂函数形式、$Q=ae^{bh}$ 的指数函数形式及 $Q=a+b\ln h$ 的对数函数形式均有统计学意义，但是函数的拟合效果有优劣之分，其中幂函数的拟合效果最好（$P<0.001$），决定系数达到 0.9 以上，幂指数约为 –1.3 或 –1.4，且随着风速的增加，风雪流结构函数的拟合效果变好。风是风雪流得以运行的动力条件，它决定了风雪流的运动规律和发展方向。运行的雪粒

与空气之间也存在相互作用的关系，随着风速的不断增强，雪粒与空气之间相互作用的程度也发生改变。

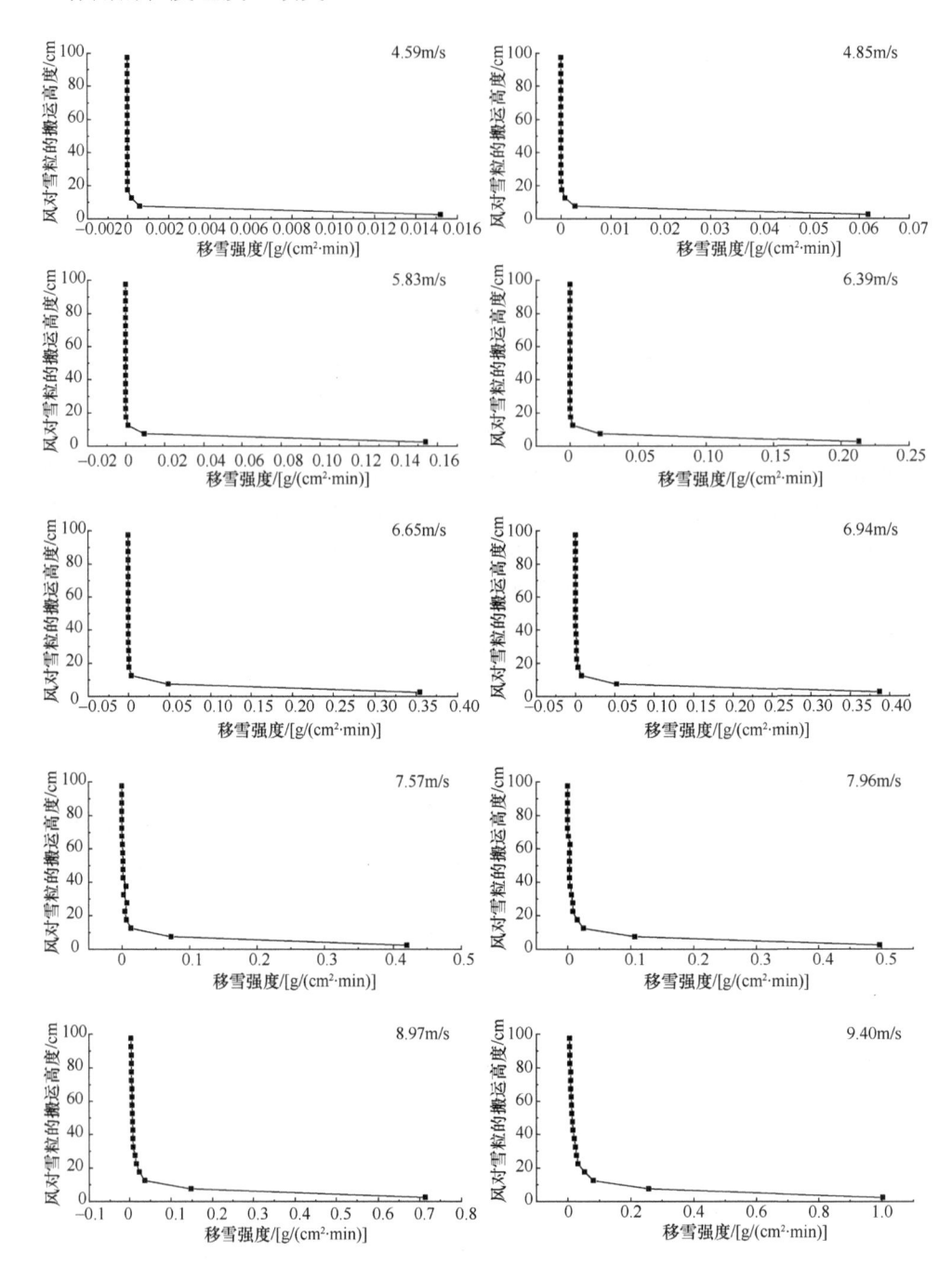

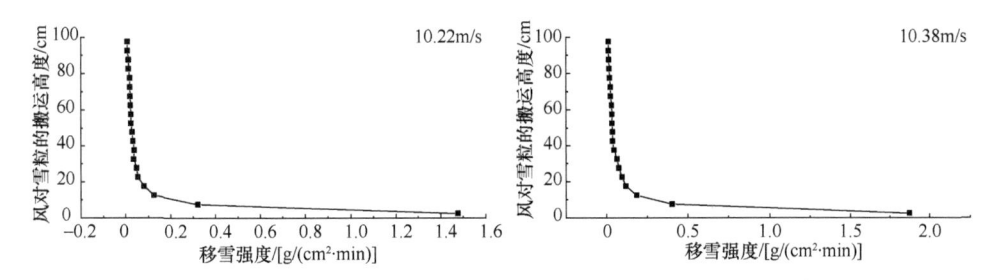

图 4-5　裸露雪面不同风速下风雪流结构曲线

表 4-3　裸露雪面风雪流结构函数拟合结果

近地表2m高处风速/(m/s)	函数形式	决定系数(R^2)	F值	P值	a	b
4.59	对数函数	0.479	16.560	<0.001	0.010	−0.002
4.85	对数函数	0.483	16.843	<0.001	0.040	−0.010
5.83	对数函数	0.490	17.300	<0.001	0.100	−0.025
6.39	对数函数	0.514	19.024	<0.001	0.142	−0.036
6.65	对数函数	0.531	20.378	<0.001	0.241	−0.061
6.94	对数函数	0.538	20.953	<0.001	0.265	−0.067
7.57	对数函数	0.570	23.889	<0.001	0.298	−0.075
7.96	对数函数	0.601	27.135	<0.001	0.364	−0.091
8.97	对数函数	0.593	26.176	<0.001	0.519	−0.129
8.97	幂函数	0.960	427.363	<0.001	1.576	−1.366
8.97	指数函数	0.655	34.161	<0.001	0.068	−0.036
9.40	对数函数	0.637	31.630	<0.001	0.764	−0.189
9.40	幂函数	0.991	1940.710	<0.001	3.173	−1.386
9.40	指数函数	0.769	59.771	<0.001	0.148	−0.039
10.22	对数函数	0.622	29.645	<0.001	1.105	−0.272
10.22	幂函数	0.979	820.220	<0.001	4.234	−1.326
10.22	指数函数	0.792	68.517	<0.001	0.235	−0.038
10.38	对数函数	0.636	31.413	<0.001	1.419	−0.348
10.38	幂函数	0.991	1999.039	<0.001	5.720	−1.307
10.38	指数函数	0.817	0.817	<0.001	0.337	−0.038

4.2.1.2　植被出露下风雪流结构

试验样地积雪表面有植被出露，出露高度为 10cm，积雪深度为 10cm，表层积雪密度约为 0.26g/cm³，处于密实化后期。试验地积雪条件下的起动风速约为

6m/s。对野外观测所得的 8 组不同风速下风雪流数据进行分析，风雪流结构如图 4-6 所示。由图 4-6 可以看出，不同风速下风雪流结构特征基本一致。分析某一风速下的风雪流结构可知，随着距离雪面高度的增加，移雪强度快速减弱。对比各组风速下的风雪流结构可以看出，随风速的增加，相同高度处的移雪强度显著增强。同时，风速的增加提升了风对雪粒的搬运高度。在 6~7m/s 风速等级下，风雪流主要在贴近地表的 0~20cm 内运动；随着风速的进一步增强，风速增加到 8m/s 以上时，风雪流主要在近地表 0~25cm 内运动。可以看出，当雪面上有植被出露时，风雪流活动空间较裸露雪面有抬升的趋势；并且风速越大，风雪流具有的能量也越大，风可以挟带更多的雪粒并将之搬运得更高。

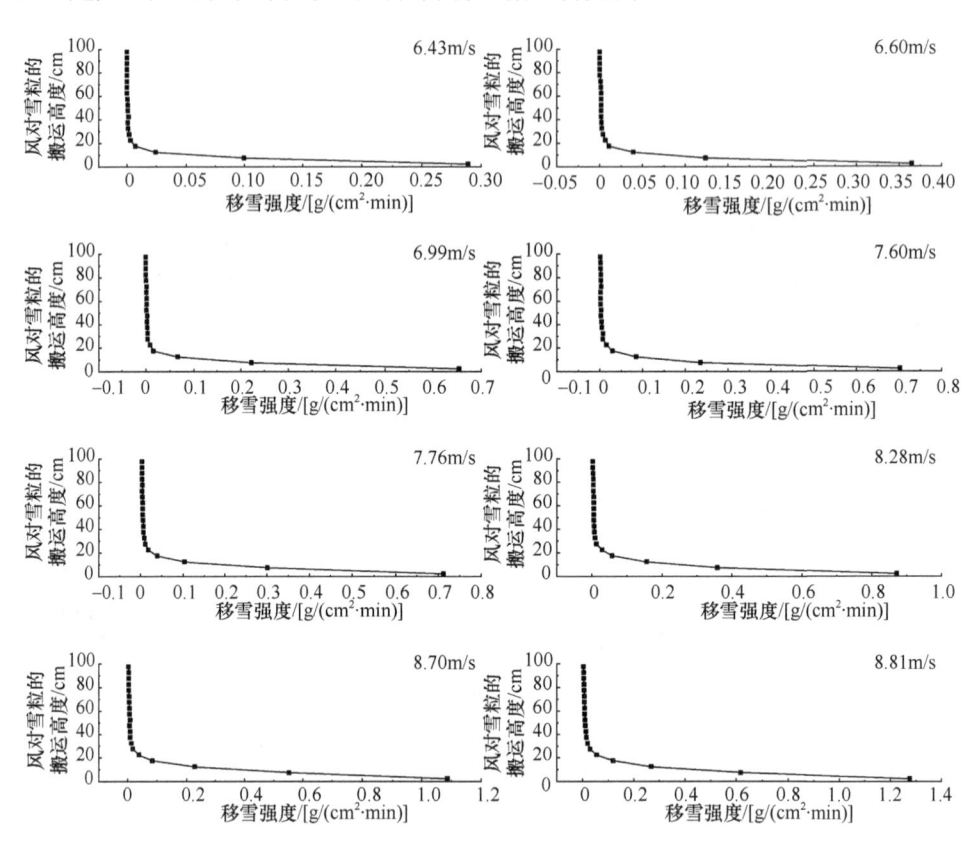

图 4-6　植被出露下不同风速的风雪流结构曲线

对如上 8 个风速等级下近地表 2m 范围的风雪流结构进行拟合，结果见表 4-4。从表 4-4 中可以看出，风速的增加，可导致近地表 2m 范围内风雪流结构函数的改变。当风速为 6~7m/s 时，风雪流结构函数仅遵循 $Q=a+b\ln h$ 形式的对数函数关系，且拟合效果一般，决定系数约为 0.7。随着风速的增强，当达到 7m/s 及以上时，风雪流结

构函数均遵循 $Q=ah^b$ 的幂函数形式、$Q=ae^{bh}$ 的指数函数形式及 $Q=a+b\ln h$ 的对数函数形式,幂函数的拟合效果均最好($P<0.001$),决定系数达到 0.9 以上,幂指数为 $-1.9\sim-1.5$。同时,随着风速的增加,风雪流结构函数的拟合效果趋于变好。以上规律与裸露雪面下的情况基本一致,风雪流结构随着风速的改变而发生变化。

表 4-4 植被出露下风雪流结构函数拟合结果

近地表 2m 高处风速/(m/s)	函数形式	决定系数(R^2)	F 值	P 值	a	b
6.43	对数函数	0.656	34.335	<0.001	0.228	−0.057
6.60	对数函数	0.668	36.291	<0.001	0.291	−0.072
6.99	对数函数	0.662	35.244	<0.001	0.519	−0.130
7.60	对数函数	0.676	37.494	<0.001	0.562	−0.140
	幂函数	0.953	361.107	<0.001	4.083	−1.738
	指数函数	0.701	42.198	<0.001	0.082	−0.048
7.76	对数函数	0.708	43.700	<0.001	0.601	−0.149
	幂函数	0.949	334.271	<0.001	3.479	−1.586
	指数函数	0.681	38.353	<0.001	0.096	−0.043
8.28	对数函数	0.725	47.544	<0.001	0.744	−0.184
	幂函数	0.954	373.673	<0.001	5.904	−1.703
	指数函数	0.731	48.927	<0.001	0.135	−0.048
8.70	对数函数	0.754	55.054	<0.001	0.981	−0.242
	幂函数	0.952	358.935	<0.001	10.077	−1.802
	指数函数	0.751	54.359	<0.001	0.192	−0.051
8.81	对数函数	0.760	57.003	<0.001	1.146	−0.282
	幂函数	0.968	539.521	<0.001	11.373	−1.732
	指数函数	0.796	70.161	<0.001	0.266	−0.050

4.2.2 积雪时间对风雪流结构的影响

风吹雪是雪粒的群体运动,降雪的沉积时间不同,其运动状态也会发生变化,在宏观方面表现为风雪流结构的改变,风雪流也可通过雪粒浓度和速度的变化展现出来。在寒冷的冬季,北方大部分地区发生降雪后,积雪并不能在短时间内融化。当某地区的温度在整个冬季处于零下时,雪粒会在地面上沉积很长一段时间。这些雪粒受到周围环境影响而发生蠕变,变得越来越圆滑。当风雪流发生时,雪粒与床面的相互作用也会改变,其运动状态也随之变化(吕晓辉,2012)。

对不同观测时间内平坦床面下风速(距雪面 2m 处为 7.28m/s)、积雪深度(20cm)等因子相同的情况下移雪强度随高度的变化情况进行对比,如图 4-7 所示。

从对比的结果可以看出，在平坦床面上，不论积雪观测时间迟早，移雪强度均随着高度的增加而不断减弱；在相同的风速下，在同一高度处沉积时间短的移雪强度明显大于沉积时间长的。对距雪面 1m 范围内风雪流结构进行分析，随着积雪时间的延长，其相同高度层的移雪强度明显减弱。0~5cm 层移雪强度由 1 月 10 日观测时的 0.4200g/(cm^2·min) 减弱到 2 月 19 日时的 0.1960g/(cm^2·min)，减弱了一半以上。各观测时间下移雪强度高值区均集中在距离雪面 20cm 范围内，20cm 以上各层移雪强度已经变得极弱。本次观测的积雪为 11 月末至 12 月初的降雪，由积雪的密实化规律可知，覆盖在地表的雪层，积雪密度随积雪时间的延长而增大。由于积雪的自然密实化过程，加上风力的吹刮，积雪表面逐渐变成紧实且光滑的风雪板，需要较强的风力才能够让雪粒起动。在相同风速作用下，沉积时间短的雪面更容易形成强的风雪流。

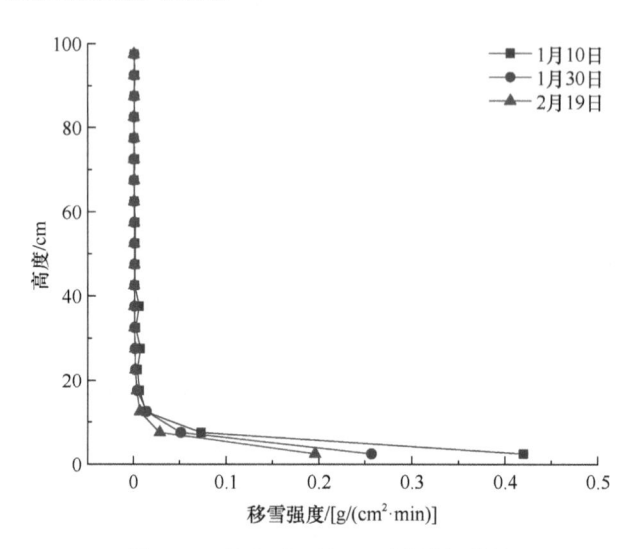

图 4-7　不同沉积时间风雪流结构曲线

4.2.3　积雪深度对风雪流结构的影响

对植被出露情况相同，同一时间观测的不同积雪深度风雪流结构如图 4-8 所示，两个积雪深度同步重复观测 3 次，各层取平均值作为这一积雪深度下的移雪强度。对距雪面 1m 范围内风雪流结构进行分析，不同积雪深度下风雪流结构变化规律基本一致，随着距离雪面高度的增加，移雪强度不断减弱。相同风速下，同一高度的移雪强度相差不大。从风雪流结构曲线可以看出，风雪流活动范围有所增加，主要集中在近地表 20cm 范围内，20cm 以上仍有微弱的风雪流活动。这可能是由于两个不同积雪深度样地的植被出露高度较高，达到 25cm，对气流的抬升

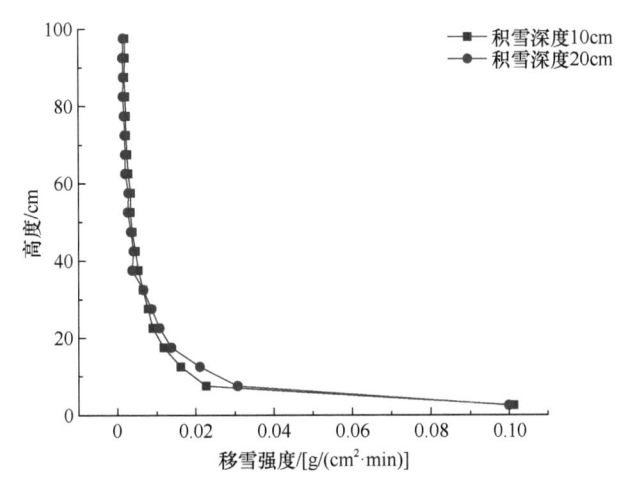

图 4-8　不同积雪深度风雪流结构曲线

作用导致雪粒可以运动到更高的位置。积雪深度的大小侧面反映了雪源的丰富程度。当积雪达到一定深度时，积雪深度已不再是风雪流发生的限制因素。在出露植被状况、雪粒物理性质相同的情况下，同样的风速形成的风雪流强度差异不大。

4.2.4　植被对风雪流结构的影响

4.2.4.1　不同出露高度下风雪流结构

平坦草地的大针茅不同出露植被高度（0cm、15cm、30cm）下风雪流结构如图 4-9 所示。在风速（距地表 2m 处为 7.28m/s）、积雪深度（40cm）等因子相同

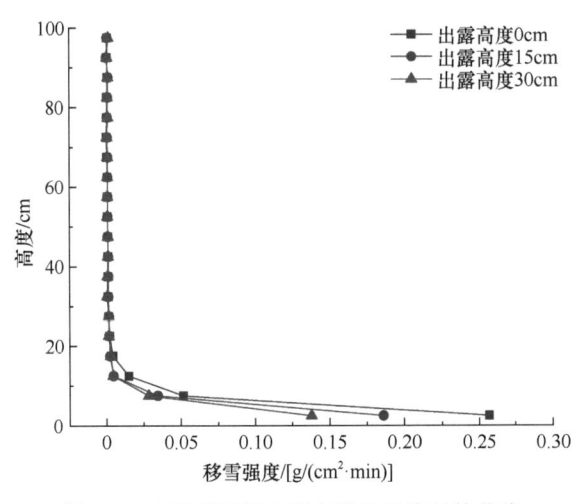

图 4-9　大针茅不同出露高度风雪流结构曲线

的情况下，不同出露高度风雪流结构变化规律基本一致，随着距离雪面高度的增加，移雪强度不断减弱。对距离雪面 1m 内风雪流结构进行分析，当大针茅出露高度为 0cm（积雪刚好覆盖地表）时，移雪强度为 0.0171g/（cm^2·min），是出露高度 15cm 时的 1.4 倍，是出露高度 30cm 的 1.8 倍之多。随着出露高度的增加，移雪强度明显变弱。各出露高度下移雪强度高值区均集中在距离雪面 20cm 范围内。将测得的风雪流结构进行分段分析，距地表 0～20cm 处移雪强度急剧减弱且各出露高度下移雪强度相差较大；距地表 20～100cm 处，移雪强度已经变得很小，随离地高度的增加呈减弱趋势。植被具有拦蓄积雪的能力，出露雪面以上的高度越高，对风的扰动范围和阻碍作用也就越大。风雪流经过有植被出露的雪面时，由于植物枯立物的阻挡，地面雪粒不易起动，部分运动着的雪粒也停留下来，可显著减弱过境风雪流的强度。

4.2.4.2 不同出露盖度下风雪流结构

大针茅草地积雪深度相同的情况下，我们观测了两组不同出露植被盖度（雪面以上植被投影所占百分比，以下简称出露盖度）的风雪流，每一组均是同时对两个不同的出露盖度下的样地进行风雪流观测。同一盖度重复观测 3 次，取平均值作为这一盖度下的移雪量。第一组观测时段内距雪面 2m 高处平均风速分别为 6.08m/s、5.80m/s 和 5.46m/s，第二组观测时段内的平均风速分别为 8.81m/s、8.26m/s 和 7.91m/s。不同出露盖度下风雪流结构如图 4-10 所示。由图 4-10 可知，不同出露盖度下风雪流结构基本一致，移雪强度随高度增加而快速减弱。出露盖度增加，各高度处的移雪强度均出现降低。从第一组移雪强度的对比可以看出，当出露盖度为 6%时，距地表 100cm 范围内平均移雪强度为 0.0027g/（cm^2·min），在出露盖

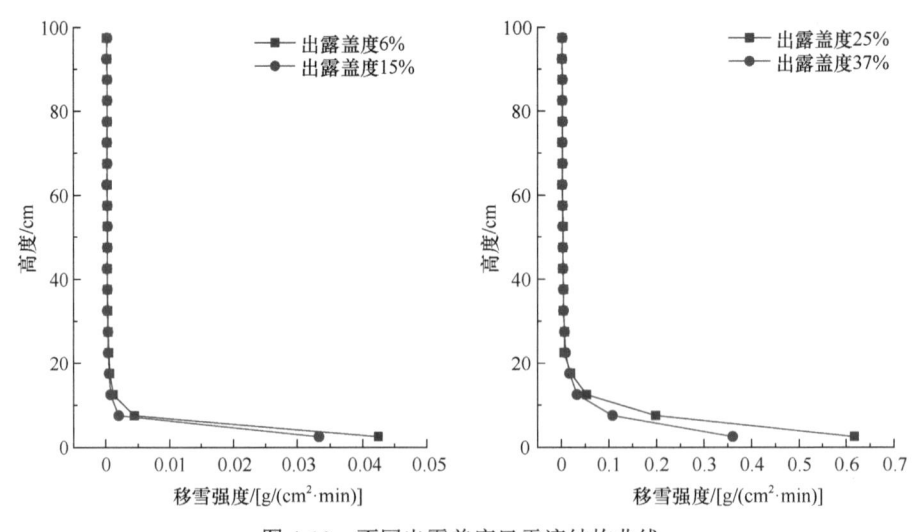

图 4-10　不同出露盖度风雪流结构曲线

度增加为 15%时，平均移雪强度减弱为 0.0021g/（cm²·min）；同样，从第二组移雪强度对比可以看出,平均移雪强度从出露盖度为 25%时的 0.0470g/(cm²·min) 减小到出露盖度为 37%时的 0.0288g/（cm²·min），减弱了近 1/2。当出露盖度增大时，雪面的裸露程度降低，下垫面粗糙度增大，减弱了气流搬运雪粒的能力。随着植被覆盖度的不断增大，地表雪粒不宜起动且植被枯立物阻碍风雪流通过，加之空气中的雪粒有部分沉积下来，降低了风雪流运行强度。

4.2.5 地形对风雪流结构的影响

对坡度为 5°～7°、走向西偏南 10°的迎风坡和背风坡风雪流进行观测，观测期间风向为北偏西 30°，风雪与地形走向夹角为 70°。不同坡位条件下风雪流结构如图 4-11 所示。由图 4-11 可以看出，不同坡位及坡向下风雪流结构的形式基本一致，随着距离雪面高度的增加，移雪强度快速减弱。可以发现，不同坡位条件下，风雪流结构均表现为迎风侧的移雪强度大于背风侧，在坡中的位置二者相差最大，其次为坡脚处，坡中上部相差最小。地形对于风雪流的运行具有重要的影响，它改变了风速流场，同时改变了风雪流的蚀积规律。当气流经过迎风坡时，气流被压缩而加速，在坡面中上部风速达到最大值。随着风速增大，雪粒子从流场中获得的能量增加，以更大的动能撞击雪面使更多的雪粒子参与到风雪流运行。雪粒子速度的增大和浓度的增加使得在单位时间内通过某一截面的雪粒数量更多，反映到宏观状态即为移雪量的增大。气流在经过背风坡时流场发生扩散分离，风速减弱导致挟雪能力下降。在背风坡位置处形成尾流涡，使得这一区域的风吹雪垂向廓线比较复杂。气流继续运动到一定距离后才能形成新的边界层。

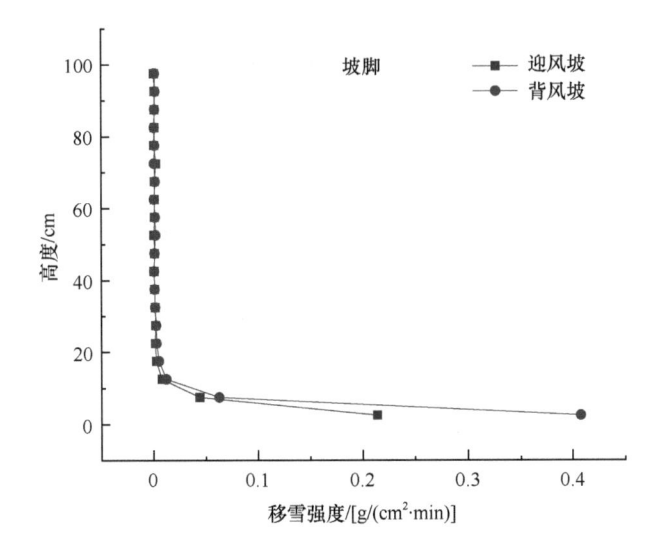

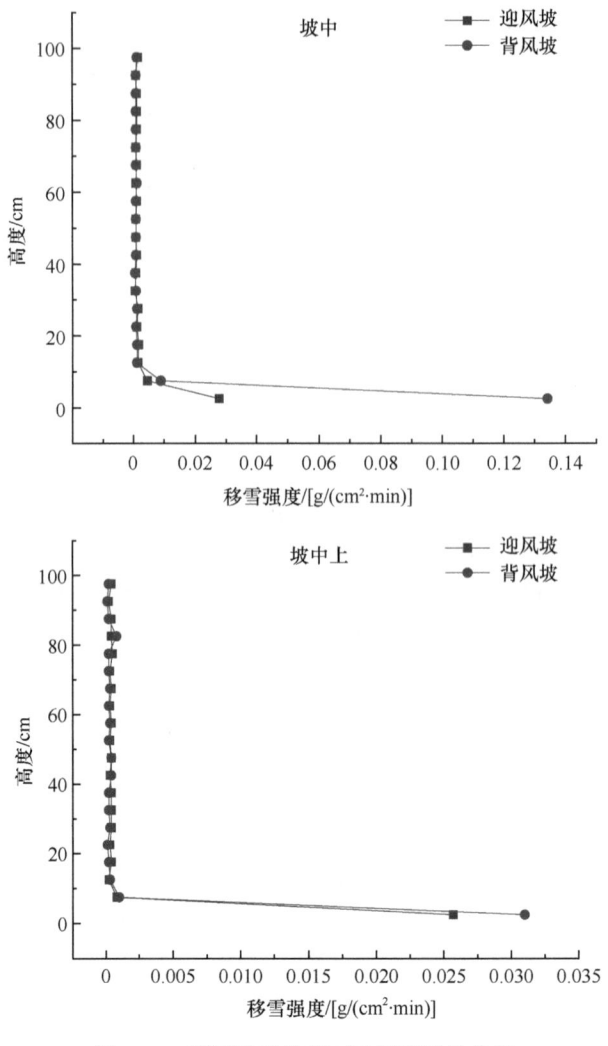

图 4-11　不同地形条件下风雪流结构曲线

4.3　移雪量与移雪强度

4.3.1　单宽输雪率

单宽输雪率是气流在单位时间内通过单位宽度输运的雪量，是刻画积雪层风蚀程度的基本物理量之一。在风雪流预测模型中，单宽输雪率是重要的输入参数，可以通过实验测量，也可以通过对输雪量沿高度进行积分获得，对其理论预测是检验模型是否合理的基本检测之一，也是制定防雪措施的主要依据。

4.3.1.1 积雪时间单宽输雪率

观测区域积雪是 11 月末至 12 月初的降雪，在 3 个不同时间点对同一平坦雪面进行风雪流观测，以期揭示积雪时间对单宽输雪率的影响。由图 4-12 可以看出，风雪流单宽输雪率与观测时间有很好的相关性。观测越晚，也就表示地表积雪沉积时间越长，在相同风速条件下单宽输雪率越小。冬季 1 月 10 日、1 月 30 日和 2 月 19 日 3 个时间点观测的单宽输雪率分别为 2.758g/（cm·min）、1.711g/（cm·min）和 1.259g/（cm·min），单宽输雪率呈较为明显的减弱态势。地表覆盖的积雪随着沉积时间的延长逐步变得更为密实，积雪后期消融和冻结的交替使得积雪表层形成硬的冰壳，使风雪流不易起动。

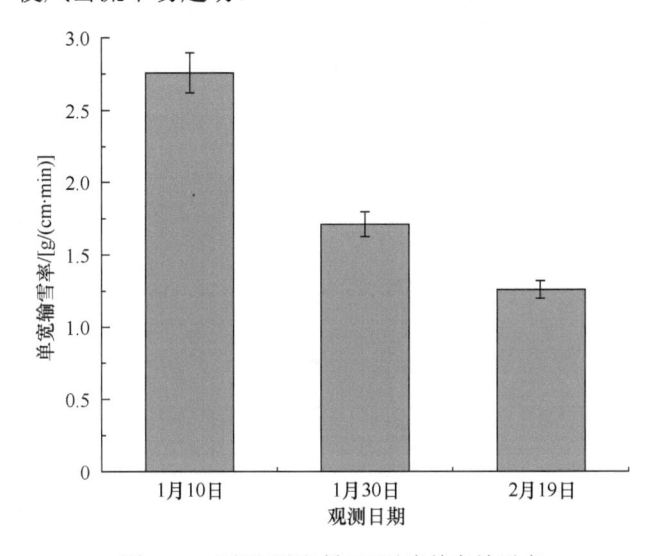

图 4-12 不同观测时间风雪流单宽输雪率

4.3.1.2 积雪深度单宽输雪率

平坦草地大针茅积雪深度下的风雪流单宽输雪率如图 4-13 所示。由图 4-13 可以看出，单宽输雪率随着积雪深度的增加发生小幅增长，积雪深度大的样地在相同风速条件下单宽输雪率越大。积雪深度为 10cm、20cm 时，观测的单宽输雪率分别为 1.0674g/（cm·min）和 1.1117g/（cm·min），单宽输雪率增加较不明显。积雪深度代表了雪源的丰富程度，但是当地表积雪到一定深度时，它便不再是限制风雪流运行的条件。

4.3.1.3 不同出露盖度单宽输雪率

不同出露盖度下的风雪流单宽输雪率如图 4-14 所示。由图 4-14 可以看出，

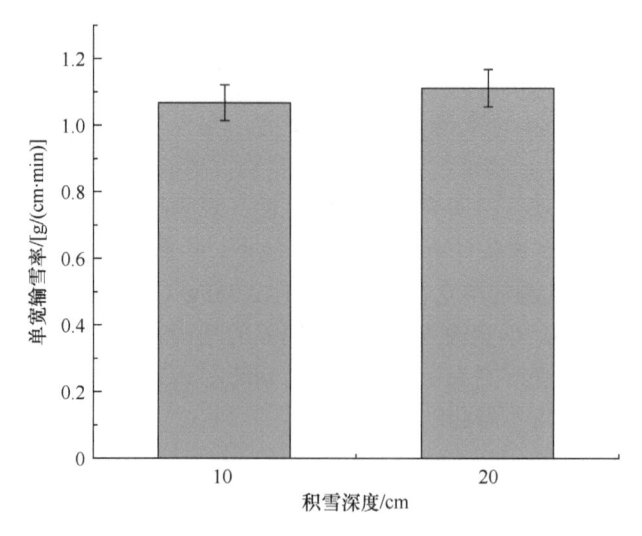

图 4-13　不同积雪深度风雪流单宽输雪率

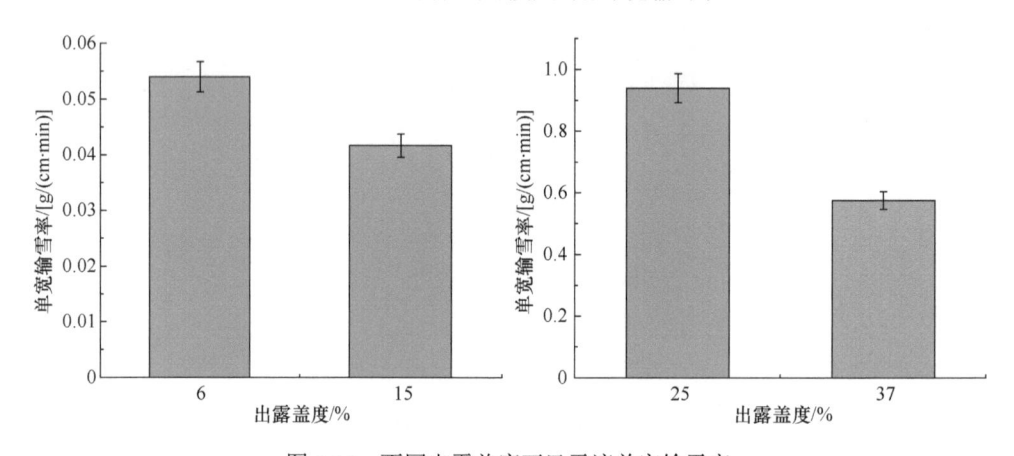

图 4-14　不同出露盖度下风雪流单宽输雪率

出露盖度越大，单宽输雪率越小。第一组两个盖度下的单宽输雪率分别为 0.0540g/(cm·min)（6%）、0.0417g/(cm·min)（15%），第二组为 0.9391g/(cm·min)（25%）和 0.5754g/(cm·min)（37%），单宽输雪率减弱较为明显。植被的存在阻碍了风雪流的运行，而且这种阻挡能力随风速的增加而增强。

4.3.1.4　不同植被出露高度单宽输雪率

由图 4-15 可以看出，单宽输雪率随着植被出露高度的增加而减小，当雪面没有植被出露时，单宽输雪率为 1.711g/(cm·min)，植被出露高度为 30cm 时，单宽输雪率为 0.944 g/(cm·min)，约为前者的一半。由此可见，在地表植被条件较好的情况下，植被没有被积雪埋没，超出雪面的植被可以有效地拦截风雪流。

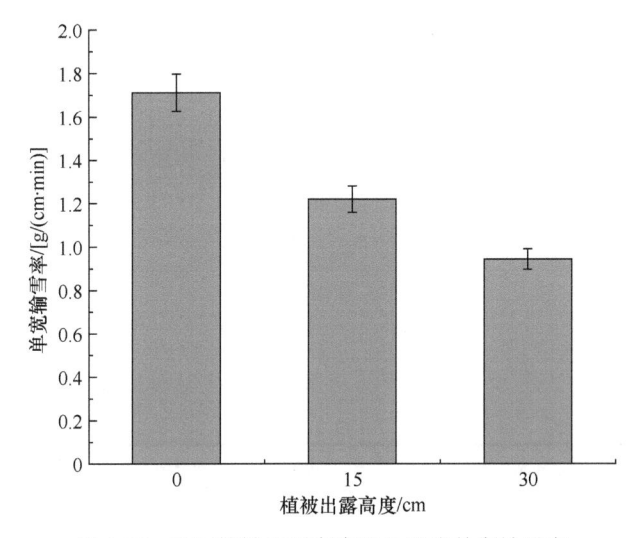

图 4-15　不同植被出露高度下风雪流单宽输雪率

4.3.2　移雪量垂向分布

4.3.2.1　裸露雪面雪通量垂向分布

由不同风速风雪流结构的对比分析（表 4-5）可知，随着风速的增加，近地表 100cm 高度范围内绝对移雪量表现为增加的趋势，但是各高度范围移雪量百分比随风速的变化关系要更为复杂。

表 4-5　裸露雪面各高度范围移雪量百分比

高度范围/cm	移雪量百分比/%											变异系数/%
	4.59m/s	4.85m/s	5.83m/s	6.39m/s	6.65m/s	6.94m/s	7.57m/s	7.96m/s	8.97m/s	9.40m/s	10.22m/s	10.38m/s	
0~5	95.00	94.21	93.33	89.58	86.78	85.06	77.21	72.34	68.89	61.89	61.69	59.10	17.29
5~10	3.75	4.27	5.82	9.41	11.85	11.51	13.42	15.57	14.29	15.88	13.42	12.74	38.64
10~15	1.25	1.22	0.73	0.84	0.88	1.67	2.57	3.64	3.55	5.02	5.18	5.84	69.79
15~20	0.00	0.30	0.12	0.17	0.20	0.70	1.29	2.18	2.32	3.29	3.40	3.78	97.50
20~25	—	0.00	0.00	0.00	0.20	0.35	0.83	1.16	1.62	1.98	2.17	3.07	110.54
25~30	—	—	—	—	0.10	0.26	1.47	1.16	1.31	1.73	2.00	2.35	103.59
30~35	—	—	—	—	0.00	0.26	0.46	0.87	0.85	1.48	1.45	2.06	116.10
35~40	—	—	—	—	—	0.18	1.19	0.58	0.77	1.32	1.56	1.43	108.96
40~45	—	—	—	—	—	0.00	0.37	0.44	0.77	0.99	1.28	1.22	121.40
45~50	—	—	—	—	—	—	0.37	0.44	0.70	0.82	1.17	1.18	120.41
50~55	—	—	—	—	—	—	0.37	0.44	0.62	0.91	0.95	1.09	117.78
55~60	—	—	—	—	—	—	0.28	0.44	0.54	0.74	0.95	1.09	121.77

续表

高度范围/cm	移雪量百分比/%											变异系数/%
	4.59m/s	4.85m/s	5.83m/s	6.39m/s	6.65m/s	6.94m/s	7.57m/s	7.96m/s	8.97m/s	9.40m/s	10.22m/s	10.38m/s	
60~65	—	—	—	—	—	—	0.18	0.58	0.54	0.41	0.89	1.01	120.79
65~70	—	—	—	—	—	—	—	0.00	0.15	0.54	0.66	0.84	0.80	141.44
70~75	—	—	—	—	—	—	—	—	0.00	0.52	0.58	0.72	0.80	150.87
75~80	—	—	—	—	—	—	—	—	—	0.50	0.58	0.72	0.63	149.66
80~85	—	—	—	—	—	—	—	—	—	0.46	0.58	0.50	0.55	148.85
85~90	—	—	—	—	—	—	—	—	—	0.46	0.33	0.50	0.46	148.21
90~95	—	—	—	—	—	—	—	—	—	0.39	0.41	0.33	0.42	148.43
95~100	—	—	—	—	—	—	—	—	—	0.35	0.41	0.21	0.38	152.24

注：表中风速为近地表 2m 高处的风速。"—"表示该高度范围没有移雪。

由表 4-5 可知，各风速条件下移雪量百分比均随高度呈递减关系，且随着风速增强风雪流出现的高度不断增加。当风速为 4.59m/s 时，只有靠近雪面的 0~15cm 收集到移雪；到 8.97m/s 时，各高度范围均有移雪。0~5cm 内，移雪量百分比随 2m 高处风速的增加而降低，从风速为 4.59m/s 时的 95.00%减少到风速为 10.38m/s 时的 59.10%；其余各高度范围均表现为随着风速增加移雪量百分比总体上增加的趋势。5~10cm 内，移雪量百分比在 3.75%~15.88%范围内变动；10~15cm 内，在 0.73%~5.84%范围内变动；15~20cm 内，在 0.00%~3.78%范围内变动。0~20cm 内，移雪量百分比均达到总移雪量的 80%以上，在 81.46%~100.00%范围内变动；20cm 以上各高度范围的移雪量百分比明显降低，大部分不足 1%。引入变异系数来表明各高度范围移雪量的相对变化量。变异系数越小，表明差异性越小，一致性越高。变异系数表现为随高度增加而增大的趋势，其中 0~5cm 变异系数最小，为 17.29%，表明该高度范围相对稳定；20cm 以上各高度范围变异系数均大于 100%，属于强变异，变化较为剧烈。以上分析可知，风雪流主要在贴近地表 20cm 的范围内搬运，这对于风雪流防治具有重要意义。

4.3.2.2 有植被出露雪面雪通量的垂向分布

由表 4-6 可知，各风速条件下移雪量百分比总体上随高度呈递减趋势（0~5cm 高度除外），且风速增强，风雪流出现的高度也在增加。当风速为 6.43m/s 时，只有距离雪面 60cm 高度内收集到移雪；到 7.60m/s 时，各高度均有移雪。0~5cm 内，移雪量百分比随 2m 高处风速的增加总体上呈降低的趋势，从风速为 6.43m/s 时的 67.21%减少到风速为 8.81m/s 时的 51.12%；5~10cm 内移雪量百分比随风速的变化规律并不明显，占总移雪量的 20%多；其余各高度均表现为随着风速增加，移雪量百分比总体上呈增加的趋势。0~20cm 内，移雪量百分比均达到总移雪量的

90%以上，在91.34%～97.65%范围内变动；20cm以上各高度范围移雪量百分比明显降低，大部分不足1%。变异系数表现为随高度增加总体上增大的趋势，其中5～10cm属于弱变异，变异系数为7.23%，表明该高度范围较为稳定；其次为0～5cm，变异系数为10.37%，表明该高度范围也相对稳定；其余各高度范围处于中度变异，变异系数为22.69%～90.68%，且随高度的增加变异总体上呈加强的趋势，表明随高度的增加各层愈发不稳定。由于地表植被的存在，贴地层（0～5cm）移雪量百分比较裸露积雪面的显著降低，而在高于出露植被的各高度范围移雪量百分比出现增加。

表4-6 植被出露下各高度层移雪量百分比

高度范围/cm	移雪量百分比/%								变异系数/%
	6.43m/s	6.60m/s	6.99m/s	7.60m/s	7.76m/s	8.28m/s	8.70m/s	8.81m/s	
0～5	67.21	64.45	64.28	62.47	56.73	55.80	51.94	51.12	10.37
5～10	23.19	21.90	22.51	21.00	23.96	23.01	26.37	24.73	7.23
10～15	5.64	6.95	7.42	7.63	8.19	10.03	10.89	10.74	22.69
15～20	1.61	1.88	1.92	2.64	3.14	3.71	4.06	4.75	38.60
20～25	0.68	1.18	0.98	1.42	1.47	1.88	1.86	2.19	34.61
25～30	0.43	0.71	0.40	0.66	0.88	0.81	0.81	1.23	35.34
30～35	0.29	0.47	0.40	0.71	0.71	0.62	0.62	0.80	29.91
35～40	0.26	0.41	0.35	0.46	0.55	0.47	0.43	0.59	24.11
40～45	0.19	0.39	0.33	0.41	0.51	0.43	0.38	0.53	26.83
45～50	0.19	0.33	0.31	0.34	0.45	0.38	0.33	0.48	25.65
50～55	0.19	0.32	0.27	0.30	0.41	0.35	0.33	0.43	23.46
55～60	0.12	0.29	0.23	0.25	0.39	0.35	0.29	0.36	30.78
60～65	0.00	0.26	0.23	0.24	0.39	0.34	0.29	0.35	45.66
65～70	—	0.25	0.17	0.24	0.37	0.34	0.24	0.31	48.34
70～75	—	0.21	0.13	0.23	0.34	0.32	0.24	0.29	50.70
75～80	—	0.00	0.06	0.22	0.32	0.30	0.19	0.28	78.12
80～85	—	—	0.00	0.22	0.31	0.28	0.19	0.27	86.02
85～90	—	—	—	0.20	0.31	0.21	0.19	0.21	86.65
90～95	—	—	—	0.20	0.28	0.19	0.19	0.19	85.96
95～100	—	—	—	0.15	0.28	0.17	0.14	0.16	90.68

注：表中风速为近地表2m高处的风速。"—"表示该高度范围没有移雪。

4.3.2.3 不同积雪时间雪通量的垂向分布

平坦大针茅草地不同观测时间（1月10日、1月30日、2月19日）下，近地表0～100cm高度范围内移雪量垂向占比分析见表4-7。由表4-7可知，各观测时间内移雪量垂直分布特征基本一致，移雪量百分比总体上随高度呈递减状态。其中，0~5cm 高度范围内移雪量占总移雪量的 70%以上；0~10cm 高度内占总移雪量的百分比已接近或超过 90%；移雪量百分比在 0~20cm 高度内均达到 90%以上，分别为 93.21%（1 月 10 日）、95.80%（1 月 30 日）和 93.83%（2 月 19 日）；离地面 20cm 以上时，各高度范围移雪量占比很小；20~100cm 高度内的移雪量百分比不到 10%。可见，风雪流主要在贴近地表 20cm 的范围内运行。随着积雪时间的延长，相同高度层移雪量百分比相差不大。由此可知，同一地表积雪沉积时间对相同风速下形成的风雪流移雪量的垂向分布规律影响不大。

表 4-7　不同积雪时间下移雪量百分比

高度范围/cm	移雪量百分比/%		
	1 月 10 日	1 月 30 日	2 月 19 日
0~5	76.16	75.14	77.84
5~10	13.24	15.04	11.59
10~15	2.54	4.37	2.90
15~20	1.27	1.25	1.50
20~100	6.80	4.20	6.18

4.3.2.4　不同积雪深度雪通量垂向分布

不同积雪深度下，近地表 0~100cm 高度范围内移雪量垂向占比分析见表 4-8。由表 4-8 可知，各观测深度下移雪量垂直分布特征基本一致，移雪量百分比随高度呈递减趋势。其中 0~5cm 高度范围内，移雪量占总移雪量的 40%以上；0~10cm 高度内移雪量占总移雪量的百分比接近 60%；移雪量百分比在 0~20cm 高度内均达到 70%以上，分别为 71.23%和 74.53%；离地面 20cm 以上各层移雪量占比较少；20~100cm 高度内移雪量占总移雪量的 20%多。可见风雪流主要在贴近地表 20cm 的范围内运动。不同积雪深度下，相同高度层移雪量百分比相差不大。由此可知，积雪深度对相同风速下形成的风雪流移雪量的垂向分布规律影响不大。

表 4-8　不同积雪深度下移雪量百分比

高度范围/cm	移雪量百分比/%	
	积雪深度 10cm	积雪深度 20cm
0~5	47.48	45.02
5~10	10.65	13.82
10~15	7.58	9.49
15~20	5.52	6.20
20~100	28.76	25.45

4.3.2.5 不同出露盖度雪通量的垂向分布

对大针茅草地不同植被出露盖度下,近地表 0~100cm 高度范围内各层移雪量垂向占比的分析见表 4-9。由表 4-9 可知,各植被出露盖度下移雪量垂直分布特征基本一致,移雪量百分比总体上随高度增加呈递减关系。比较发现,同一组内随着出露盖度的增加,受出露植被的影响,靠近雪面各层移雪量百分比呈降低趋势。0~20cm 范围内移雪量百分比均达到 90% 以上,两组分别为 93.49% 和 91.48%、94.57% 和 90.29%;20~100cm 高度内移雪量仅为总移雪量的不到 10%。可见风雪流主要在贴近地表 20cm 的范围内搬运。随着植被出露盖度的增加,移雪量占比表现为底层移雪量占比的降低和上层移雪量占比的增加,这是由于出露植被盖度越大,植被对贴地层气流的扰动越大,加剧了能量衰减的程度,降低了下层受植被扰动范围内雪粒迁移的数量和高度。

表 4-9 不同出露盖度下移雪量百分比

高度范围/cm	移雪量百分比/%			
	第一组		第二组	
	出露盖度 6%	出露盖度 15%	出露盖度 25%	出露盖度 37%
0~5	82.83	83.86	65.73	62.82
5~10	7.72	4.93	21.11	18.76
10~15	2.07	1.64	5.64	5.70
15~20	0.87	1.05	2.09	3.01
20~100	6.52	8.52	5.42	9.72

4.3.2.6 不同植被出露高度雪通量的垂向分布

对大针茅草地不同植被出露高度下,近地表 0~100cm 高度范围内各层移雪量垂向百分比的分析见表 4-10。由于移雪量集中在近地表 20cm 范围内,因此主要对该高度内移雪量百分比进行分析。由表 4-10 可知,各植被出露高度下移雪量垂直分布特征基本一致,移雪量百分比总体上随高度增加呈递减趋势。其中,0~5cm 高度范围内移雪量百分比为 70% 以上;0~10cm 高度内移雪量百分比接近 90%;在 0~20cm 高度内移雪量百分比均达到 90% 以上,并随着植被出露高度的增加而降低,分别为 95.80%、93.25% 和 91.94%;20~100cm 高度内移雪量百分比不到 10%。可见风雪流主要在贴近地表 20cm 的范围内搬运。随着植被出露高度的增加,移雪量占比表现为底层移雪量占比降低和上层移雪量占比增加。这是由于地表植被阻挡了近地表气流,使气流能量衰减更快,降低了下层雪粒迁移的数量和高度。

表 4-10　不同植被出露高度下移雪量百分比

高度范围/cm	移雪量百分比/%		
	出露高度 0cm	出露高度 15cm	出露高度 30cm
0～5	75.14	76.28	73.02
5～10	15.04	14.08	14.97
10～15	4.37	1.93	2.40
15～20	1.25	0.96	1.55
20～100	4.21	6.75	8.05

4.3.2.7　地形雪通量的垂向分布

不同坡向、坡位条件下雪通量垂向分布见表 4-11。由表 4-11 可知，各风速条件下移雪量百分比总体上均随高度的增加呈递减关系，且随着风速增强，风雪流出现的高度不断增加。比较发现，无论坡位如何，贴地层移雪量百分比总体上表现为迎风侧大于背风侧，在坡中位置迎风坡和背风坡差异最大，坡中上位置迎风坡和背风坡差异最小。从风雪流运行的高度看，各个坡位下迎风侧风雪流活动范围均大于背风坡。0～20cm 高度内，移雪量百分比均达到 90%以上；20cm 以上各层移雪量百分比明显降低，大部分不足 1%。当气流运行到迎风侧时，气流由于受到压缩而加速，而背风侧气流发生分离，风速急剧减小。当风速减小后，气流挟带雪粒子的能力下降，风雪流运行强度减弱。

表 4-11　不同地形条件下的移雪量百分比

高度范围/cm	移雪量百分比/%					
	迎风坡坡中上	背风坡坡中上	迎风坡坡中	背风坡坡中	迎风坡坡脚	背风坡坡脚
0～5	95.17	94.59	89.68	72.30	81.01	77.20
5～10	2.98	2.78	5.96	12.05	12.46	15.89
10～15	0.99	1.53	0.82	4.02	2.47	2.89
15～20	0.66	1.09	0.82	3.78	1.06	0.96
20～25	0.33	0.00	0.82	3.21	0.62	0.82
25～30	0.00	—	0.69	2.97	0.53	0.80
30～35	—	—	0.62	1.61	0.35	0.64
35～40	—	—	0.62	0.00	0.27	0.48
40～45	—	—	0.00	—	0.27	0.32
45～50	—	—	—	—	0.27	0.00
50～55	—	—	—	—	0.27	—
55～60	—	—	—	—	0.27	—
60～65	—	—	—	—	0.18	—
65～70	—	—	—	—	0.00	—

续表

高度范围/cm	移雪量百分比/%					
	迎风坡坡中上	背风坡坡中上	迎风坡坡中	背风坡坡中	迎风坡坡脚	背风坡坡脚
70~75	—	—	—	—	—	—
75~80	—	—	—	—	—	—
80~85	—	—	—	—	—	—
85~90	—	—	—	—	—	—
90~95	—	—	—	—	—	—
95~10	—	—	—	—	—	—

注："—"表示该高度范围没有移雪。

4.3.3 移雪强度与近地表风速的关系

平坦裸露雪面近地表 2m 高处风速与近地表 100cm 高度范围内平均移雪强度的关系曲线如图 4-16 所示。由图 4-16 可知，2m 高处的风速（x，m/s）与平均移雪强度[y，g/(cm²·min)]呈极显著的幂函数关系，拟合方程为 $y=3\times10^{-7}\cdot x^{5.526}$（$P<0.001$），决定系数达到 0.973。随着 2m 高处风速的增加，平均移雪强度表现为逐步增强的趋势。当 2m 高风速<8m/s 时，100cm 高度范围内平均移雪强度随风速的增加幅度较为平缓，从风速为 4.59m/s 时的 0.0008g/(cm²·min)增长到风速为 7.96m/s 时的 0.0348g/(cm²·min)；当风速大于 8m/s 时，平均移雪强度随风速增加而急剧增强；当风速增加到 10.38m/s 时，平均移雪强度达到 0.1586g/(cm²·min)。由此可见，在近地表风速增大的过程中，风雪流强度发生由平缓增强到急剧增强的变化过程。当风速增加到一定强度时，风传输雪的能力急剧增强，同时空气中运行的雪颗粒具有更大的冲击动能，在撞击雪面的过程中使得更多的雪粒参与风雪流运动，形成较强的风吹雪。

有植被出露情况下近地表 2m 高处风速与近地表 100cm 高度范围内平均移雪强度的关系曲线如图 4-17 所示。由图 4-17 可知，2m 高度处的风速（x，m/s）与平均移雪强度 [y，g/(cm²·min)]呈极显著的幂函数关系，拟合方程为 $y=3\times10^{-6}\cdot x^{4.8672}$（$P<0.001$），决定系数达到 0.955。随着 2m 高处风速的增加，平均移雪强度表现为逐步增强的趋势。在 2m 高处风速小于 8m/s 时，100cm 高度范围内平均移雪强度随风速的增加幅度较为平缓，从风速为 6.43m/s 时的 0.0217g/(cm²·min)增加到风速为 7.76m/s 时的 0.0625g/(cm²·min)；当风速大于 8m/s 时，平均移雪强度随风速增加而急剧增强；当风速为 8.81m/s 时，平均移雪强度达到 0.1261g/(cm²·min)。由此可见，在近地表风速增大的过程中，风雪流强度发生由平缓增强到急剧增强的变化过程，相关规律与裸露雪面的一致。

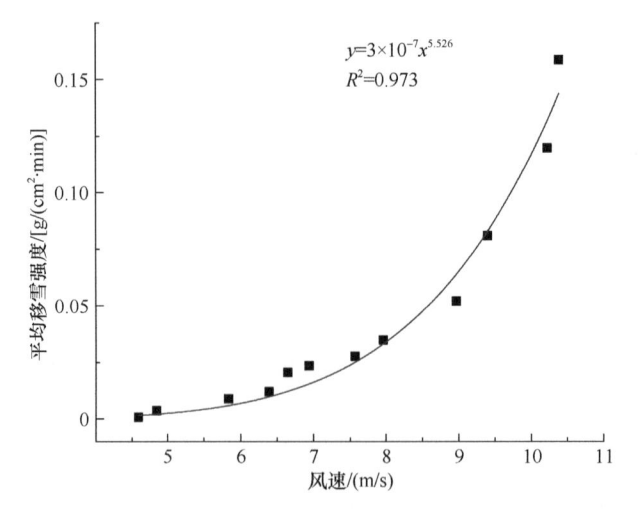

图 4-16　裸露雪面 2m 高处风速与平均移雪强度的拟合曲线

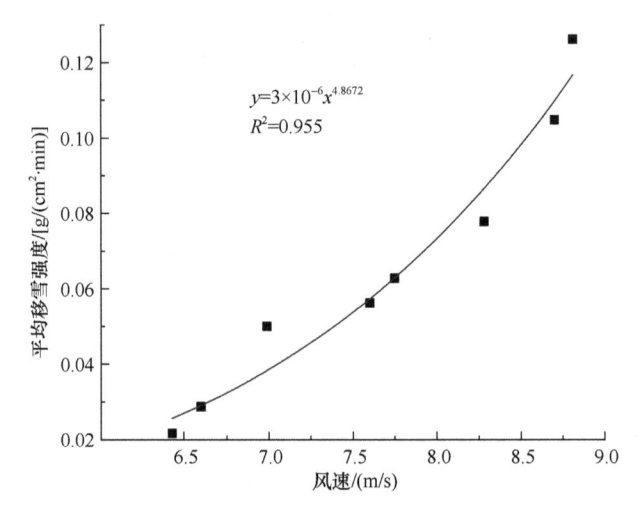

图 4-17　植被出露下 2m 高处风速与平均移雪强度的拟合曲线

主要参考文献

陈晓光, 李俊超, 李长林, 等. 2001. 风吹雪对公路交通的危害及其对策研讨. 公路, 46(6): 113-118.

迟国彬. 1983. 稳定大气近地面层风速廓线的实验分析及风雪流中雪的运动形态与沉积: 以天山公路拉尔墩达坂为例. 新疆地理, 6(4): 46-56.

董智, 李红丽, 左合君, 等. 2010. 锡林郭勒典型草原植被高度和盖度对风吹雪的影响. 冰川冻土, 32(6): 1106-1110.

胡文峰. 2012. 巴丹吉林沙漠拐子湖地区春季风沙观测研究. 乌鲁木齐: 新疆师范大学硕士学位

论文.

刘宝河, 左合君, 董智, 等. 2017. 一次降雪的积雪密实化过程研究. 干旱区资源与环境, 31(1): 178-184.

吕晓辉. 2012. 风雪两相流的风洞实验研究. 兰州: 兰州大学博士学位论文.

马向贤, 梁收运. 2009. 风雪流灾害数值模拟研究进展. 世界科技研究与发展, 31(4): 695-698.

王中隆. 2001. 中国风雪流及其防治研究. 兰州: 兰州大学出版社.

王中隆, 白重瑗, 陈元. 1982. 天山地区风雪流运动特征及其预防研究. 地理学报, 37(1): 51-64.

Chu C R, Parlange M B, Katul G G, et al. 1996. Probability density functions of turbulent velocity and temperature in the atmospheric surface layer. Water Resources Research, 32(6): 1681-1688.

Gordon M, Biswas S, Taylor P A, et al. 2010. Measurements of drifting and blowing snow at Iqaluit, Nunavut, Canada during the star project. Atmosphere-Ocean, 48(2): 81-100.

Lü X H, Huang N, Tong D. 2012. Wind tunnel experiments on natural snow drift. Science China Technological Sciences, 55(4): 927-938.

第 5 章 典型草原风吹雪二次分配

风雪流的形成、雪粒的输移与沉积主要受近地层风的制约，而地面植被可增大地表粗糙度，削弱风传输雪的能量，使得植被对雪有拦截作用，但不同植被类型对积雪及风吹雪影响的差异明显，阻雪滞雪能力也不相同（刘章文等，2014；闫敏，2016；Zuo et al.，2019）。降雪后，在风况、地形和植被的影响下，雪粒会重新分布、重新积累（Pomeroy et al.，2004）。草本植物积雪、灌丛积雪是草原区冬季典型的自然景观。草本植物积雪深度受植被高度与盖度的影响（董智等，2010）；灌木增加会导致积雪深度增加（Sturm et al.，2001；Liston et al.，2002；Essery and Pomeroy，2004），能够明显改变积雪累积过程的时空分布与物理特征（Ménard et al.，2014）。自然降雪形成的积雪在风力作用下发生二次分配，受地表植物的影响在空间上形成不同的积雪深度分布，再分配形成的积雪对翌年春季植物的返青、生长具有重要意义。

植被形成的积雪底面积可以反映植被的滞雪范围，积雪体积反映植被的阻雪量，两者共同反映植被阻雪滞雪能力（左合君等，2016；闫敏等，2018；Yan et al.，2020）。因此，为了了解典型草原区不同植被类型阻雪滞雪能力，本章将对研究区内草本植物、灌丛植被积雪进行深入研究，旨在为典型草原风吹雪区积雪资源估算和雪害植物防治技术提供理论依据。

5.1 草本植物阻雪滞雪能力

覆盖在地表的积雪在风力的作用下发生再分配，导致地表积雪分布不均匀，发生雪水资源的迁移。典型草原地区地势开阔，冬季风雪流盛行，经吹蚀、搬运和堆积后在地表形成了多种多样的积雪形态。植被具有拦截捕获风雪流中雪粒的能力，但是由于不同的植被生长状况及利用方式不同，使得不同植被对过境风雪流的作用程度千差万别。本节主要用植被高度和植被盖度分别与积雪深度建立关系，研究典型草原区平坦草地草本植物滞雪阻雪能力。

研究区位于锡林浩特市贝力克牧场，选择以大针茅为优势种的典型草地作为积雪观测样地，根据利用方式的不同，将草地划分为封育草地、放牧草地和打草草地。样地依据植被高度和植被盖度进行划分，规格为 10m×10m。并在选定的样地内采用样方法在夏季调查植被、在冬季观测积雪。每块样地内随机设置 10 个 0.5m×0.5m 的样方，记录主要植物种、植被高度、植被盖度和积雪深度。

5.1.1 植被高度对积雪深度的影响

选择植被盖度相近的大针茅封育草地、放牧草地和打草草地进行研究。3 种利用方式下积雪深度与植被高度的相关程度存在较大差异（图 5-1～图 5-3）。其中，封育草地决定系数最低（$R^2=0.2891$），表明封育草地的积雪深度与植被高度之间没有明显的相关关系；放牧草地的决定系数最高（$R^2=0.6298$），呈显著相关；打草草地的决定系数居中（$R^2=0.3944$）。由此可见，不同利用方式下草场的积雪状况不同。封育草地由于不受人为干扰，草群整体长势较好，形成了一个有利于积雪的环境，但积雪深度与单个植株高度的相关性较差。放牧草地由于受到牛羊的啃食，植被高度参差不齐，积雪深度受单个植株的影响较为显著。打草草地经过人工收割，牧草形态规整，植被高度集中分布在一个小的范围内，降低了与积雪深度的相关性。

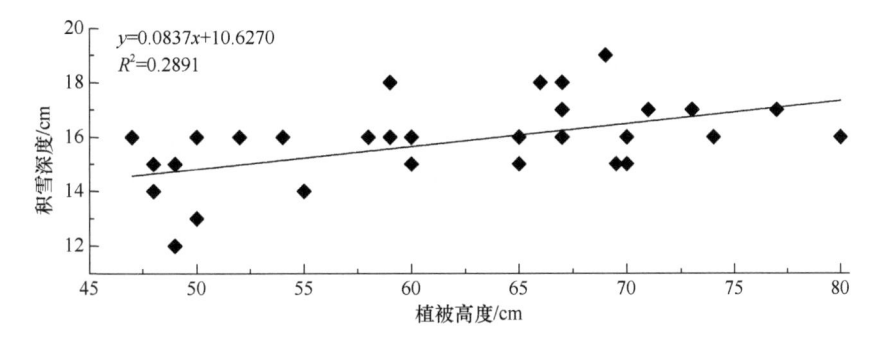

图 5-1　封育草地植被高度与积雪深度的关系

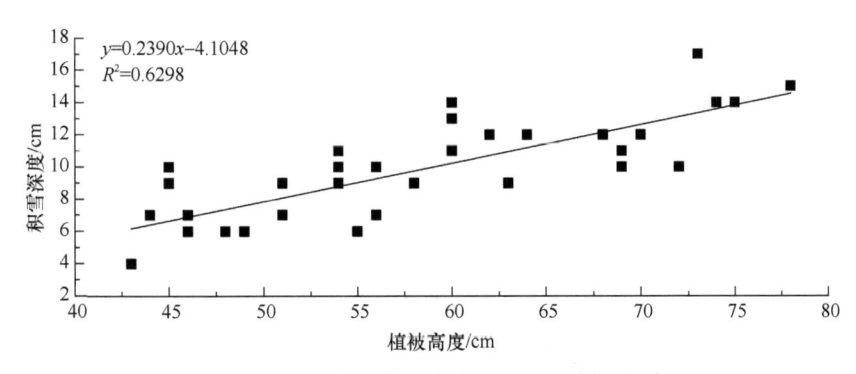

图 5-2　放牧草地植被高度与积雪深度的关系

对 3 种草地的植被高度与积雪深度统计分析（表 5-1）可知，封育草地植被平均高度最高，达 61.62cm，积雪深度也是 3 种草地中最大的，平均为 15.79cm。放牧样地的植被平均高度和积雪平均深度居中，分别为 58.44cm 和 9.86cm。打草草地的植被平均高度和积雪平均深度最低，分别仅为13.86cm和9.04cm，积雪深度仅为封育草地的57.25%。由此可见，封育措施不仅恢复了植被，还可以蓄积更多的积雪，利于来年牧草的生长，形成良性循环。打草方式虽然可将牧草资源收集，用于牲畜过冬，抵御积雪灾害，但是打草草地沉积的积雪资源下降，不利于来年牧草返青和后期生长。

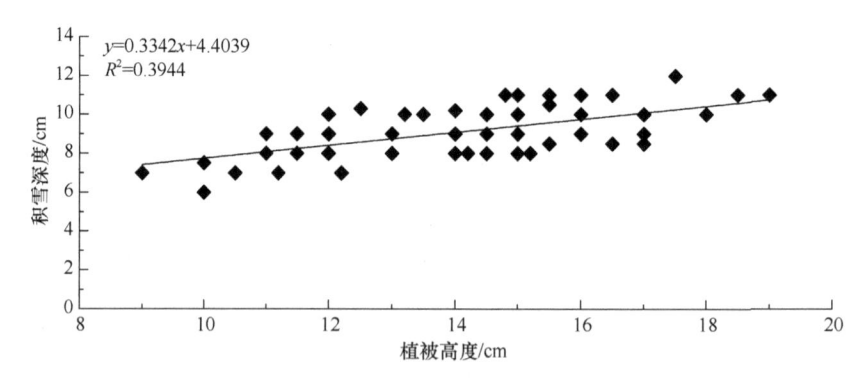

图 5-3　打草草地植被高度与积雪深度的关系

表 5-1　不同利用方式下植被高度与积雪深度的变化特征

草地	植被平均高度/cm	积雪平均深度/cm
封育	61.62±9.60	15.79±1.49
放牧	58.44±10.05	9.86±3.03
打草	13.86±2.09	9.04±1.12

5.1.2　植被盖度对积雪深度的影响

　　大针茅草场3种草地植被盖度与积雪深度的关系如图5-4～图5-6所示。由图5-4～图5-6可知，3种草地积雪深度均表现为随植被盖度的增加而增加，且均符合$y=a\ln x+b$对数函数变化规律，决定系数（R^2）均在0.9以上。大针茅封育草地积雪深度由盖度为20%～30%时的11.48cm增加到盖度大于80%时的16.56cm，增加了5.08cm。放牧草地积雪深度由盖度为20%～30%时的4.67cm增加到盖度大于80%时的11.57cm，增加幅度最大。打草草地积雪深度的增长幅度没有前两种草地剧烈，从盖度为30%～40%时的5.37cm增加到盖度大于80%时的9.28cm，约增加了4cm。由此可知，积雪深度随植被盖度的增加趋势均表现为先快速增加后趋于缓慢增长的趋势。随着植被盖度的增加，对风雪流的阻碍能力也增强，地表由积雪搬运转变为雪粒的沉积。但在不同利用方式下，积雪深度随植被盖度增加而增加的幅度存在较大差异。封育草地和放牧草地有较高的植被（平均高度达到近 50cm），植被盖度每增加一个梯度，积雪深度也具有较强的反馈。而打草草地的植被高度被刈割到只有 10cm 左右，因此，植被盖度的增大对于积雪深度增加的贡献减弱。

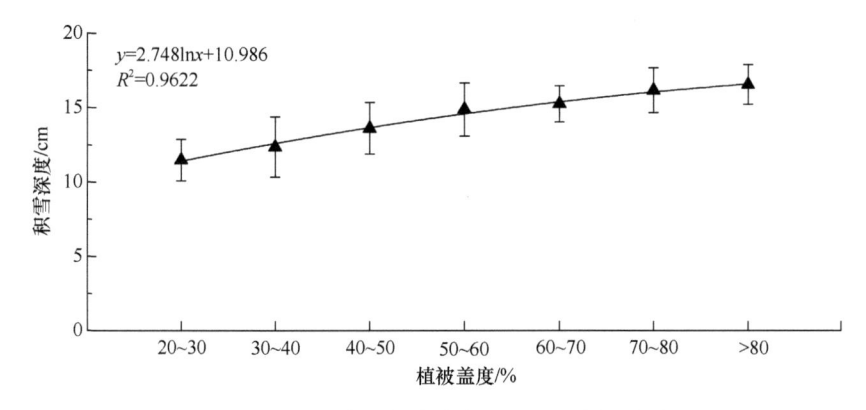

图 5-4　封育草地植被盖度与积雪深度的关系

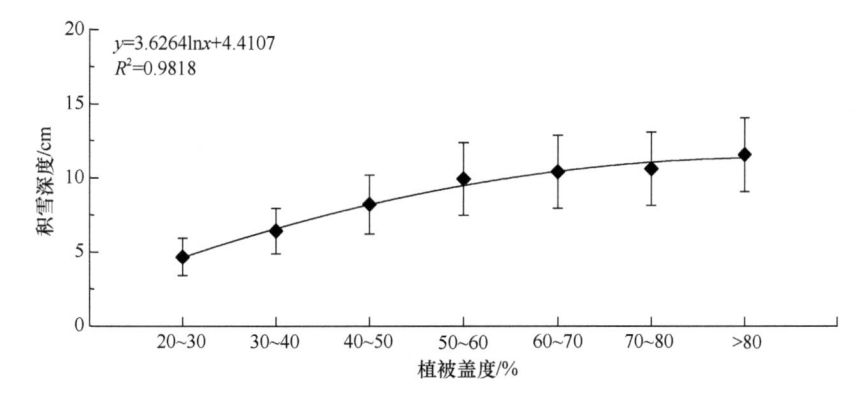

图 5-5　放牧草地植被盖度与积雪深度的关系

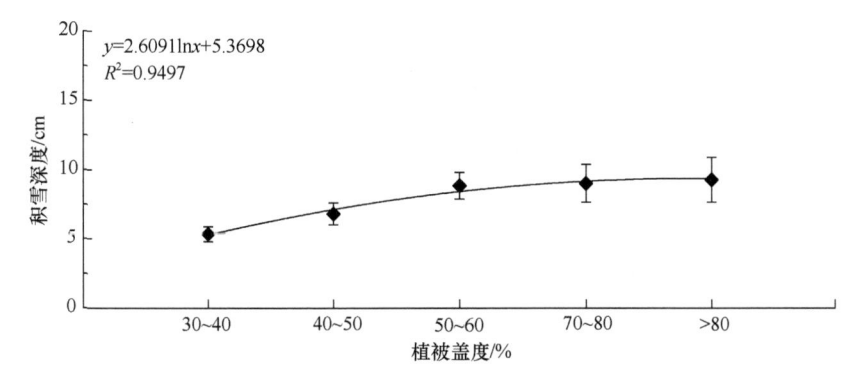

图 5-6　打草草地植被盖度与积雪深度的关系

5.1.3 降雪量与积雪深度

2014~2016 年三种草地积雪深度统计见表 5-2。两个观测期内的降雪量分别为 15.90mm 和 26.70mm，其中 2014~2015 年冬季属于降雪正常的年份，而 2015~2016 年冬季降雪量较往年同期明显增加。通过对比可以发现，2015~2016 年冬季大针茅三种草地的积雪深度均较 2014~2015 年同类型草地的高。三种草地积雪深度为封育草地＞放牧草地＞打草草地。

表 5-2　2014~2016 年三种草地积雪深度统计

积雪时间	草地	积雪深度/cm
2014~2015 年	封育	11.35±0.89
	放牧	7.23±1.69
	打草	4.73±1.15
2015~2016 年	封育	16.37±0.94
	放牧	10.33±2.67
	打草	5.36±0.81

由于封育草地和放牧草地植被高度较高，积雪后仍有很大一部分植被出露在雪面以上，继续拦蓄积雪的潜力较打草草地大。当有丰富的降雪时，封育草地和放牧草地可以持续积雪，而打草草地较快地接近或者达到其最大的积雪能力。降雪是地表积雪的物质来源，丰富的降雪可以为草原植被提供充足的积雪资源，能够更大程度地发挥植被拦蓄积雪的能力；反之，如果没有足够的降雪资源，植被难以蓄积更多的积雪，不利于来年植被返青和生长。由于封育草地和放牧草地植被高度较高，积雪后仍有很大一部分植被出露在雪面以上，继续拦蓄积雪的潜力较打草草地大。当有丰富的降雪时，封育草地和放牧草地可以持续积雪，而打草草地则会较快地接近或者达到其最大的积雪能力。

5.2　灌丛阻雪滞雪能力

在相对开阔、平缓，周围地形对风吹雪的搬运和堆积不产生影响的毛登牧场附近（典型草原区），选取发育典型的芨芨草和小叶锦鸡儿灌丛积雪体作为研究对象，对其特征参数进行观测分析。其中，灌丛特征参数包括灌丛高度（H_p）、灌丛迎风侧宽度（W_p）、灌丛顺风侧长度（P）；灌丛积雪形态参数包括雪瓣长度（L）、积雪宽度（W）、积雪深度（H）。测量时将雪瓣长度设定为 x 轴、积雪宽度设定为 y 轴、积雪深度设定为 z 轴，利用钢尺分别沿 x 轴、y 轴和 z 轴方向每隔 10cm 测量一个点的坐标，最终将测得的各点坐标（x,y,z）进行插值处理，并将模拟的三棱锥利用 Surfer 8.0 软件集成的三维空间分析功能,根据实测三维数据计算出灌丛积雪底面积（S）、积雪体积（V）。运用 SAS 9.0 软件,通过对一次回归、二次回归、三次回归及交叉回归的对比分析,结合量纲分析方法找出所有二次回归参数,作为积雪底面积的自变量,找出三次回归参数,作为积雪体积的自变量,以积雪底面积、积雪体积为因变量,分别建立灌丛二维空间滞雪范围模型和灌丛三维空间阻雪量模型并检验。

5.2.1 灌丛积雪形态特征

5.2.1.1 芨芨草灌丛积雪形态特征

5.2.1.1.1 芨芨草灌丛与灌丛积雪体特征

由图 5-7 可以看出,芨芨草灌丛积雪形态特征为长三棱锥雪堆。当风经过灌丛时会受到灌丛的影响,会在其背风侧形成一个静风或弱风区,致使雪粒堆积;而在距离灌丛较远的位置会有一个风速被抬升的过程,进而吹蚀雪粒,使积雪体出现一个积雪高点,即峰值,当风越过积雪体顶部后,风速降低并再次趋于平缓,积雪深度也随之逐渐降低;同时,由于雪的黏滞力作用,会形成较长的雪辫。

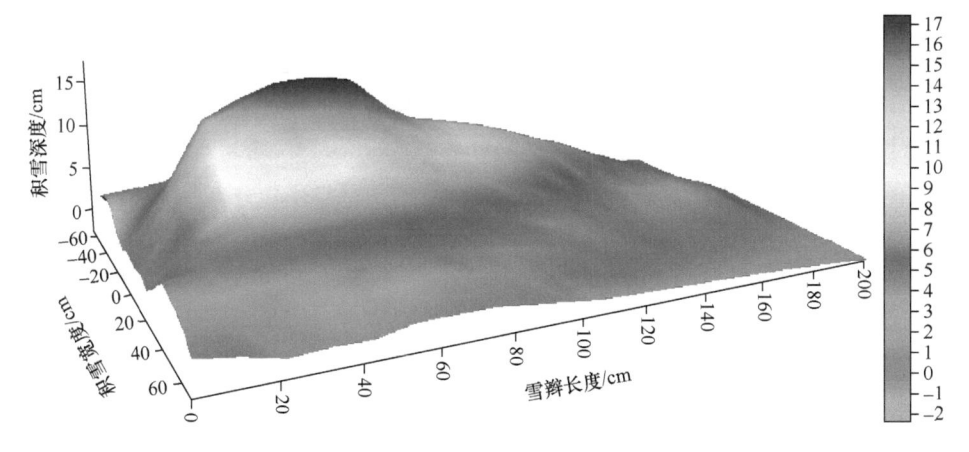

图 5-7 芨芨草灌丛积雪形态
图例代表积雪深度（cm）

芨芨草灌丛无明显主茎,多分枝,基部较为密集。由表 5-3 可知,芨芨草灌丛的特征及芨芨草灌丛形成的积雪体形态特征均在一定范围内变化。其中,芨芨草灌丛高度范围在 0.05~1.99m,平均高度为 0.82m。积雪形态主要表现在雪辫长度上,其中长宽比约为 2.2∶1.0,长高比约为 8∶1,最大积雪底面积为 4.61m²,最大积雪体积为 0.35m³。

表 5-3 芨芨草灌丛特征与积雪形态特征

灌丛类型	形态参数		平均值±标准差	最大值	最小值
芨芨草	积雪	H/m	0.21±0.14	0.46	0.03
		W/m	0.73±0.48	2.00	0.10
		L/m	1.61±0.90	3.40	0.30
		S/m^2	1.02±1.12	4.61	0.04
		V/m^3	0.06±0.08	0.35	0.001
	植被	W_p/m	0.69±0.49	1.58	0.10
		H_p/m	0.82±0.61	1.99	0.05
		P/m	0.67±0.50	1.60	0.03

注：H_p 为灌丛高度；W_p 为灌丛迎风侧宽度；P 为灌丛顺风侧长度；L 为雪瓣长度；W 为积雪宽度；H 为积雪深度；S 为积雪底面积；V 为积雪体积。

5.2.1.1.2 芨芨草灌丛与灌丛积雪发育特征

1) 芨芨草灌丛发育特征

图 5-8 为芨芨草灌丛垂直方向与横向发育的相关性。由图 5-8 可知，芨芨草灌丛高度随着灌丛迎风侧宽度的增加呈幂函数增加趋势，具有良好的相关性，相关系数为 0.8796。在灌丛较小时随着灌丛迎风侧宽度的增加，灌丛高度增长较快，随着灌丛的进一步发育，芨芨草灌丛生长速度减缓，逐渐趋于稳定。灌丛的发育规律表现为芨芨草垂直方向的发育速度大于横向发育速度。

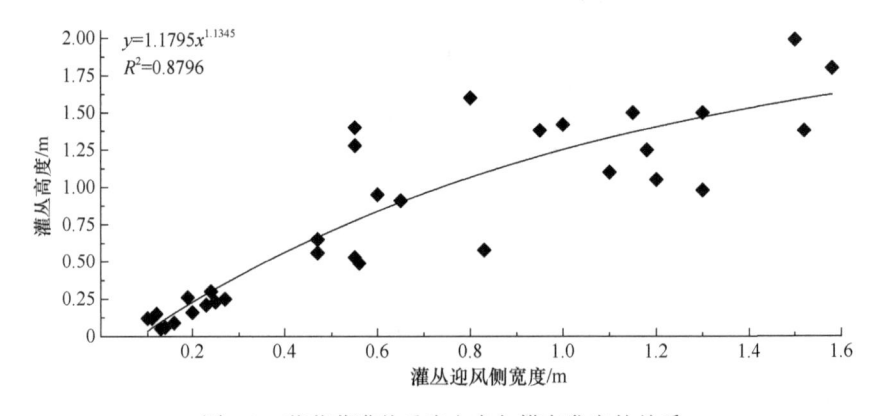

图 5-8 芨芨草灌丛垂直方向与横向发育的关系

由图 5-9 可以看出，芨芨草灌丛高度随着灌丛顺风侧长度的增加呈幂函数增加趋势，且具有良好的相关性，相关系数为 0.7705。在灌丛较小时随着灌丛顺风侧长度的增加，灌丛高度增加较快，随着灌丛的发育，灌丛高度的增加速度减缓，且逐渐趋于稳定。灌丛的发育规律表现为芨芨草垂直方向发育速度大于纵向发育速度。

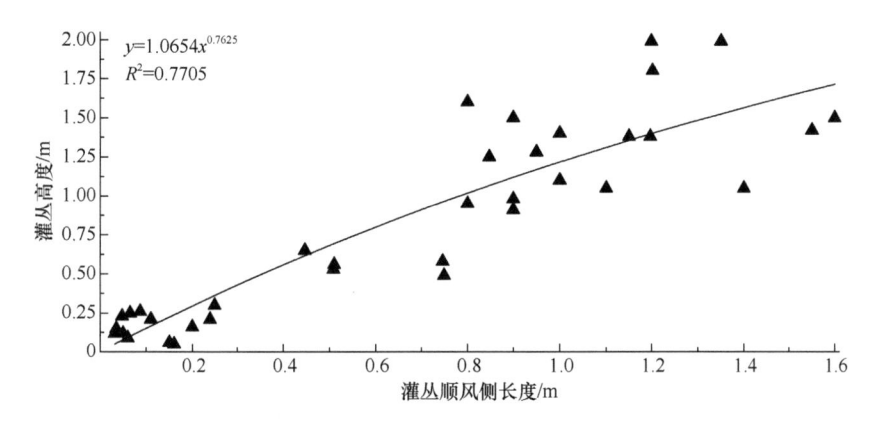

图 5-9　芨芨草灌丛垂直方向与纵向发育的关系

综上所述，芨芨草灌丛发育规律表现为垂直方向大于水平方向。

2）芨芨草灌丛积雪发育特征

由图 5-10 可知，芨芨草灌丛积雪深度随着积雪宽度的增加呈幂函数增加，且具有良好的相关性，相关系数为 0.8519。由于芨芨草灌丛的阻挡，随着积雪宽度的增加，由上风向吹来的雪粒在芨芨草基部堆积使雪粒在垂直方向堆积，积雪深度随之增加，且在积雪初期增加速度较快，随着积雪不断增加，部分芨芨草被埋，积雪深度逐渐趋于稳定。

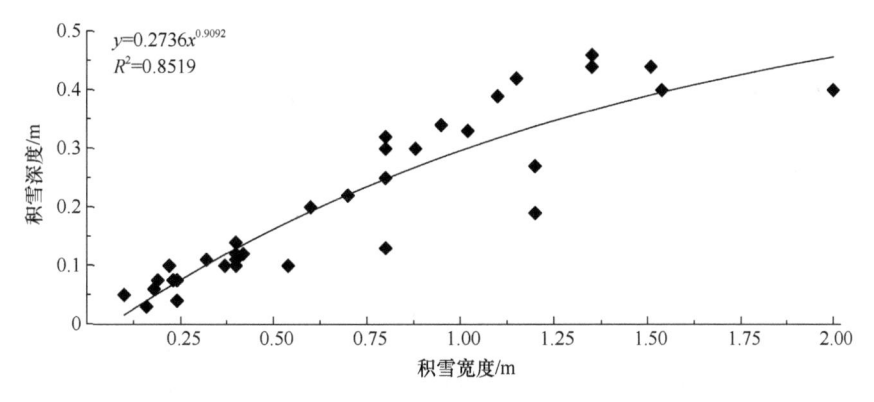

图 5-10　芨芨草灌丛积雪深度与积雪宽度的关系

芨芨草灌丛积雪深度随着雪瓣长度的增加呈幂函数增加（图 5-11），且具有较好的相关性，相关系数为 0.8544。由于芨芨草灌丛的阻挡，随着雪瓣长度的增加，由上风向吹来的雪粒在芨芨草基部堆积使雪粒在垂直方向堆积，积雪深度随之增加,且在积雪初期增加速度较快,随着积雪不断增加,部分芨芨草被埋,积雪深度逐渐趋于稳定。

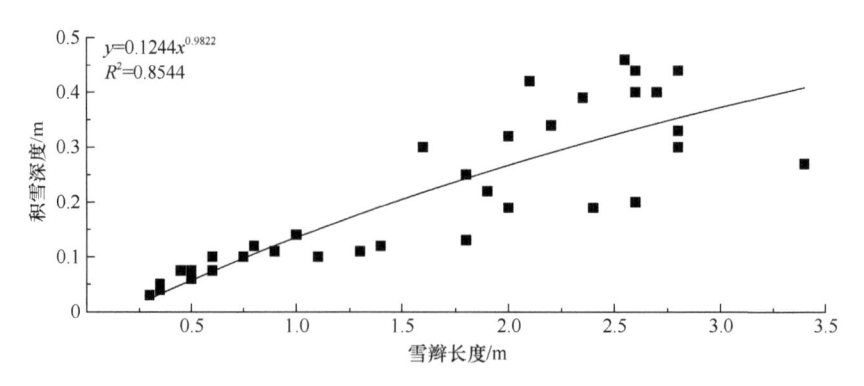

图 5-11　芨芨草灌丛积雪深度与雪辫长度的关系

综上所述,灌丛积雪发育规律表现为纵向发育速度较垂直方向发育快。

在分析了灌丛特征与灌丛积雪形态特征后,我们初步探明了灌丛与灌丛积雪的发育规律。但考虑到灌丛积雪形态除受自身影响外,还主要受灌丛的影响,不同的灌丛会对应不同的积雪形态。为了揭示灌丛特征与灌丛积雪形态间的关系,我们将通过不同灌丛特征参数(灌丛高度、灌丛迎风侧宽度、灌丛顺风侧长度)与不同灌丛积雪形态参数(雪辫长度、积雪深度、积雪宽度、积雪底面积、积雪体积)分别建立关系,分析灌丛特征对积雪形态的影响规律。

5.2.1.1.3　芨芨草灌丛特征与积雪形态的关系

1)芨芨草灌丛特征参数对雪辫长度的影响

由图 5-12 可以看出,芨芨草灌丛雪辫长度随着灌丛高度、灌丛迎风侧宽度和灌丛顺风侧长度的增加而增加。

通过对芨芨草灌丛雪辫长度与灌丛特征参数之间的回归表达式分析可知,芨芨草灌丛雪辫长度与灌丛高度、灌丛迎风侧宽度、灌丛顺风侧长度均呈幂函数关系,曲线呈上升趋势,相关系数分别为 0.9296、0.8808 和 0.7680。根据对相关系数的分级,芨芨草灌丛雪辫长度与灌丛特征参数的相关系数均大于 0.75,拟合优度较好,相关性较高,均为高度线性相关。通过对比分析可知,芨芨草灌丛雪辫长度与灌丛高度的相关性最好,与灌丛迎风侧宽度、灌丛顺风侧长度的相关性次之。由此可以表明,在芨芨草灌丛积雪过程中,灌丛高度对雪辫长度的影响最大,即灌丛越高对应的雪辫长度越大。

上述结果也进一步说明灌丛积雪纵向的发育受灌丛水平方向与垂直方向发育的影响,其中主要受垂直方向的影响。

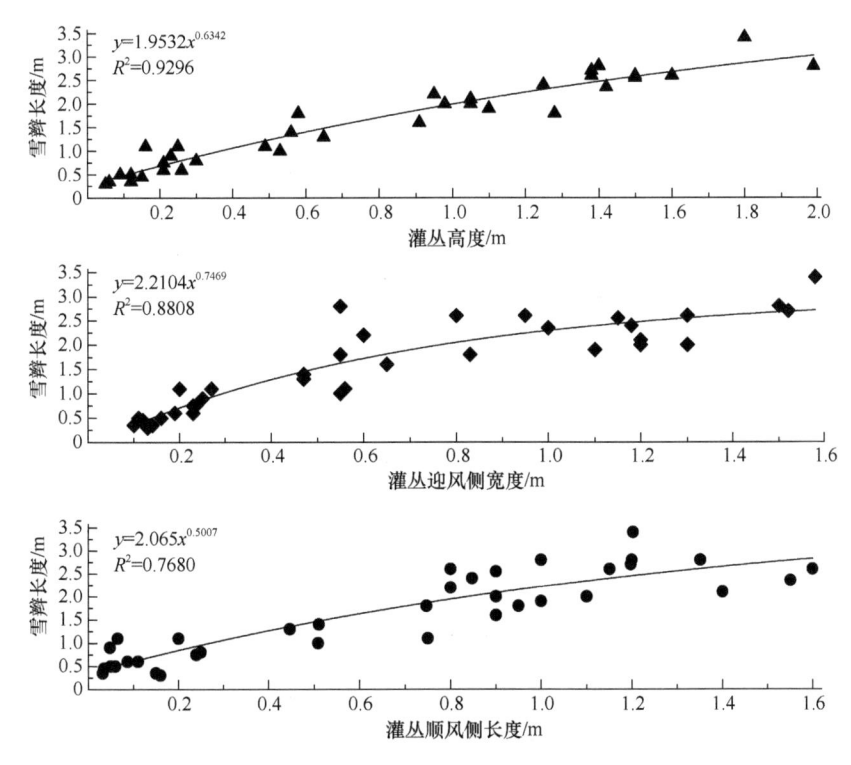

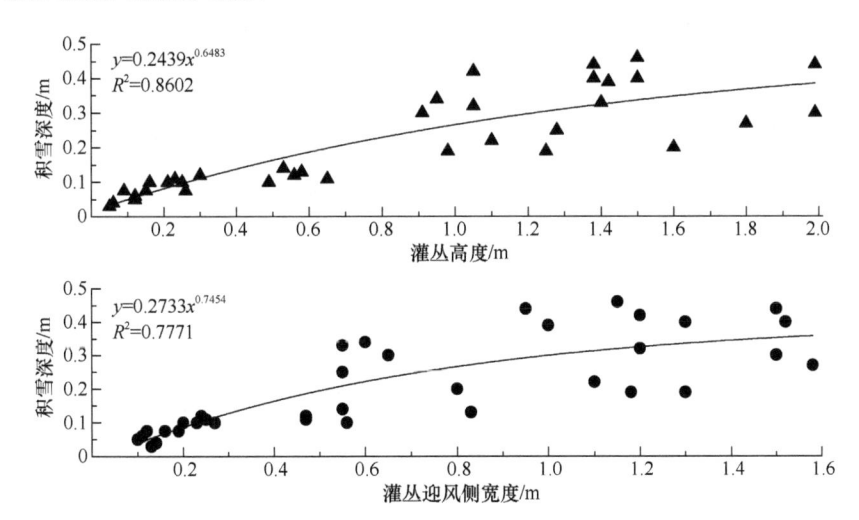

图 5-12　芨芨草灌丛雪辫长度与灌丛特征参数的关系

2）芨芨草灌丛特征参数对积雪深度的影响

由图 5-13 可知，芨芨草灌丛积雪深度随着灌丛高度、灌丛迎风侧宽度和灌丛顺风侧长度的增加而增加。

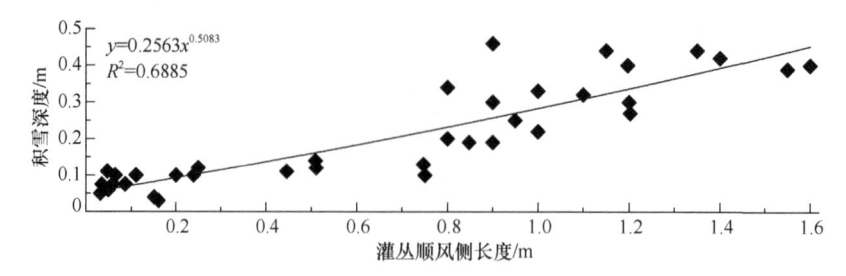

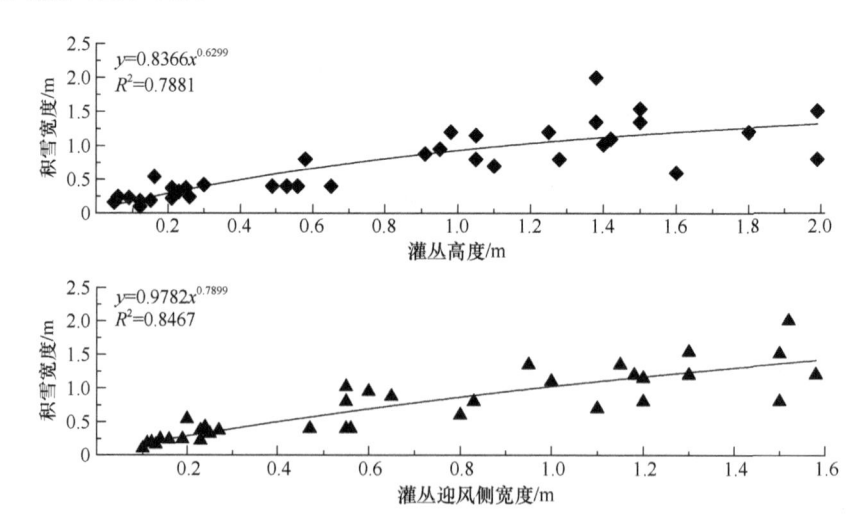

图 5-13 芨芨草灌丛积雪深度与灌丛特征参数的关系

通过对芨芨草灌丛积雪深度与灌丛特征参数的回归表达式分析可知，芨芨草灌丛积雪深度与灌丛高度、灌丛迎风侧宽度、灌丛顺风侧长度均呈幂函数关系，曲线呈上升趋势，相关系数分别为 0.8602、0.7771 和 0.6885。根据对相关系数的分级可知，芨芨草灌丛积雪深度与灌丛特征参数相关系数均大于 0.5，拟合优度较好，相关性较高，其中仅有灌丛高度与积雪深度的相关系数大于 0.8，为高度线性相关，而灌丛迎风侧宽度、灌丛顺风侧长度与积雪深度的相关系数大于 0.5，为显著线性相关。通过对比分析可知，芨芨草灌丛积雪深度与灌丛高度的相关性最好，与灌丛迎风侧宽度、灌丛顺风侧长度相关性次之。由此可以表明，在芨芨草灌丛积雪过程中，灌丛高度对积雪深度的影响最大，即灌丛越高对应的积雪也越高。

上述结果说明灌丛积雪垂直方向的发育受灌丛水平方向与垂直方向发育的影响，其中主要受垂直方向的影响。

3）芨芨草灌丛特征参数对积雪宽度的影响

芨芨草灌丛积雪宽度随着灌丛高度、灌丛迎风侧宽度和灌丛顺风侧长度的增加而增加（图 5-14）。

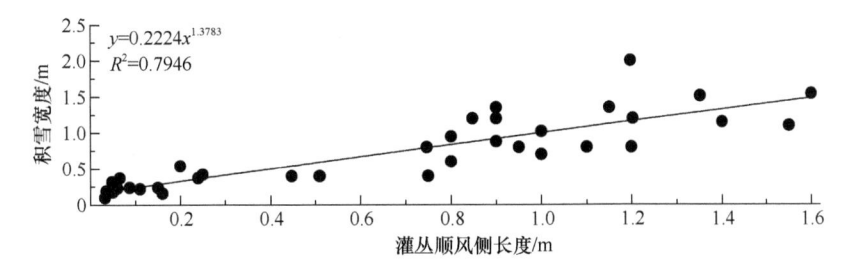

图 5-14　芨芨草灌丛积雪宽度与灌丛特征参数的关系

通过对芨芨草灌丛积雪宽度与灌丛特征参数的回归表达式分析可知，芨芨草灌丛积雪宽度与灌丛高度、灌丛迎风侧宽度、灌丛顺风侧长度均呈幂函数关系，曲线呈上升趋势。相关系数分别为 0.7881、0.8467 和 0.7946。芨芨草灌丛积雪宽度与灌丛特征参数的相关系数均大于 0.5，拟合优度较好，相关性较高。其中仅有灌丛迎风侧宽度与积雪宽度的相关系数大于 0.8，为高度线性相关。通过对比分析可知，芨芨草灌丛积雪宽度与灌丛迎风侧宽度的相关性最好，与灌丛高度、灌丛顺风侧长度相关性次之。由此可以表明，在芨芨草灌丛积雪过程中，灌丛迎风侧宽度对积雪宽度的影响最大。上述结果也进一步说明了灌丛积雪水平方向的发育受灌丛水平方向与垂直方向发育的影响，其中主要受水平方向的影响。

综上所述，不同的灌丛特征参数均对积雪形态特征有一定的影响，且相关性各不相同。因此，灌丛积雪形态特征不是受单一因子影响，而是由不同的灌丛特征参数共同决定。

5.2.1.2　小叶锦鸡儿灌丛积雪形态特征

5.2.1.2.1　小叶锦鸡儿灌丛与灌丛积雪体特征

由图 5-15 可以看出，小叶锦鸡儿灌丛积雪形态特征为一个近似圆形或椭圆形凸起的雪堆，坡度较缓，积雪宽度较大，滞雪范围较广。当风经过小叶锦鸡儿灌丛时，受到灌丛的影响，在灌丛背风侧风速降低，形成积雪。受小叶锦鸡儿形态特征的影响，形成的灌丛积雪没有明显的高点，整体较为平缓。同时由于雪的黏滞力作用，增加了积雪自身的堆积效应，更有利于雪粒的堆积，因此使得小叶锦鸡儿灌丛雪瓣长度与积雪深度也相对较大。

小叶锦鸡儿灌丛无明显主茎，多分枝，枝条分为多年生营养枝和当年生生殖枝，营养枝与生殖枝常形成密集灌丛。冬季由于枝叶脱落，灌丛疏透度增加，外形近似半椭球形，主要形态特征表现在迎风侧宽度与顺风侧长度上。小叶锦鸡儿灌丛积雪形态特征为一个近似椭圆形凸起的雪堆，坡度较缓。由表 5-4 可知，小叶锦鸡儿灌丛高度范围在 0.16~0.75m，平均为 0.38m，其迎风侧宽度较大，平均为 1.45m；灌丛形成的积雪深度平均为 0.31m，长宽比为 2∶1，最大积雪底面积为 6.28m²，最大积雪体积为 2.52m³。

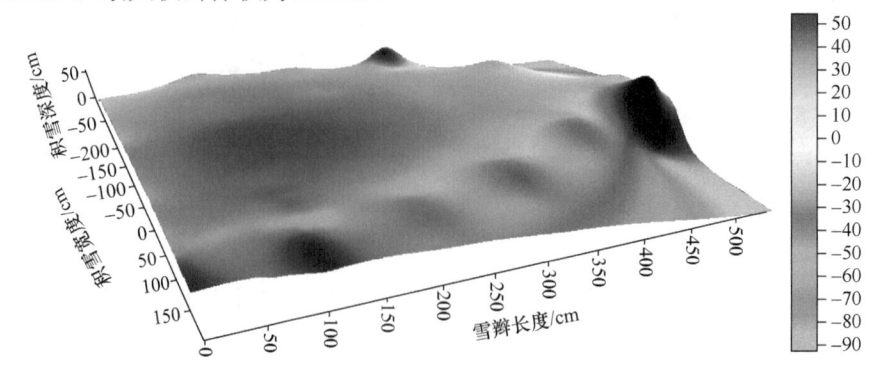

图 5-15　小叶锦鸡儿灌丛积雪形态（彩图请扫封底二维码）
图例为积雪深度（cm）

表 5-4　小叶锦鸡儿灌丛特征与积雪形态特征

灌丛类型	形态参数		平均值±标准差	最大值	最小值
小叶锦鸡儿	积雪	H/m	0.31±0.11	0.52	0.11
		W/m	1.84±0.94	4.14	0.55
		L/m	3.63±1.50	6.80	1.30
		S/m²	2.26±1.90	6.28	0.18
		V/m³	0.44±0.57	2.52	0.01
	植被	W_p/m	1.45±0.90	3.85	0.36
		H_p/m	0.38±0.17	0.75	0.16
		P/m	1.04±0.65	2.85	0.28

注：H_p 为灌丛高度；W_p 为灌丛迎风侧宽度；P 为灌丛顺风侧长度；L 为雪辫长度；W 为积雪宽度；H 为积雪深度；S 为积雪底面积；V 为积雪体积。

5.2.1.2.2　小叶锦鸡儿灌丛与灌丛积雪发育特征

1）灌丛发育特征

由图 5-16 可知，小叶锦鸡儿灌丛高度随着灌丛迎风侧宽度的增加而增加，两者之间呈幂函数关系，且具有较好的相关性，相关系数为 0.6256。在灌丛较小时随着灌丛迎风侧宽度的增加，灌丛高度增长较快，随着灌丛的发育，小叶锦鸡儿灌丛生长逐渐趋于稳定，灌丛高度的增加速度减缓。小叶锦鸡儿横向的发育速度大于垂直方向的发育速度。

由图 5-17 可以看出，小叶锦鸡儿灌丛高度随着灌丛顺风侧长度的增加而增加，两者之间呈幂函数关系，且具有较好的相关性，相关系数为 0.5676。在灌丛较小时随着灌丛顺风侧长度的增加，灌丛高度增长较快，随着灌丛的发育，小叶锦鸡儿灌丛生长相对稳定，灌丛高度的增加速度减缓，且逐渐趋于稳定。小叶锦鸡儿纵向的发育速度大于垂直方向的发育速度。

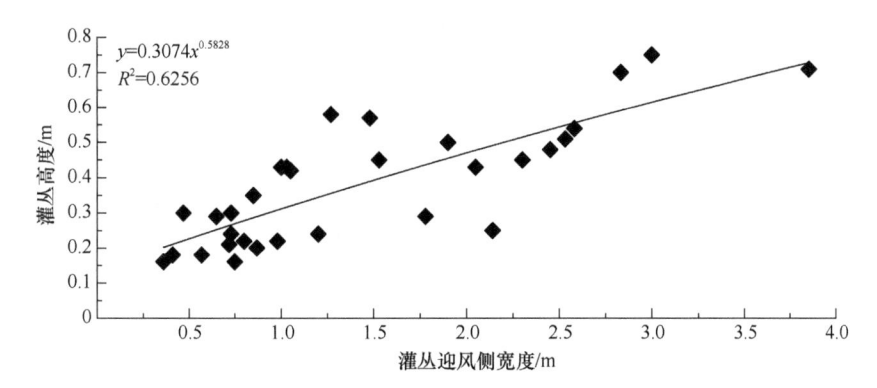

图 5-16 小叶锦鸡儿灌丛垂直方向与横向发育的关系

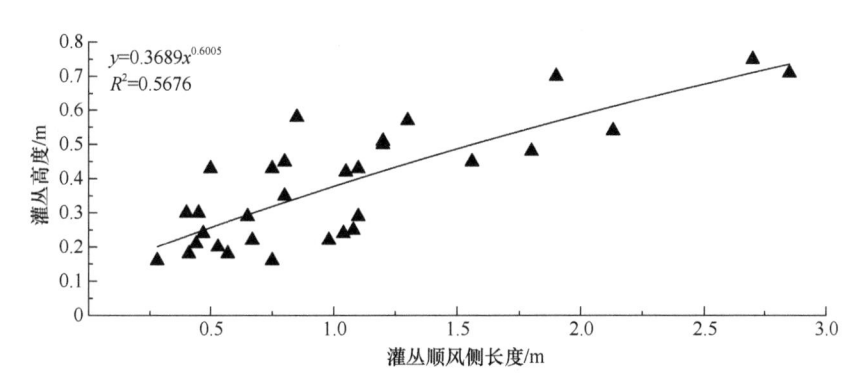

图 5-17 小叶锦鸡儿灌丛垂直方向与纵向发育的关系

2）小叶锦鸡儿灌丛积雪发育特征

小叶锦鸡儿灌丛积雪宽度与积雪深度存在一定的关系。由图 5-18 可以看出，小叶锦鸡儿灌丛积雪宽度随着积雪深度的增加而增加，两者呈幂函数关系，相关系数为 0.5677，显著相关。由于小叶锦鸡儿灌丛的阻挡作用，随着积雪宽度的增加，由上风向吹来的雪粒在小叶锦鸡儿基部堆积使雪粒垂直方向堆积，加上两侧风的影响，积雪深度随之增加，且在积雪初期增加速度较快。随着积雪不断增加，部分小叶锦鸡儿被埋，部分雪粒不能进一步堆积，被风吹蚀，积雪深度、积雪宽度逐渐趋于稳定。受小叶锦鸡儿灌丛形态的影响，积雪形态表现为横向发育速度较垂直方向发育速度快。

由图 5-19 可知，小叶锦鸡儿灌丛积雪深度随着雪辫长度的增加而增加，两者呈幂函数关系，且具有良好的相关性，相关系数为 0.6697。由于小叶锦鸡儿灌丛的阻挡作用，随着雪辫长度的增加，由上风向吹来的雪粒在小叶锦鸡儿基部堆积使雪粒垂直方向堆积，积雪深度随之增加，且在积雪初期增加速度较快，随着积雪不断增加，部分小叶锦鸡儿被埋，积雪深度逐渐趋于稳定。受小叶锦鸡儿灌丛形态的影响，积雪形态表现出与小叶锦鸡儿灌丛发育相似的特征，即纵向发育速度较垂直方向发育速度快。

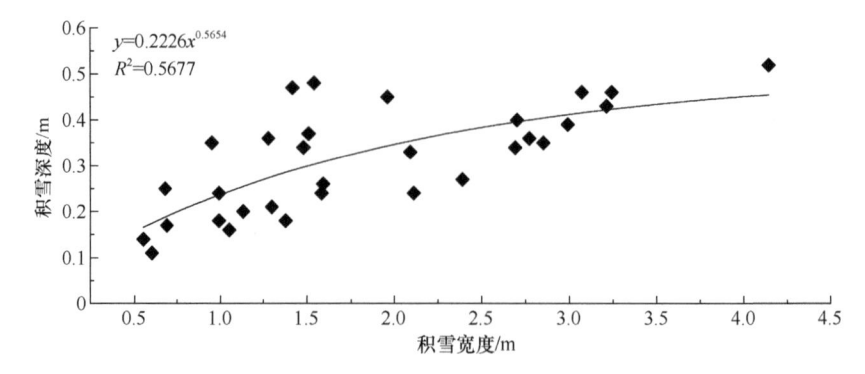

图 5-18　小叶锦鸡儿灌丛积雪垂直方向与横向发育的关系

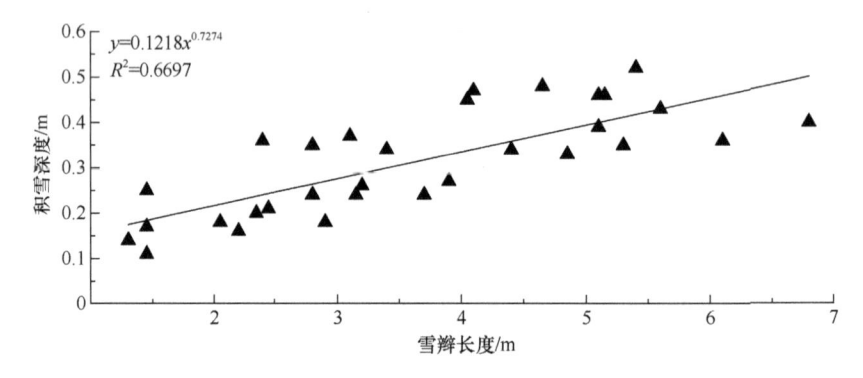

图 5-19　小叶锦鸡儿灌丛积雪垂直方向与纵向发育的关系

5.2.1.2.3　小叶锦鸡儿灌丛特征与积雪形态的关系

1）小叶锦鸡儿灌丛特征参数对雪辫长度的影响

由图 5-20 可以看出，小叶锦鸡儿灌丛雪辫长度随着灌丛高度、灌丛迎风侧宽度和灌丛顺风侧长度的增加而增加。

通过对小叶锦鸡儿灌丛雪辫长度与灌丛特征参数的回归表达式分析可知，小叶锦鸡儿灌丛雪辫长度与灌丛迎风侧宽度、灌丛顺风侧长度均呈幂函数关系，曲线呈上升趋势，而与灌丛高度呈多项式函数关系，相关系数分别为 0.8644、0.6760 和 0.6150。小叶锦鸡儿灌丛雪辫长度与灌丛特征参数的相关系数均大于 0.5，拟合优度较好，其中，雪辫长度与灌丛迎风侧宽度的相关系数大于 0.8，为高度线性相关。通过对比分析可知，小叶锦鸡儿灌丛雪辫长度与灌丛迎风侧宽度的相关性最好，与灌丛顺风侧长度、灌丛高度相关性次之。由此表明，在小叶锦鸡儿灌丛积雪过程中，灌丛迎风侧宽度对雪辫长度的影响最大。上述结论进一步说明灌丛积雪水平方向的发育受灌丛水平方向与垂直方向发育的影响，其中主要受水平方向的影响。

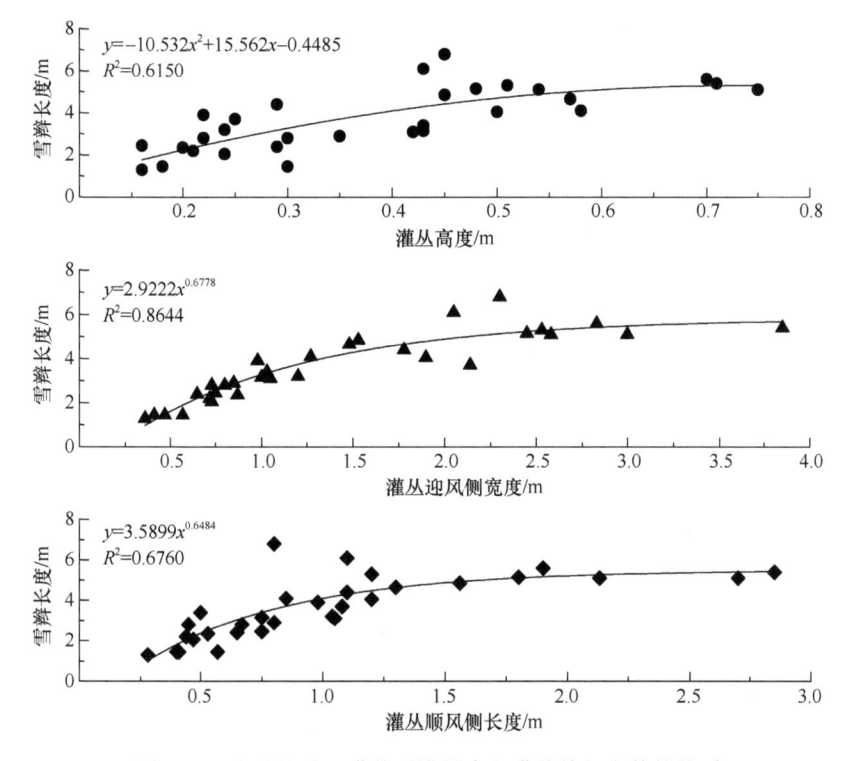

图 5-20　小叶锦鸡儿灌丛雪辫长度与灌丛特征参数的关系

2）小叶锦鸡儿灌丛特征参数对积雪深度的影响

由图 5-21 可知，小叶锦鸡儿灌丛积雪深度随着灌丛高度、灌丛迎风侧宽度和灌丛顺风侧长度的增加而增加。

通过对小叶锦鸡儿灌丛积雪深度与灌丛特征参数的回归表达式分析可知，小叶锦鸡儿灌丛积雪深度与灌丛高度呈多项式函数关系，相关系数为 0.7690，而与灌丛迎风侧宽度、灌丛顺风侧长度均呈幂函数关系，相关系数分别为 0.6072 和 0.5439。小叶锦鸡儿灌丛积雪深度与灌丛特征参数相关系数均大于 0.5，拟合优度较好。通过对比分析可知，小叶锦鸡儿灌丛积雪深度与灌丛高度的相关性最好，与灌丛迎风侧宽度、灌丛顺风侧长度相关性次之。由此表明，在小叶锦鸡儿灌丛积雪过程中，灌丛高度对积雪深度的影响最大。

3）小叶锦鸡儿灌丛特征参数对积雪宽度的影响

通过对小叶锦鸡儿灌丛积雪宽度与灌丛特征参数的回归表达式分析（图 5-22）可知，小叶锦鸡儿灌丛积雪宽度随着灌丛高度、灌丛迎风侧宽度和灌丛顺风侧长

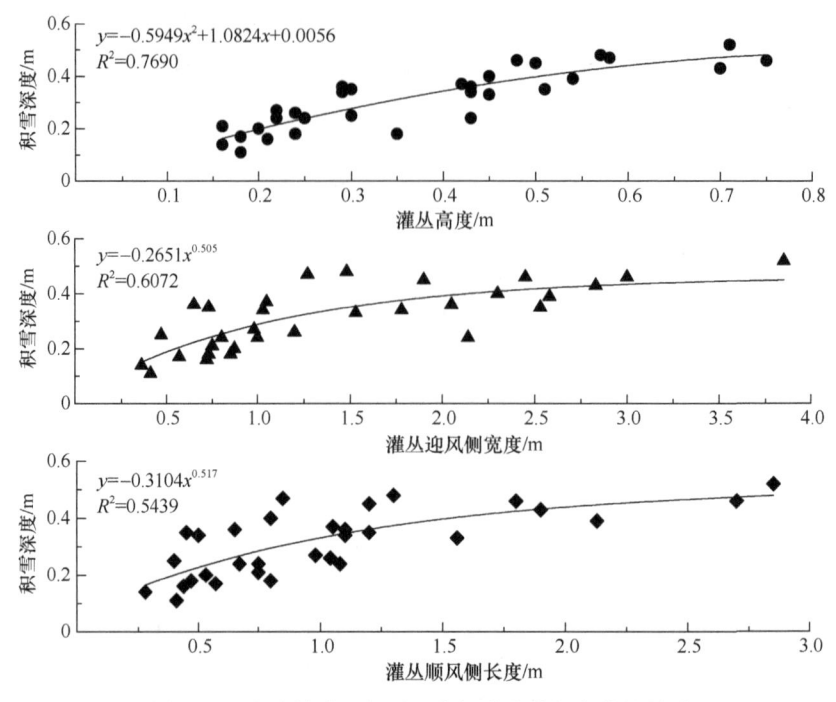

图 5-21 小叶锦鸡儿积雪深度与灌丛特征参数的关系

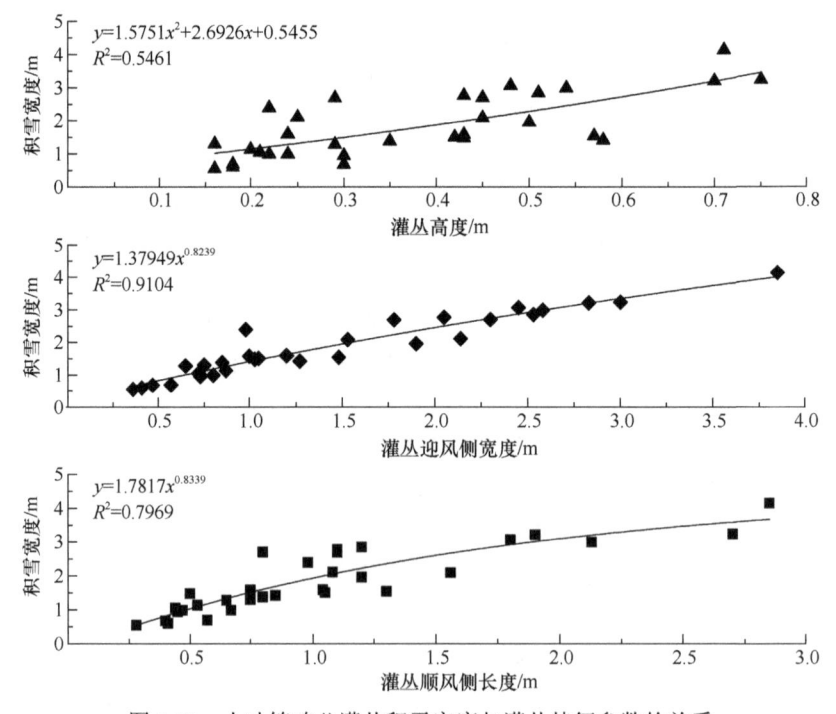

图 5-22 小叶锦鸡儿灌丛积雪宽度与灌丛特征参数的关系

度的增加而增加。小叶锦鸡儿灌丛积雪宽度与灌丛迎风侧宽度、灌丛顺风侧长度均呈幂函数关系，曲线呈上升趋势，而与灌丛高度呈多项式函数关系，相关系数分别为 0.9104、0.7969 和 0.5461。小叶锦鸡儿灌丛积雪宽度与灌丛特征参数的相关系数均大于 0.5，拟合优度较好。其中，灌丛迎风侧宽度与积雪宽度的相关系数大于 0.9，相关性较好。通过对比分析可知，小叶锦鸡儿灌丛积雪宽度与灌丛迎风侧宽度的相关性最好，与灌丛顺风侧长度、灌丛高度相关性次之。由此表明，在小叶锦鸡儿灌丛积雪过程中，灌丛迎风侧宽度对积雪宽度的影响最大。

5.2.2 灌丛的滞雪范围

5.2.2.1 灌丛特征参数对滞雪范围的影响

5.2.2.1.1 芨芨草灌丛的滞雪范围

由图 5-23 可知，芨芨草灌丛不同的积雪底面积对应的灌丛特征参数值也不相同，积雪底面积随着灌丛高度、灌丛迎风侧宽度和灌丛顺风侧长度的增加而增加。

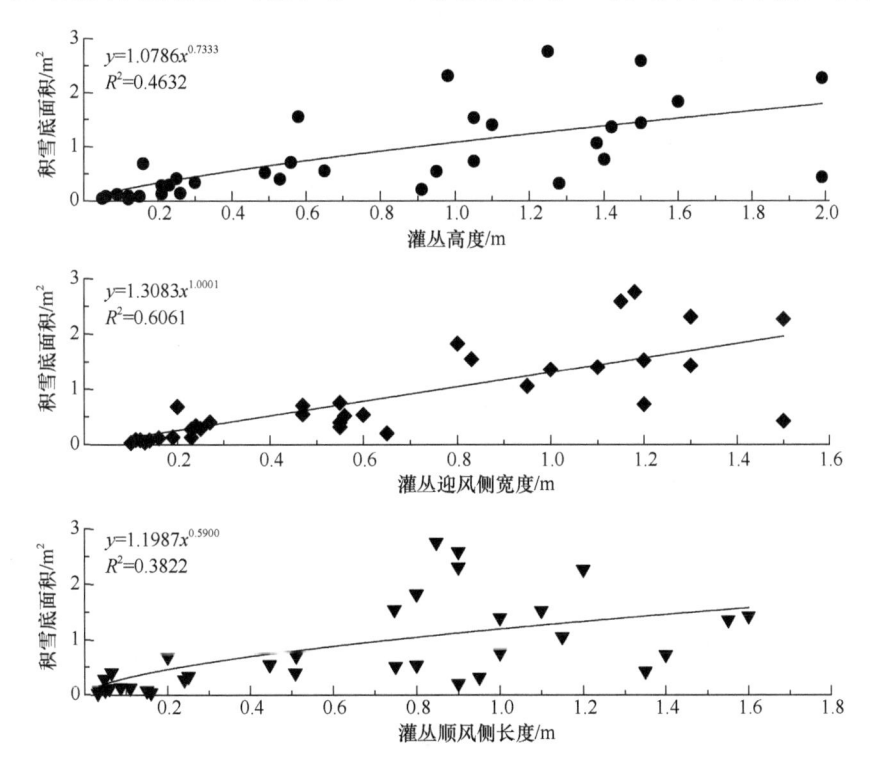

图 5-23 芨芨草灌丛积雪底面积与灌丛特征参数的关系

通过对芨芨草灌丛积雪底面积与灌丛特征参数的回归表达式分析可知，芨芨草灌丛积雪底面积与灌丛高度、灌丛迎风侧宽度和灌丛顺风侧长度均呈幂函数关系，曲线呈上升趋势，相关系数分别为 0.4632、0.6061 和 0.3822。芨芨草灌丛积雪底面积与灌丛特征参数的拟合优度较好，相关性较高。其中，芨芨草灌丛积雪底面积与灌丛迎风侧宽度的相关性最好，与灌丛高度、灌丛顺风侧长度相关性次之。由此表明，在芨芨草灌丛积雪过程中，灌丛迎风侧宽度对积雪底面积的影响最大。

5.2.2.1.2 小叶锦鸡儿灌丛的滞雪范围

由图 5-24 可以看出，小叶锦鸡儿灌丛不同的积雪底面积对应的灌丛特征参数值也不相同，整体呈现随灌丛特征参数的增加而增加的趋势。

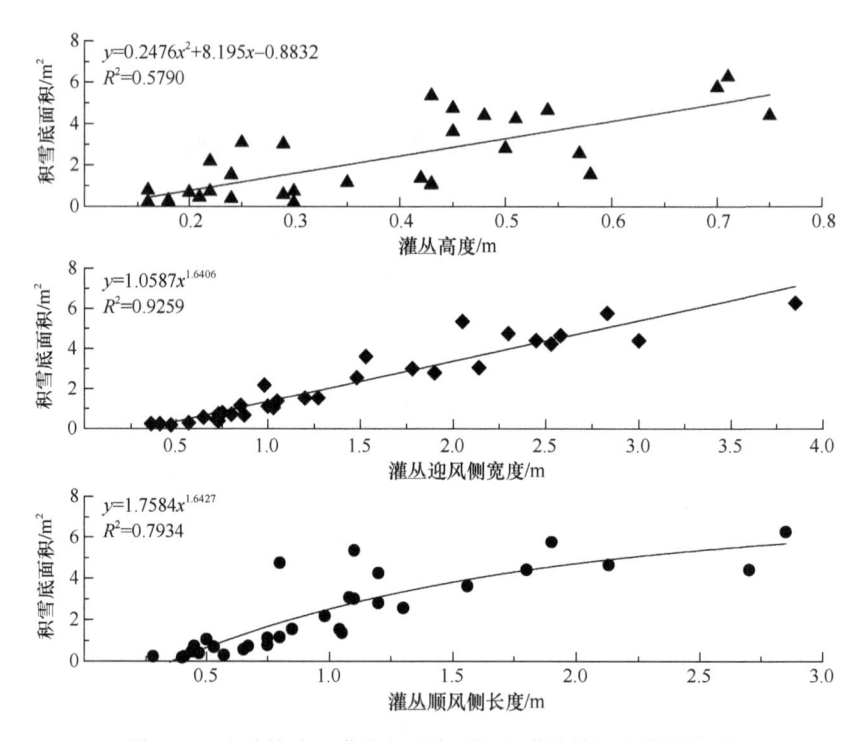

图 5-24　小叶锦鸡儿灌丛积雪底面积与灌丛特征参数的关系

通过对小叶锦鸡儿灌丛积雪底面积与灌丛特征参数的回归表达式分析可知，小叶锦鸡儿灌丛积雪底面积与灌丛迎风侧宽度、灌丛顺风侧长度均呈幂函数关系，曲线呈上升趋势，而与灌丛高度呈多项式函数关系，相关系数分别为 0.9259、0.7934 和 0.5790。小叶锦鸡儿灌丛积雪底面积与灌丛特征参数的相关系数均大于 0.5，拟合优度较好。通过对比分析可知，小叶锦鸡儿灌丛积雪底面积与灌丛迎风侧宽度的相关性最显著，与灌丛顺风侧长度相关性次之，与灌丛高度相关性最差。由此表明，在小叶锦鸡儿灌丛积雪过程中，灌丛迎风侧宽度对积雪底面积的影响最大。

5.2.2.2 灌丛二维空间滞雪范围模型

在风搬运雪粒的过程中，灌丛的出现必然会对气流的运行产生阻碍，主要表现为降低气流速度、改变风雪流结构、造成雪粒的堆积，最终形成灌丛积雪。通过对不同灌丛积雪的野外调查，以及对不同灌丛特征参数与灌丛积雪形态参数关系的分析，找出了影响灌丛积雪的主要因子。这些影响因子的变化会导致灌丛形成不同的积雪形态，形成不同的阻雪量与滞雪范围，从而使灌丛的滞雪阻雪能力不同。本研究以芨芨草灌丛和小叶锦鸡儿灌丛为研究对象，应用 SAS 9.0 软件，以灌丛特征参数（灌丛高度、灌丛顺风侧长度和灌丛迎风侧宽度）为自变量，积雪体积、积雪底面积分别为因变量，运用二次响应回归面模型，分别确定积雪底面积与灌丛特征参数的关系、积雪体积与灌丛特征参数的关系。

多项式回归分析是研究一个因变量与多个自变量之间线性关系的一种统计分析方法。回归分析通过规定因变量与自变量来确定变量之间的因果关系，建立回归模型，并根据实测数据估计模型的各个参数，最终评价回归模型是否能够很好地拟合实测数据；并根据自变量做进一步预测。其主要原理是采用最小二乘估计法来估计相关参数，其中二次函数 $Z(x,y)$ 可以用一个多项式表示，主要包括以下几个多项式。

二元一次多项式：

$$Z(x, y) = \beta_0 + \beta_1 x + \beta_2 y \tag{5-1}$$

表示一个平面，其中，β_0 为回归常数；β_1、β_2 为回归系数。

二元二次多项式：

$$Z(x, y) = \beta_0 + \beta_1 x + \beta_2 y + \beta_3 x^2 + \beta_4 xy + \beta_5 y^2 \tag{5-2}$$

表示一个平面，其中，β_0 为回归常数；β_1、β_2、β_3、β_4、β_5 为回归系数。

二元三次多项式：

$$Z(x, y) = \beta_0 + \beta_1 x + \beta_2 y + \beta_3 x^2 + \beta_4 xy + \beta_5 y^2 + \beta_6 y^3 + \beta_7 x^2 y + \beta_8 xy^2 + \beta_9 y^3 \tag{5-3}$$

表示一个三次曲面，其中，β_0 为回归常数；β_1、β_2、β_3、β_4、β_5、β_6、β_7、β_8、β_9 为回归系数。

同时，考虑到本研究涉及面积与体积，因此，在建立积雪底面积模型和积雪体积模型时要以量纲方法为基础，积雪底面积模型为多元二次模型，积雪体积模型为多元三次模型。无量纲化方法主要对独立参数建立数学模型，通过无量纲化过程减少独立参数变量，而本研究中积雪形态参数存在相关性，所以不考虑无量纲化方法。线性回归方程系数是考虑了量纲问题，对系数做了进一步标准化处理，而所谓量纲分析是一种数学分析方法，通过量纲分析，可以正确分析变量与变量之间的关系。量纲分析是20世纪初提出的，它是在经验和实验的基础上，利用物理定律的量纲齐次原则，确定各物理量之间的关系。因此，本研究将逐一考虑线性回归方法与量纲方法，经过分析、判断，最终选定最优的回归模型。

5.2.2.2.1 芨芨草灌丛回归模型的构建

积雪底面积反映灌丛滞雪范围，滞雪范围表示了灌丛阻挡范围内的积雪量。因此，灌丛滞雪范围是灌丛滞雪阻雪能力的一种体现。

本研究利用灌丛积雪底面积与灌丛特征参数建立灌丛滞雪范围模型，通过对灌丛积雪底面积与灌丛特征参数的一次回归、二次回归与交叉回归检验分析，由表 5-5 可知，三种回归模型均显著，其中二次回归模型显著性最高。考虑到积雪底面积具有量纲性质，为提高模型精度，本研究重新筛选出了所有二次变量作为灌丛二维空间滞雪范围模型的自变量，对模型进行优化，经检验，相关系数为 0.9424，相关性最高，达到了极显著水平，模型拟合效果较好。

表 5-5　不同回归模型下芨芨草灌丛积雪底面积与灌丛高度、灌丛迎风侧宽度和灌丛顺风侧长度的关系

回归模型	自由度	离差平方和	相关系数（R^2）	F 值	$Pr>F$
一次回归模型	3	33.40678	0.8632	61.55	<0.0001
二次回归模型	3	35.30481	0.9179	109.05	<0.0001
交叉回归模型	3	34.99792	0.9089	97.45	<0.0001
本研究优化模型	6	5.98579	0.9424	62.70	<0.0001

通过模型的拟合效果得到芨芨草灌丛二维空间滞雪范围模型方程（表 5-6）：

$$S=0.17685+0.42826H_p^2+3.60887W_p^2+2.69769P^2+1.59670H_p \times W_p \\ -1.53686H_p \times P-5.81087W_p \times P \quad (5-4)$$

式中，S 为积雪底面积（m²）；H_p 为灌丛高度（m）；W_p 为灌丛迎风侧宽度（m）；P 为灌丛顺风侧长度（m）。在 0.01 水平下回归模型显著；在 0.1 水平下 W_p^2、$W_p \times P$ 均显著，P^2、H_p^2、$H_p \times W_p$、$H_p \times P$ 均不显著。其中，回归系数即为模型变量参数的估计值。

因此，利用所求得的芨芨草灌丛二维空间滞雪范围模型进行预测分析，如图 5-25 所示。通过分析发现线性回归模型模拟值与实测值之间具有很好的相关性，在 $P<0.05$ 水平下，相关系数为 0.9424，说明应用线性回归模型对灌丛积雪底面积进行预测是可行的。

表 5-6 芨芨草灌丛积雪底面积的回归统计变量

回归参数	自由度	估计值	标准差	t 值	$\Pr>t$
常数项	1	0.17685	0.08727	2.03	0.0545
H_p^2	1	0.42826	0.71227	0.60	0.5535
W_p^2	1	3.60887	1.20900	2.99	0.0066
P^2	1	2.69769	1.75072	1.52	0.1000
$H_p \times W_p$	1	1.59670	1.14201	1.40	0.1754
$H_p \times P$	1	−1.53686	1.66086	−0.93	0.3644
$W_p \times P$	1	−5.81087	2.37892	−2.44	0.0227

注：H_p 为灌丛高度（m）；W_p 为灌丛迎风侧宽度（m）；P 为灌丛顺风侧长度（m）。

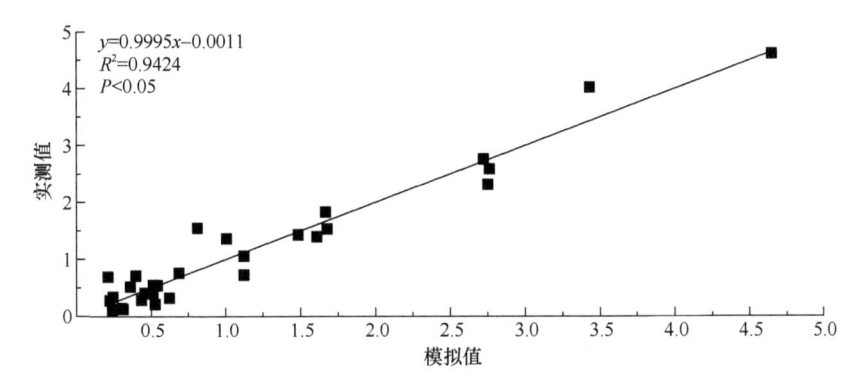

图 5-25 芨芨草灌丛积雪底面积实测值与模拟值的相关性分析

由图 5-26 可知，残差在横轴附近没有明显的正负变化趋势，其分布为不规律的随机分布，这进一步说明芨芨草灌丛二维空间滞雪范围回归模型模拟效果较好，利用此回归模型所求得的模拟值能够代表实测值进行芨芨草灌丛积雪底面积的估计预测。

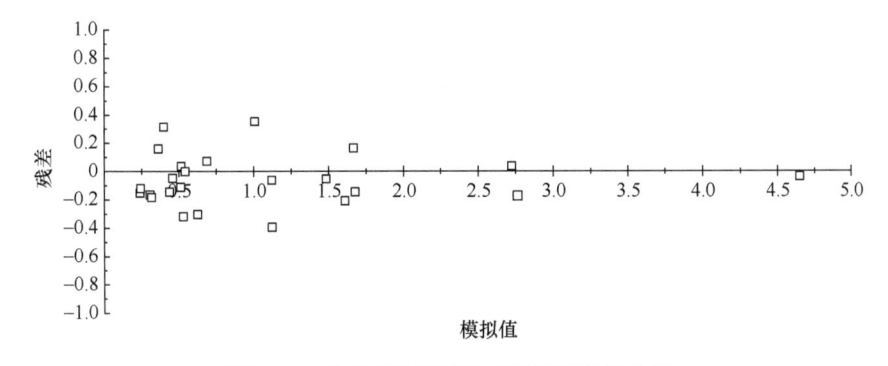

图 5-26 芨芨草灌丛滞雪范围模型残差分析

5.2.2.2.2　小叶锦鸡儿灌丛回归模型的构建

由表 5-7 可知，小叶锦鸡儿灌丛二维空间滞雪范围模型拟合结果的相关系数为 0.9685，达到了极显著水平，模型的拟合效果较好。通过模型的拟合效果得到小叶锦鸡儿灌丛二维空间滞雪范围模型方程（表 5-8）：

$$S=0.06066+4.37849H_p^2+1.34568W_p^2+4.61298P^2+2.26111H_p \times W_p$$
$$-6.83560H_p \times P-3.47862W_p \times P \quad (5\text{-}5)$$

式中，S 为积雪底面积（m^2）；H_p 为灌丛高度（m）；W_p 为灌丛迎风侧宽度（m）；P 为灌丛顺风侧长度（m）。在 0.01 水平下回归模型显著；在 0.1 水平下 W_p^2、P^2、$W_p \times P$、$H_p \times P$ 均显著，H_p^2、$H_p \times W_p$ 均不显著。其中，回归系数即为模型变量参数的估计值。

表 5-7　不同回归模型下小叶锦鸡儿灌丛积雪底面积与灌丛高度、灌丛迎风侧宽度和灌丛顺风侧长度的关系

回归模型	自由度	离差平方和	相关系数（R^2）	F 值	Pr>F
一次回归模型	3	98.11277	0.8979	88.95	<0.0001
二次回归模型	3	69.72232	0.6059	16.38	<0.0001
交叉回归模型	3	88.74547	0.8016	41.40	<0.0001
本研究优化模型	6	39.88919	0.9685	87.25	<0.0001

表 5-8　小叶锦鸡儿灌丛积雪底面积的回归统计变量

回归参数	自由度	估计值	标准差	t 值	Pr>t
常数项	1	0.06066	0.10863	0.56	0.5938
H_p^2	1	4.37849	3.65135	1.20	0.2469
W_p^2	1	1.34568	0.39202	3.43	0.0032
P^2	1	4.61298	0.83636	5.52	<0.0001
$H_p \times W_p$	1	2.26111	1.83624	1.23	0.2349
$H_p \times P$	1	−6.83560	3.23149	−2.12	0.0495
$W_p \times P$	1	−3.47862	0.87005	−4.00	0.0009

注：H_p 为灌丛高度（m）；W_p 为灌丛迎风侧宽度（m）；P 为灌丛顺风侧长度（m）。

利用所求得的小叶锦鸡儿灌丛二维空间滞雪范围模型进行预测分析，如图 5-27 所示。通过分析发现，线性回归模型模拟值与实测值之间具有很好的相关性，在 $P<0.05$ 水平下，相关系数为 0.9686，说明应用此线性回归模型对积雪底面积进行预测是可行的。

由图 5-28 可知，残差基本分布在横轴附近，没有明显的正负变化趋势，其分布为不规律的随机分布，这进一步说明小叶锦鸡儿灌丛二维空间滞雪范围回归模型模拟效果较好。利用回归模型所求得的模拟值能够代表实测值进行小叶锦鸡儿

灌丛积雪底面积的估计预测。

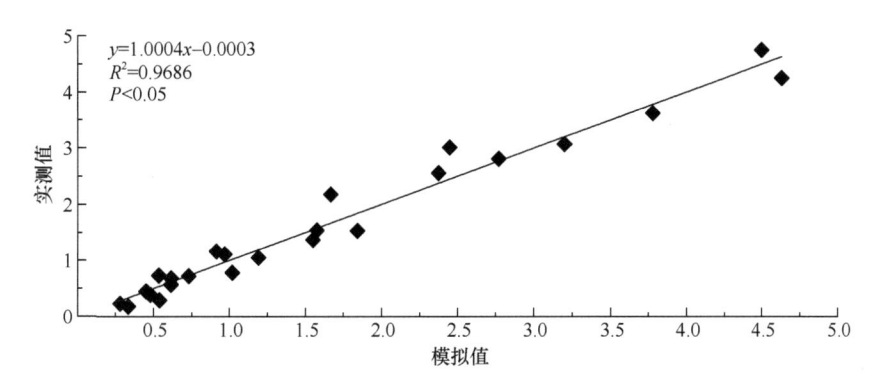

图 5-27　小叶锦鸡儿灌丛积雪底面积实测值与模拟值的相关性分析

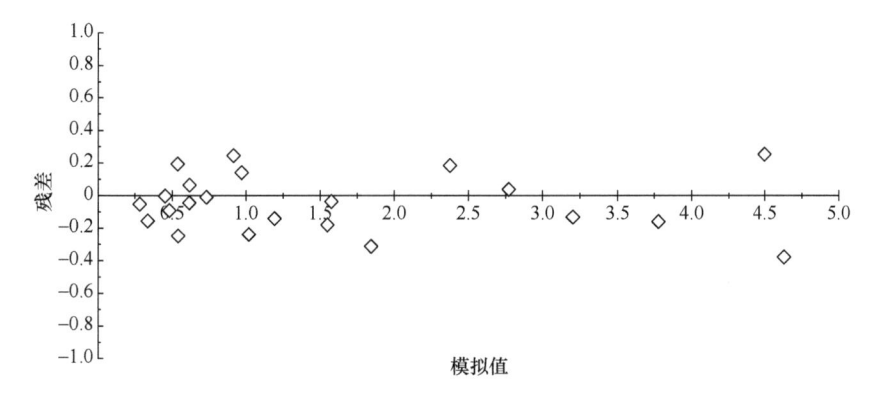

图 5-28　小叶锦鸡儿灌丛积雪底面积模型残差分析

5.2.3　灌丛的阻雪量

5.2.3.1　灌丛特征参数对阻雪量的影响

5.2.3.1.1　芨芨草灌丛特征参数对阻雪量的影响

由图 5-29 可知，芨芨草灌丛不同积雪体积对应的灌丛特征参数的值也不相同，积雪体积随着灌丛高度、灌丛迎风侧宽度、灌丛顺风侧长度的增加而增加。

通过对芨芨草灌丛积雪体积与灌丛特征参数的回归表达式分析可知，芨芨草灌丛积雪体积与灌丛高度、灌丛迎风侧宽度和灌丛顺风侧长度均呈幂函数关系，曲线呈上升趋势，相关系数分别为 0.4011、0.6145 和 0.3265。芨芨草灌丛积雪体积与灌丛特征参数的相关系数拟合优度较好，相关性较高。通过对比分析可知，芨芨草灌丛积雪体积与灌丛迎风侧宽度的相关性最好，与灌丛高度、灌丛顺风侧长度的相关性次之。由此表明，在芨芨草灌丛积雪过程中，灌丛迎风侧宽度对积雪体积的影响最大。

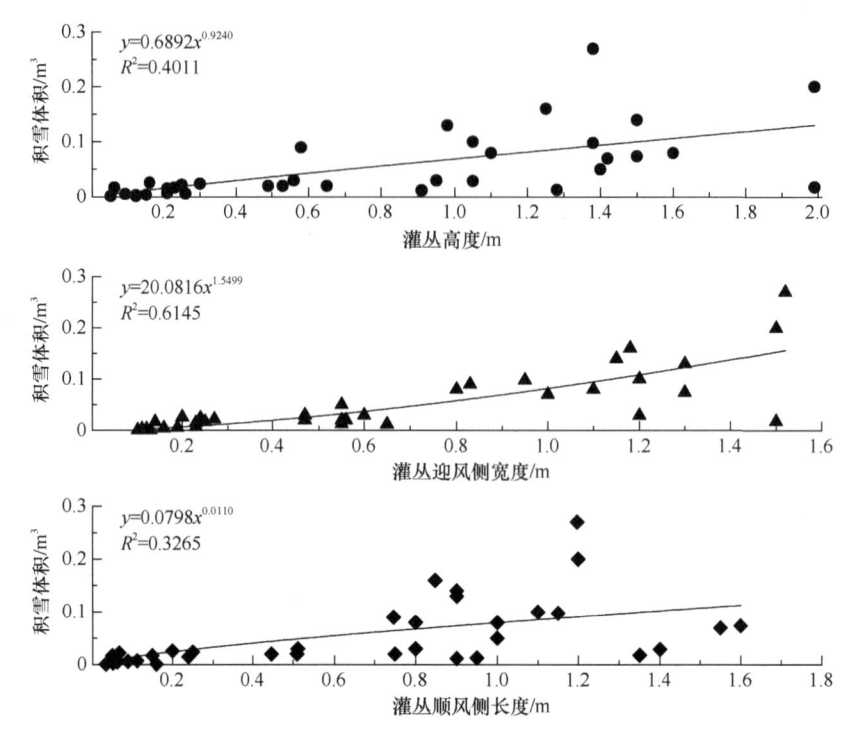

图 5-29　芨芨草灌丛积雪体积与灌丛特征参数的关系

5.2.3.1.2　小叶锦鸡儿灌丛特征参数对阻雪量的影响

由图 5-30 可以看出，小叶锦鸡儿灌丛不同积雪体积对应的灌丛特征参数的值也不同，积雪体积随着灌丛高度、灌丛迎风侧宽度、灌丛顺风侧长度的增加而增加。

通过对小叶锦鸡儿灌丛积雪体积与灌丛特征参数的回归表达式分析可知，小叶锦鸡儿灌丛积雪体积与灌丛高度、灌丛迎风侧宽度和灌丛顺风侧长度均呈幂函数关系，曲线呈上升趋势，相关系数分别为 0.6671、0.9116 和 0.8207。小叶锦鸡儿灌丛积雪体积与灌丛特征参数的相关系数均大于 0.5，拟合优度较好。通过对比分析可知，小叶锦鸡儿灌丛积雪体积与灌丛迎风侧宽度的相关性最好，大于 0.8，显著相关，与灌丛顺风侧长度、灌丛高度的相关性次之。由此表明，在小叶锦鸡儿灌丛积雪过程中，灌丛迎风侧宽度对积雪体积的影响最大。

5.2.3.2　灌丛三维空间阻雪量模型

积雪体积直接反映灌丛的阻雪量，因此也是灌丛滞雪阻雪能力的一种体现。由

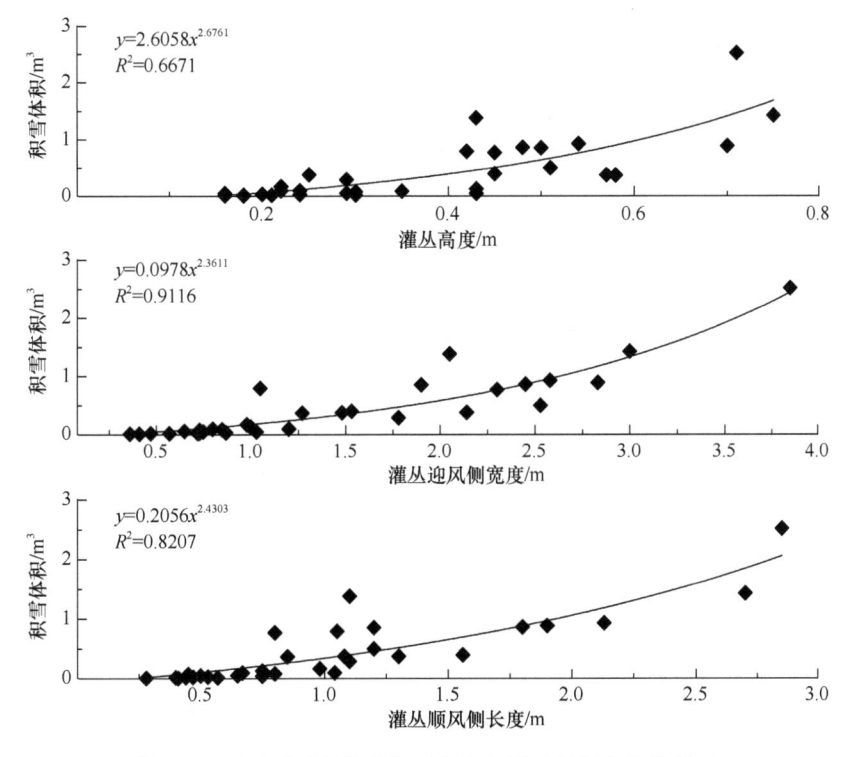

$y=2.6058x^{2.6761}$
$R^2=0.6671$

$y=0.0978x^{2.3611}$
$R^2=0.9116$

$y=0.2056x^{2.4303}$
$R^2=0.8207$

图 5-30　小叶锦鸡儿灌丛积雪体积与灌丛特征参数的关系

表 5-9 可知，通过对芨芨草灌丛积雪体积与灌丛特征参数的一次回归、二次回归、三次回归与交叉回归检验分析可知，四种回归模型均显著，其中三次回归模型显著性最高。考虑到积雪体积也具有量纲性质，为提高模型精度，本研究重新筛选出了所有三次变量作为灌丛三维空间阻雪量模型的自变量，对模型进行优化，经检验，相关系数为 0.9653，相关性最高，达到了极显著水平，模型拟合效果较好。

表 5-9　不同回归模型下芨芨草灌丛积雪体积与灌丛高度、灌丛迎风侧宽度和灌丛顺风侧长度的关系

回归模型	自由度	离差平方和	相关系数（R^2）	F 值	$Pr>F$
一次回归	3	0.15152	0.7969	38.92	<0.0001
二次回归	3	0.16694	0.8897	78.95	<0.0001
三次回归	3	0.17302	0.9163	122.48	<0.0001
交叉回归	7	0.17758	0.9153	72.57	<0.0001
本研究优化模型	10	0.17883	0.9653	52.76	<0.0001

通过模型的拟合效果得到芨芨草灌丛三维空间阻雪量模型方程（表 5-10）：

$$V=0.01557-0.16064H_p^3-0.32832W_p^3+1.02216P^3-0.57096H_p\times W_p^2-0.90939H_p\times P^2$$
$$+0.13461H_p^2\times W_p+0.45447H_p^2\times P-2.30613W_p\times P^2+1.81318W_p^2\times P+0.90248H_p\times W_p\times P$$

（5-6）

式中，V 为积雪体积（m^3）；H_p 为灌丛高度（m）；W_p 为灌丛迎风侧宽度（m）；P 为灌丛顺风侧长度（m）。在 0.01 水平下回归模型显著；在 0.1 水平下 P^3、$W_p\times P^2$、$W_p^2\times P$ 均显著，其余不显著。其中，回归系数即为模型变量参数的估计值。

表 5-10　芨芨草灌丛积雪体积的回归统计变量

回归参数	自由度	估计值	标准差	t 值	Pr>t
常数项	1	0.01557	0.00494	3.15	0.0053
H_p^3	1	−0.16064	0.16007	−1.00	0.3282
W_p^3	1	−0.32832	0.28154	−1.17	0.2580
P^3	1	1.02216	0.66039	1.55	0.0382
$H_p\times W_p^2$	1	−0.57096	0.45525	−1.25	0.2250
$H_p\times P^2$	1	−0.90939	1.17122	−0.78	0.4470
$H_p^2\times W_p$	1	0.13461	0.50693	0.27	0.7935
$H_p^2\times P$	1	0.45447	0.61077	0.74	0.4659
$W_p\times P^2$	1	−2.30613	1.00616	−2.29	0.0335
$W_p^2\times P$	1	1.81318	0.87299	2.08	0.0416
$H_p\times W_p\times P$	1	0.90248	1.11267	0.81	0.4274

注：H_p 为灌丛高度（m）；W_p 为灌丛迎风侧宽度（m）；P 为灌丛顺风侧长度（m）。

利用所求得的芨芨草灌丛三维空间阻雪量模型进行预测分析，如图 5-31 所示。通过分析发现线性回归模型模拟值与实测值之间具有很好的相关性，在 $P<0.05$ 水平下，相关系数为 0.9638，说明应用此线性回归模型对积雪体积进行预测是可行的。

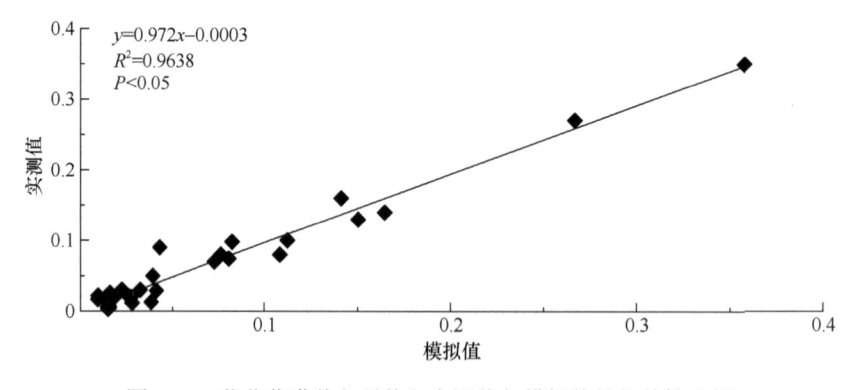

图 5-31　芨芨草灌丛积雪体积实测值与模拟值的相关性分析

对模拟值与实测值进行残差分析，如图 5-32 所示。从图 5-32 中可以看出，残差基本分布在横轴附近，没有明显的正负变化趋势，其分布为不规律的随机分布，这进一步说明芨芨草灌丛积雪体积回归模型模拟效果较好。利用回归模型所求得的模拟值能够代表实测值进行芨芨草灌丛积雪体积的估计预测。

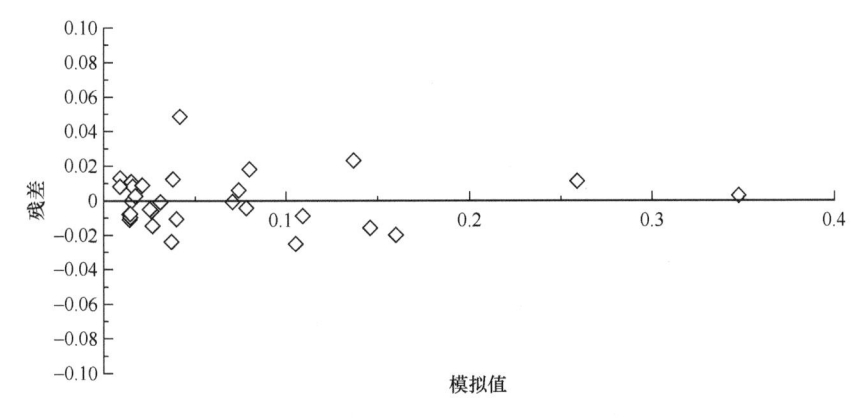

图 5-32　芨芨草灌丛积雪体积模型残差分析

由表 5-11 可知，小叶锦鸡儿灌丛三维空间阻雪量模型拟合结果的相关系数为 0.8650，相关性较为显著，模型拟合效果较好。通过模型的拟合效果得到小叶锦鸡儿灌丛三维空间阻雪量模型方程（表 5-12）：

$$V = 0.07161 - 82.95951 H_p^3 - 2.94742 W_p^3 - 4.76898 P^3 + 8.15209 H_p \times W_p^2 \\ + 50.24907 H_p \times P^2 + 77.32484 H_p^2 \times W_p - 2.65290 H_p^2 \times P - 1.09498 W_p \\ \times P^2 + 9.99249 W_p^2 \times P - 76.80302 H_p \times W_p \times P \quad (5\text{-}7)$$

式中，V 为积雪体积（m³）；H_p 为灌丛高度（m）；W_p 为灌丛迎风侧宽度（m）；P 为灌丛顺风侧长度（m）。在 0.01 水平下回归模型显著；在 0.1 水平下 W_p^3、$H_p \times P^2$、$H_p^2 \times W_p$、$W_p^2 \times P$、$H_p \times W_p \times P$ 均显著，其余不显著。其中，回归系数即为模型变量参数的估计值。

表 5-11　不同回归模型下小叶锦鸡儿灌丛积雪体积与灌丛高度、灌丛迎风侧宽度和灌丛顺风侧长度的关系

回归模型	自由度	离差平方和	相关系数（R^2）	F 值	Pr>F
一次回归	3	7.61498	0.7703	34.54	<0.0001
二次回归	3	8.04166	0.8197	46.47	<0.0001
三次回归	3	1.25000	0.3179	4.57	0.0135
交叉回归	7	0.17758	0.4071	3.26	0.0239
本研究优化模型	10	1.80499	0.8650	8.33	0.0004

表 5-12　小叶锦鸡儿灌丛积雪体积的回归统计变量

回归参数	自由度	估计值	标准差	t 值	$Pr>t$
常数项	1	0.07161	0.05978	1.20	0.2524
H_p^3	1	−82.95951	52.61629	−1.58	0.1389
W_p^3	1	−2.94742	1.41323	−2.09	0.0576
P^3	1	−4.76898	3.82962	−1.25	0.2350
$H_p \times W_p^2$	1	8.15209	5.85846	1.39	0.1874
$H_p \times P^2$	1	50.24907	13.41969	3.74	0.0025
$H_p^2 \times W_p$	1	77.32484	20.31545	3.81	0.0022
$H_p^2 \times P$	1	−2.65290	47.29574	−0.06	0.9561
$W_p \times P^2$	1	−1.09498	4.69679	−0.23	0.8193
$W_p^2 \times P$	1	9.99249	5.00676	2.00	0.0673
$H_p \times W_p \times P$	1	−76.80302	22.72609	−3.38	0.0049

注：H_p 为灌丛高度（m）；W_p 为灌丛迎风侧宽度（m）；P 为灌丛顺风侧长度（m）。

利用所求得的小叶锦鸡儿灌丛三维空间阻雪量模型进行预测分析，如图 5-33 所示。通过分析发现线性回归模型模拟值与实测值之间具有很好的相关性，在 $P<0.05$ 水平下，相关系数为 0.9191，说明应用此线性回归模型对积雪体积进行预测是可行的。

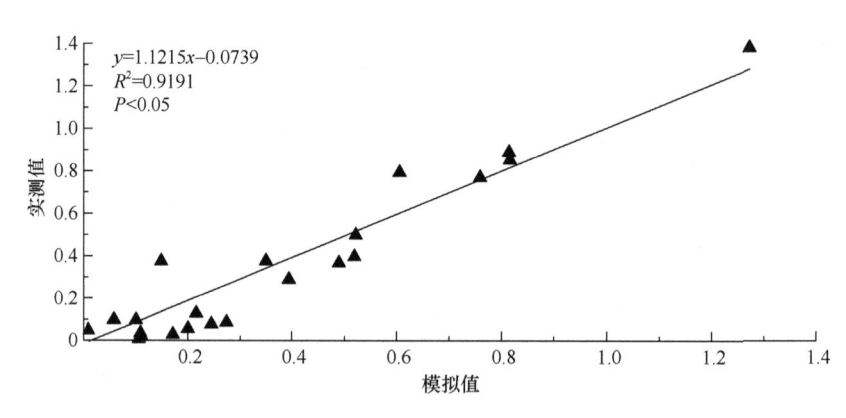

图 5-33　小叶锦鸡儿灌丛积雪体积实测值与模拟值的相关性分析

由图 5-34 可知，残差基本分布在横轴附近，没有明显的正负变化趋势，其分布为不规律的随机分布，这进一步说明小叶锦鸡儿灌丛积雪体积回归模型模拟效果较好，利用回归模型所求得的模拟值能够代表实测值进行小叶锦鸡儿灌丛积雪体积的估计预测。

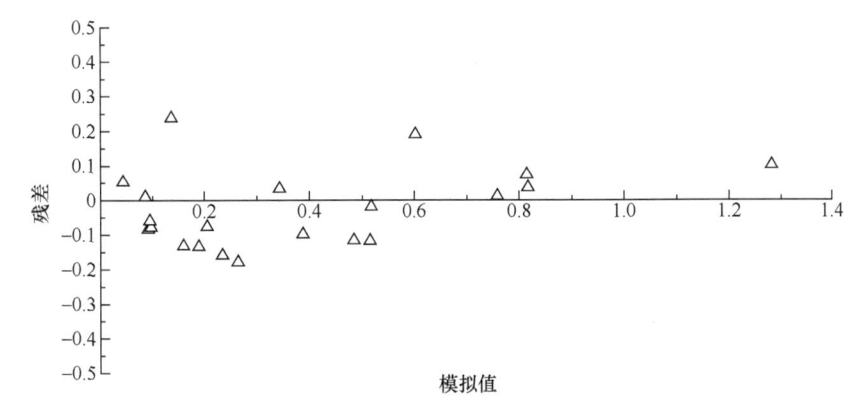

图 5-34 小叶锦鸡儿灌丛积雪体积模型残差分析

主要参考文献

董智, 李红丽, 左合君, 等. 2010. 锡林郭勒典型草原植被高度和盖度对风吹雪的影响. 冰川冻土, 32(6): 1106-1110.

刘章文, 陈仁升, 宋耀选. 2014. 寒区灌丛与积雪关系研究进展. 冰川冻土, 36(6): 1582-1590.

闫敏. 2016. 典型草原区灌丛植被积雪形态特征与滞雪阻雪能力研究. 呼和浩特: 内蒙古农业大学硕士学位论文.

闫敏, 左合君, 董智, 等. 2018. 锡林浩特草原小叶锦鸡儿灌丛的阻雪能力及其对积雪形态的影响. 应用生态学报, 29(2): 483-491.

左合君, 闫敏, 刘宝河, 等. 2016. 典型草原区芨芨草灌丛积雪形态与滞雪阻雪能力. 冰川冻土, 38(3): 725-731.

Essery R, Pomeroy J. 2004. Vegetation and topographic control of wind-blown snow distributions in distributed and aggregated simulations for an Arctic tundra basin. Journal of Hydrometeorology, 5(5): 735-744.

Liston G E, Mcfadden J P, Sturm M, et al. 2002. Modelled changes in Arctic tundra snow, energy and moisture fluxes due to increased shrubs. Global Change Biology, 8(1): 17-32.

Ménard C B, Essery R, Pomeroy J, et al. 2014. A shrub bending model to calculate the albedo of shrub-tundra. Hydrological Processes, 28(2): 341-351.

Pomeroy J W, Bewley D S, Essery R L H, et al. 2006. Shrub tundra snowmelt. Hydrological Processes, 20(4): 923-941.

Pomeroy J W, Essery R L H, Toth B. 2004. Implications of spatial distributions of snow mass and melt rate on snow-cover depletion: observations in a subarctic mountain catchment. Annals of Glaciology, 38: 195-201.

Sturm M, Holmgren J, McFadden J P, et al. 2001. Snow-shrub interactions in Arctic tundra: a hypothesis with climatic implications. Journal of Climate, 14(3): 336-344.

Yan M, Zuo H J, Wang H B, et al. 2020. Snow resisting capacity of *Caragana microphylla* and *Achnatherum splendens* in a typical steppe region of Inner Mongolia, China. Journal of Arid Land, 12(2): 294-302.

Zuo H J, Yan M, Wang H B, et al. 2019. Assessment of snow drift impact in the northern steppe region of China. CATENA, 177: 219-226.

第6章 积雪及其消融对土壤水热状况的影响

　　自然积雪作为生态系统的调节者之一，它传输能量并改变着微生物、植物、动物、养分、大气和土壤之间的相互作用。对一些物种来说，融雪是全年最重要的环境扰动或刺激，融雪时间和融雪特性的变化会直接影响这些物种的生存策略，间接影响生物圈系统（Jones and Bedard，1987）。在初级融雪期间，积雪与气候系统的相互作用改变了地上地下的能量交换，使得土壤中水、热、盐分及养分传输发生了变化，为土壤和部分水体提供了重要的短期潜热通量、水、化学物质（刘凤景等，1999）。在春季积雪消融及土壤解冻期，土壤温度直接影响种子发芽、植物返青及生长发育，特别是对根系吸收水分和养分，以及对土壤微生物的活动、对蛰伏在地中的动物活动均有较大的影响（姜会飞等，2004）。融水无论是保留在雪场内，还是供给土壤和河流，都是生命的关键支撑和养分介质。在春季，通过观测和研究积雪覆盖下的土壤剖面土壤温度和水分变化，可以确定土壤融冻层位置和土壤水分（高兴旺等，1996），为认识积雪覆盖区的土壤温度变化过程和融雪水对土壤含水率的影响提供依据，对于春季融雪水的防洪、水资源利用及农地灌溉管理都具有十分重要的作用。掌握积雪及其消融对土壤水热状况的影响及作用，将在调整农业结构、合理安排播期、预测作物生长发育、选取作物及科学防灾减灾等农业生产管理实践活动中提供理论指导，具有重要的实践意义。

　　土壤温度是反映土壤是否处于冻结状态的重要指标，土壤剖面上的温度变化可以反映冻融作用过程，也可用来直接反映冻融消长过程及冻土层厚度的变化（张志忠，1987），从而为认识冻土地区、冻土层位置和冻土层界限提供依据。在春季积雪消融及土壤解冻期，土壤温度直接影响种子发芽、植物的返青和生长发育，特别是对根系吸收水分和养分，以及对土壤微生物的活动、对蛰伏在地中的动物的活动等，均有较大的影响。春季土壤墒情直接影响农牧业生产，土壤墒情的好坏主要取决于土壤含水量的多少。土壤中的水分主要来源于大气降水，而降雪是内蒙古地区冬春季土壤水分的主要补偿形式，但过去的研究主要集中在积雪的危害方面，忽视了积雪的正面效应，更没有把积雪作为一种资源看待（王玉涛等，2008）。积雪融水能渗入土壤多少或融雪水有效渗入率究竟多大，目前国内外还未曾报道。因此，获取足够多的数据资料定量分析季节性积雪消融对土壤水热状况的影响是一项有意义的工作。

6.1 积雪消融与气温的关系

6.1.1 积雪消融厚度与气温的关系

观测时间 2009 年 3 月 17 日至 4 月 20 日。试验区选在阿尔山市伊尔施镇（现伊尔施街道）。设置阴坡、阳坡和平地（农地），土壤类型为黑土。土壤温度测定样地设在农地。分为无雪区（人工除雪，保持地面无雪）、38cm 积雪区（自然积雪区）、60cm 积雪区（人为堆积）3 个类型，各样地间隔 10m。土壤含水量的测定设 3 个样地，分别为阴坡、阳坡、平地（农地）。

从日气温变化曲线可知，该区近地表 2m 高处气温特点为 6：00 左右气温开始上升，多数 8：00 以后气温上升，超越 0℃，12：00～14：00 达峰值（少数 10：00 达峰值），14：00 以后气温开始下降（阴天除外），16：00～23：00 气温下降幅度大，0：00～6：00 气温下降缓慢，6：00 左右为全天最低温，符合北方地区气温变化趋势，极端最高温出现在 2009 年 4 月 6 日 12：00，为 26.5℃，2009 年 3 月 24 日 6：00 出现最低温，为 –29℃。

本研究区积雪消融主要发生在 3 月中下旬到 4 月上旬，高温是积雪消融的直接原因。根据历史记录，本研究区 3 月平均气温为 –12.7℃，4 月平均气温为 0.1℃，但积雪消融开始的时间并非取决于日平均气温，而是日最高气温。当日最高气温超过 0℃时，积雪开始消融。38cm 积雪区和 60cm 积雪区消融曲线完全一致，说明积雪深度对消融速度并无影响，3 月 16～31 日积雪消融曲线平缓，变化较均匀，两区消融量平均为 23cm，日消融量小，日平均消融速度为 1.44cm；4 月 1～6 日（6d），每日 10：00～16：00 气温大幅上升，导致积雪深度急速降低、融雪量大幅增加、融雪时间急剧缩短，4 月 1～6 日气温相对较高，积雪消融量大，60cm 积雪区 6d 之内把剩余的 33cm 厚积雪彻底融完，占积雪深度的 55%，日平均消融速度为 5.5cm，最大消融量在 4 月 4 日，消融厚度为 9cm（图 6-1）。

积雪深度（y，cm）与日平均气温（x，℃）的回归方程为 $y=4.19664+0.02925x-1.19461x^2$（$P=0.0045$，$R^2=0.51$），达极显著水平；积雪深度（$y$，cm）与日最高气温（$x$，℃）的回归方程为 $y=-4.62437+0.82601x-0.01804x^2$（$P=0.0015$，$R^2=0.53$）；积雪深度（$y$，cm）与每日 10：00～16：00 平均气温（x，℃）的回归方程为 $y=47.39288+1.13935x+2.91432x^2$（$P<0.0001$，$R^2=0.72$）。因此，积雪融化主要是在每日 10：00～16：00 气温 0℃以上时进行，积雪消融厚度取决于 >0℃ 的气温值及其持续的时间。

伊尔施镇气温变化剧烈，积雪消融期气温在 –29～26.5℃ 范围变化，每日 10：00～16：00 气温变化幅度大，积雪消融速率起伏较大，即阿尔山伊尔施镇近地表 2m 高处积雪消融速度为 0.011～0.091cm/（℃·h）（图 6-2）。赛罕乌拉国家级自然保护区气温在-7.5~15.5℃范围内变化。赛罕乌拉国家级自然保护区2010年3月29日最大消融厚度为5cm，最小消融厚度仅为1cm（图6-3），积雪消融速度为0.013~0.018cm/（℃·h），积雪消融厚度和速度均介于伊尔施镇积雪消融厚度和速度的范围内，同时也可看出积雪深度对积雪消融速度并无明显影响。

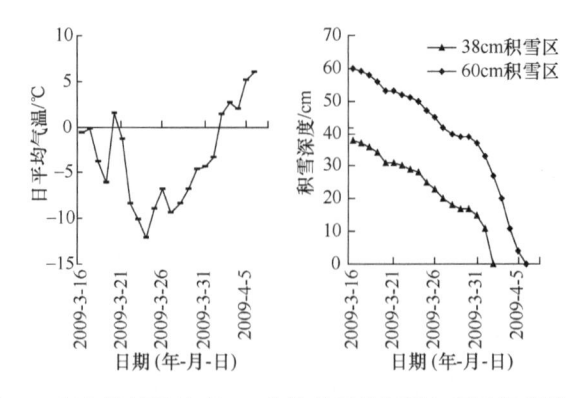

图6-1 伊尔施镇近地表2m高处日平均气温与积雪深度的变化

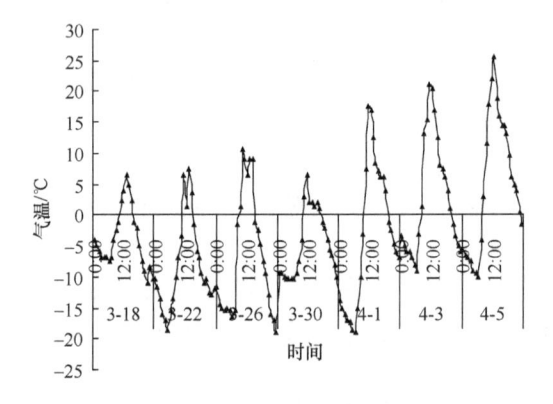

图6-2 伊尔施镇近地表2m高处积雪消融期日气温的变化
日期用"月-日"表示

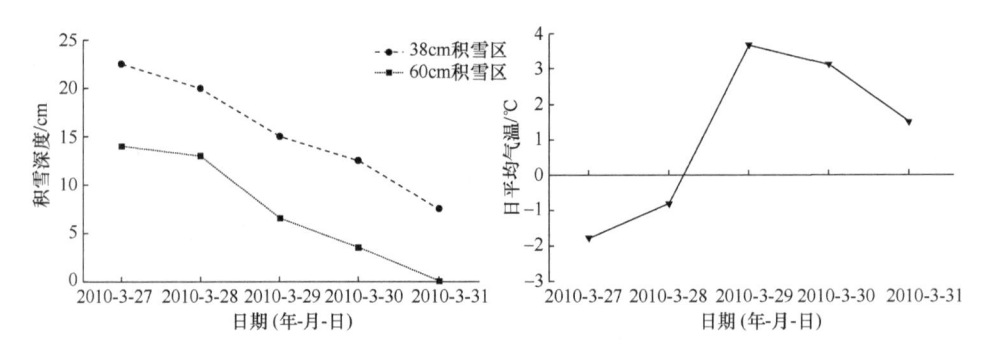

图6-3 赛罕乌拉国家级自然保护区日平均气温与积雪深度的变化

6.1.2 不同积雪类型区积雪消融与气温的关系

气温控制积雪的融化，积雪融化是否扰动或改变气温也是值得研究的重要问题。针对这一问题，本研究设置了不同地区积雪场融化试验，通过同一时期的气温和无雪区的气温对比来阐述结果。

试验地设置在赛罕乌拉国家级自然保护区，共设置 3 个不同类型区域，分别为林下积雪覆盖区、林下无雪区和空旷地带无雪区，3 个区域距离都在 3.2km 以上。林下起始积雪深度为 21.8cm，截止时平均积雪深度为 11.4cm。分别在 3 个试验地近地表 2m 高处放置一个温度自动记录器，记录积雪消融期的气温。试验地设在黄合少镇，以积雪区的林地和裸地为对照，来阐述积雪消融对气温的影响。

图 6-4 给出了赛罕乌拉国家级自然保护区积雪消融期林下积雪覆盖区、林下无雪区、空旷地带无雪区 2m 高处气温的日变化。

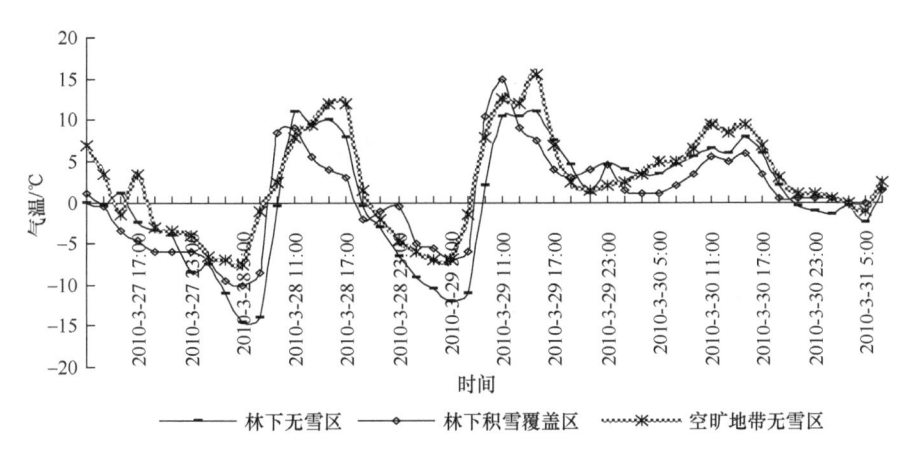

图 6-4 积雪消融期林下积雪覆盖区、林下无雪区、空旷地带无雪区 2m 高处气温的日变化

由图 6-4 可知，几天之内，林下无雪区夜间气温下降快且低于其他两区，空旷地带无雪区白天气温高于其他两区。2010 年 3 月 28 日与 2010 年 3 月 29 日上午，林下积雪覆盖区气温上升是剧烈的，几乎是从最低点–8.5℃上升到最高点 8.5℃，而其他两区气温从最低点到最高点有一个上升的过程，这与林下积雪被太阳照射出现升华或水蒸气蒸发上升有关。下午时，林下积雪覆盖区气温下降缓慢但气温较低，最有趣的是，到 19：00～23：00，气温在持平或是升高，3 月 27 日这一时段维持在–6℃无变化，而林下无雪区这一时段下降了 5℃，空旷地带无雪区下降了 1℃；3 月 28 日 19：00～23：00 林下积雪覆盖区从–2℃升为–0.5℃，同一时期，林下无雪区和空旷地带无雪区分别从–0.5℃降为–6℃和从 1.5℃降为 –4.5℃；3 月 29 日林下积雪覆盖区升高 1℃，林下无雪区和空旷地带无雪区分别

降低了3℃和0.5℃；3月30日林下积雪覆盖区维持在0.5℃，林下无雪区和空旷地带无雪区分别降低了3℃和2℃，23：00至凌晨，林地积雪覆盖区气温处于新的下降阶段，但较缓慢，而其他两区一直呈走低态势。

积雪消融期，林下无雪区夜间气温在下降，而林下积雪区在夜间呈保温或升温态势，分析认为积雪在白天吸收太阳辐射而融化，大量的雪颗粒由固态变为液态或气态，在夜晚，气温处于冰点以下时，液态水开始凝结变成固相冰或冰水混合物与雪颗粒混合凝结，这一过程必然要释放能量，致使近地面气温上升或至少维持平衡，说明积雪覆盖改变了区域微气候，在积雪消融期，雪场区域白天吸收的热量可用于改变或减弱夜间气温下降态势。

图6-5、图6-6反映的是黄合少镇积雪消融期和积雪消融后林地和裸地18：00～0：00近地表2m高处气温的变化。

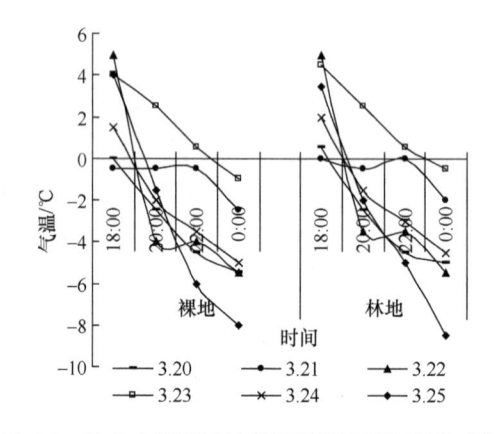

图6-5 黄合少镇不同地类积雪消融期气温的变化
图例为日期（月.日）

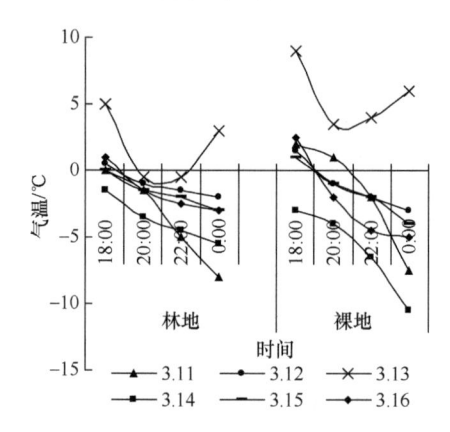

图6-6 黄合少镇不同地类积雪消融后气温的变化
图例为日期（月.日）

由图 6-5 和图 6-6 可知，积雪消融期 18：00～0：00 林地有雪区 2m 高处气温减缓趋势较裸地的慢或下降的幅度小，积雪消融后，气温相差最大的是 3 月 14 日与 3 月 16 日，裸地气温两天的这一时段都下降了 7.5℃，而林地仅分别下降了 4℃和 3℃，在 3 月 13 日两个地类气温相差最小，裸地下降了 3℃，林地下降了 2℃，虽然林地气温未出现升高或维持，但有减弱气温剧烈变化的趋势。积雪消融后，裸地、林地 2m 高处气温变化趋势和变化基本一致，说明积雪消融确实能够影响气温。

6.1.3　不同积雪深度对气温的响应

试验样地设在阿尔山伊尔施镇，样地积雪深 60cm，从图 6-7 和图 6-8 可知，在观测期内，气温在一天中剧烈变化，而雪层内的温度变幅却较小，雪层最高温度上升到 0℃就不再升高，雪层越厚，雪层温度变幅越小。从抵御外界气温剧变来讲，气温范围为–22.5～–20.5℃，日平均气温为–1.93℃，而 10cm、20cm、40cm 雪层温度范围分别为–11～0℃、–8～0℃、–6.5～0℃，20cm、40cm、60cm 雪层平均温度分别比 10cm 雪层平均温度高 0.62℃、2.66℃、2.94℃，60cm 雪层平均温度为–1.75℃。积雪层越厚，对外界环境变化及气温剧变的抗干扰能力越强，保温效果也越好。在气温滞后上，在 12：00～14：00 时为一天中最高气温，6：00 左右达一天中最低气温，10cm 雪层温度最高时约出现在 9：00 和 16：00，20cm 雪层约出现在 10：00 和 20：00，而 40cm 雪层约出现在 10：00 和 16：00，60cm 雪层无明显日变化，40cm 雪层温度由最低值升到最高值所需的时间最短。雪层对气温有滞迟现象，雪层越厚时气温滞迟越明显；雪层厚度（y，cm）与雪层温度（x，℃）回归关系为 $y=1.8068\ln x-0.90521$（$R^2=0.9441$）（图 6-9）。

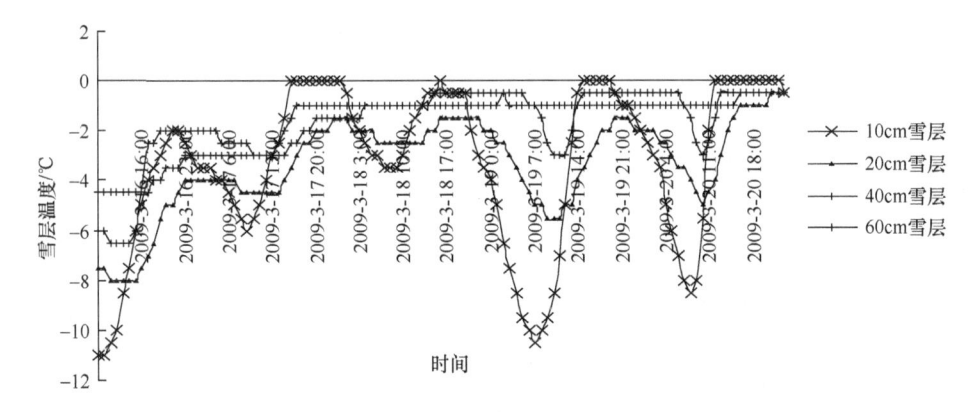

图 6-7　不同厚度雪层温度的日变化

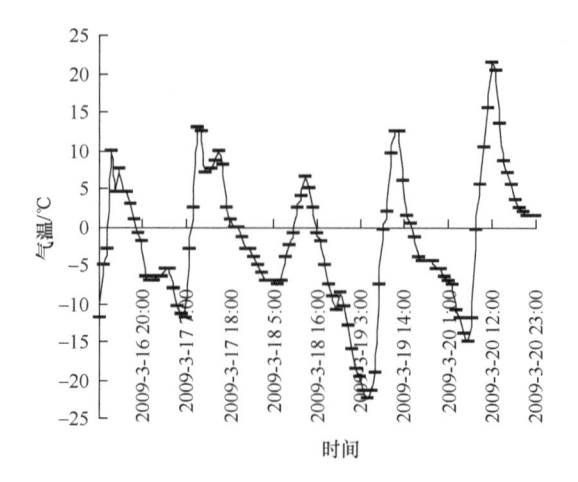

图 6-8　伊尔施镇 2m 高处气温日变化

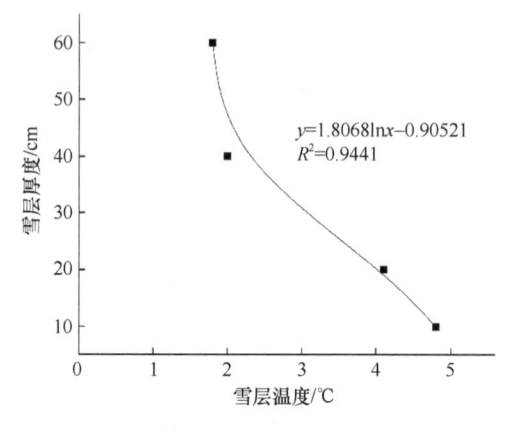

图 6-9　雪层厚度与雪层温度的关系

6.2　积雪消融与土壤温度的关系

6.2.1　积雪消融期对土壤温度的影响

6.2.1.1　阿尔山伊尔施镇积雪消融期土壤温度的变化

土壤平均温度是描述土壤热状况的重要指标。土壤温度变化是一个连续的过程，阶段平均温度能综合地反映土壤阶段热状况。

在阿尔山伊尔施镇共设置无雪区、38cm 积雪区（自然积雪区）、60cm 积雪区 3 个不同积雪深度的样地。通过观测土壤温度的变化（图 6-10）可知，土壤温度的变化取决于积雪的深度与气温的高低和稳定性。无雪区和 38cm 积雪区越靠近地表，土壤温度越低，表现为地表＜10cm 土层处＜20cm 土层处＜30cm 土层处，而 60cm 积雪区则表现为 10cm 土层处＞20cm 土层处＞30cm 土层处＞地表，说明较厚的积雪确实起到了保护土壤温度的作用。3 月 24～29 日气温相对较低时，无雪区影响到了 30cm 土层；38cm 积雪区影响到了 20cm 土层，但很短暂，且幅度不大，温度只下降了 0.5℃，维持 2d 以后土壤温度开始上升；60cm 积雪区只影响到了 10cm 土层，温度下降了 0.5℃，但持续时间长，在 4 月 5 日土壤温度才得以回升。土壤温度平稳维持时间的长短表现为 60cm 积雪区＞38cm 积雪区＞无雪区。在 4 月 1～6 日气温相对较高时，无雪区地表温度最高上升到 9℃，随着积雪的变薄，积雪区受影响最大的是 10cm 土层以上部分，即气温越低，积雪越厚，气温与土壤温度的差值越大，积雪起到保护土壤温度的作用，在气温升高时，有雪区变化幅度小，积雪起到了冷却作用，阻碍土壤温度的升高及融冻，表明积雪的作用是双向的。在积雪消融期，无雪区的土壤融冻层位置在剧烈变化，而 38cm 积雪区和 60cm 积雪区并无此现象。

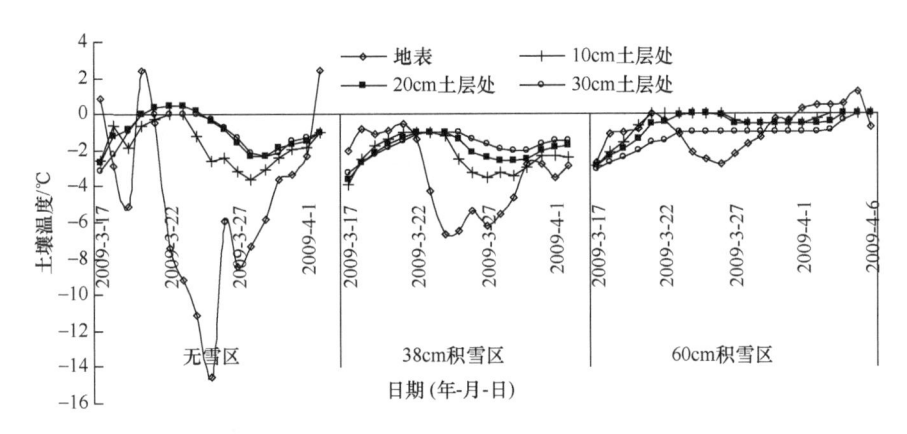

图 6-10 伊尔施镇积雪消融期土壤温度的变化

由图 6-10 可知，积雪覆盖区域的 0～30cm 土层土壤温度高于无雪区，且 60cm 积雪区 0～30cm 土层土壤温度高于 38cm 积雪区。38cm 积雪区积雪深 34cm 时，近地表 2m 高处日平均气温（x，℃）与地表温度（y，℃）符合方程：$y=-0.00778+0.31095x-0.175x^2$（$P=0.013$，$R^2=0.4610$）；33cm 积雪时，地表温度（$y$，℃）与近地表 2m 高处日平均气温（$x$，℃）遵循方程：$y=-0.33465+0.09110x+0.08167x^2$（$P=0.0065$，$R^2=0.91$），说明气温在 $-29\sim-26.5$℃变化时，气温可改变 33cm 以下积雪的地表温度，当积雪深度大于 34cm 时，近地表气象条件的变化短时间内对雪层底部热状况影响甚微。

6.2.1.2　呼和浩特黄合少镇积雪消融期土壤温度的变化

黄合少镇近地表 2m 高处日气温变化特点为：3 月 11～15 日气温在 14：00～

16:00 达最大值，3 月 16 日至 4 月 9 日在 12:00～14:00 达最大值。整个观测期，每日 14:00～22:00 温度下降快于 0:00～6:00，6:00 左右气温为全天最低，极端最低温出现在 3 月 12 日 6:00，为–12℃，最高温出现在 3 月 13 日，为 17℃。由图 6-11 可知，黄合少镇气温总体变化平稳。积雪消融期 3 月 11～15 日气温日变化呈现下降—上升—峰值—下降的波浪式波动趋势，3 月 13 日日平均气温达最大值（3.92℃），3 月 15 日达最低值–5℃。积雪消融后，3 月 16 日至 4 月 9 日气温变化可分为 5 个阶段：3 月 16～20 日、3 月 21～25 日、3 月 26 日至 4 月 1 日、4 月 2～6 日、4 月 7～9 日，气温日变化呈现先下降再上升后下降的趋势。整个积雪消融观测期，日平均气温在 3 月 21～25 日即使有升有降，但总体处于低值运行阶段，低于其他各个阶段，日平均气温最高值仅为 0.25℃。其他阶段（3 月 16～20 日、3 月 26 日至 4 月 1 日、4 月 2～6 日、4 月 7～9 日）最高值出现时间及其值分别为 3 月 19 日 5.33℃、3 月 30 日 4.37℃、4 月 4 日 6.7℃、4 月 8 日 10.2℃，最低值出现时间及其值分别为 3 月 20 日–1.75℃、3 月 25 日–3.7℃、4 月 1 日–2.8℃、4 月 6 日 1℃。

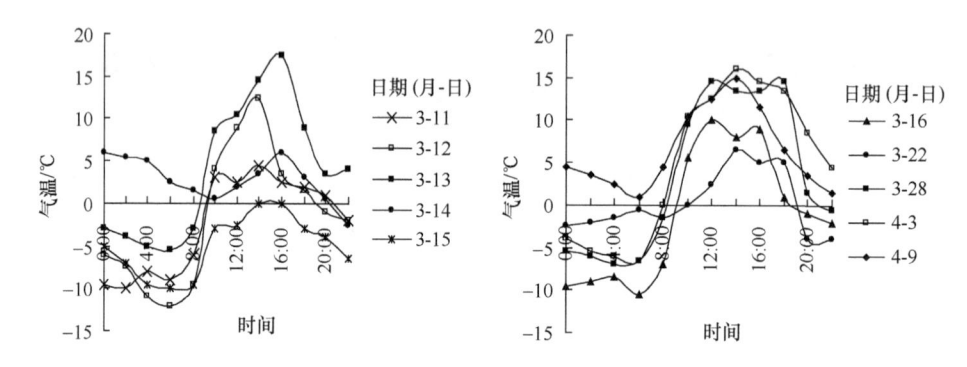

图 6-11 黄合少镇近地表 2m 高处气温的日变化

图 6-12 给出了黄合少镇积雪消融期 0～30cm 土层的土壤温度，其中，农地、荒地、林地、裸地积雪深度分别为 10cm、10cm、15cm、0cm。

积雪消融期，各样地土壤温度都表现为先上升后下降的趋势（除 30cm 土层外），与气温变化趋势基本一致。裸地 0～30cm 土层土壤温度变化较其他各样地的土壤温度变化剧烈且高于其他样地温度，分析认为裸地由于地面无积雪覆盖，受气温波动的影响大，而其他样地均有积雪覆盖，虽然较薄，但仍起到保护土壤温度的作用，尤其是林地土壤温度变化幅度较小，积雪有力地保护了土壤温度，使之免受剧烈变化，积雪的作用尤为明显。此外，农地由于是灌溉地，土壤含水量较大，积雪消融期 5cm 以下土壤温度也在 0℃以下变化。整体上看，各样地 30cm 土层处土壤温度对外界气温不敏感且一直处于上升阶段，越靠近地表温度变幅越大，土壤温度越高。各样地土壤温度表现为：地表＞5cm 土层处＞10cm 土层处＞20cm 土层处＞30cm 土层处，这与气温昼夜温差相对小及积雪较薄有关。

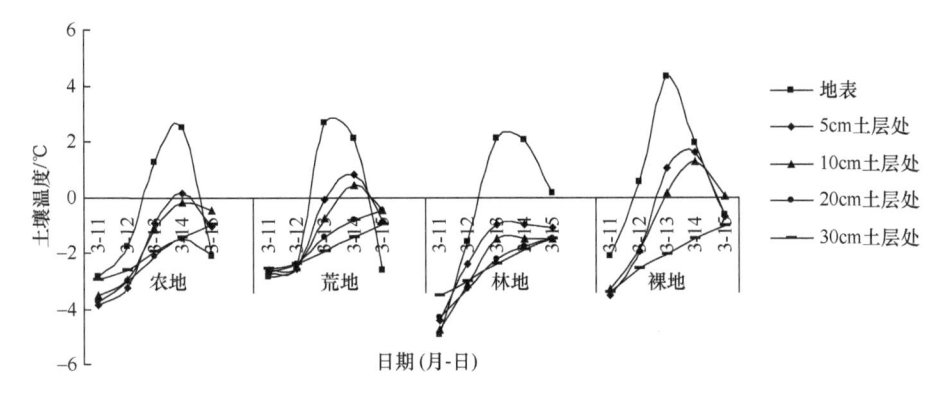

图 6-12　黄合少镇积雪消融期土壤温度的变化

综上所述，从两试验地不同积雪深度下的积雪消融期土壤温度日均值变化可知，积雪消融期，阿尔山无雪区和 38cm 积雪区的土壤温度越靠近地表温度越低，地表＜10cm 土层处＜20cm 土层处＜30cm 土层处，而 60cm 积雪区则表现为 10cm 土层处＞20cm 土层处＞30cm 土层处＞地表，说明较厚的积雪确实起到了保护土壤温度的作用；黄合少镇各样地土壤温度表现为越靠近地表温度越高，地表＞5cm 土层处＞10cm 土层处＞20cm 土层处＞30cm 土层处，积雪较厚的林地土壤温度较低。两地区不同积雪深度对土壤温度的影响证实，较厚的积雪可避免 0～30cm 土层土壤温度的剧烈变化。

6.2.2　积雪消融后对土壤温度的影响

6.2.2.1　阿尔山伊尔施镇积雪消融后土壤温度的变化

图 6-13、图 6-14 给出了阿尔山伊尔施镇积雪消融后的土壤日平均温度变化与气温日变化。

积雪消融后，由于积雪处地表出露和天气的不断变暖，各区土壤日平均温度迅速上升到 0℃附近或 0℃以上，积雪区的地表温度表现得极其不稳定，整体上土壤温度随气温的变化而变化，只是随着土壤深度的加深，变幅减小，且越靠近地表温度越高。土壤日平均温度表现为：地表＞10cm 土层处＞20cm 土层处＞30cm 土层处，与消融期完全不同且融冻层位置大幅上升。土壤深度越大，日平均温度变化越小，地表、10cm 土层土壤日平均温度变化幅度较大，20cm 土层、30cm 土层土壤日平均温度上升幅度较小。无雪区 0～30cm 土层土壤日平均温度高于 38cm 积雪区和 60cm 积雪区，说明由于前期的积雪，后期土壤解冻较慢。无雪区 0～30cm 土层土壤日平均温度主要在 0℃以上变化，38cm 积雪区、60cm 积雪区 30cm 土层土壤日平均温度长期处在 0℃，临界状态维持时间长，土壤升温较慢，解冻延迟。

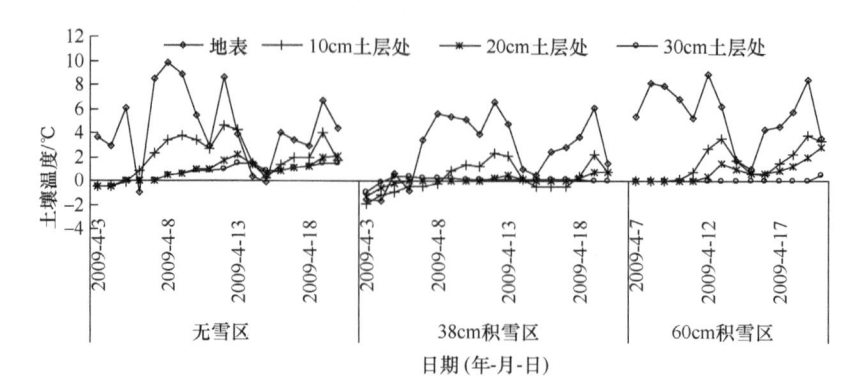

图 6-13 伊尔施镇积雪消融后土壤日平均温度的变化

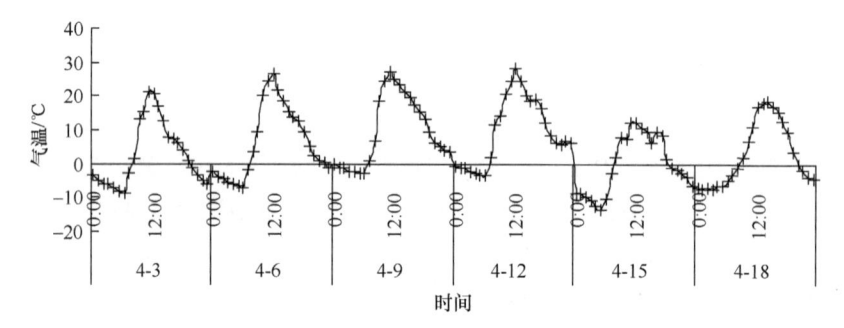

图 6-14 伊尔施镇积雪消融后气温的日变化

日期用"月-日"表示

6.2.2.2 呼和浩特黄合少镇积雪消融后土壤温度的变化

从土壤日平均温度变化（图6-15）可知，各样地0～30cm土层土壤日平均温

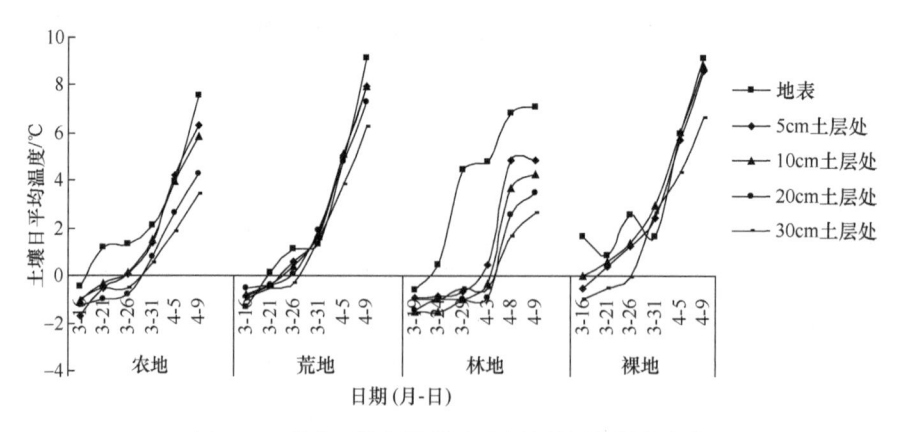

图 6-15 黄合少镇积雪消融后土壤日平均温度变化

度都有不同程度的增加,各样地越靠近地表土壤温度回升越快,变幅越大,且日平均温度越高。土壤日平均温度增加幅度较大的是裸地和荒地,在积雪消融后期,荒地 0～20cm 土层土壤日平均温度增加趋势逐渐趋于一致,裸地 0～20cm 土层土壤日平均温度几乎等同,而农地和林地 0～30cm 土层土壤日平均温度较荒地和裸地小,且逐渐发生分离,形成差异。由于农地是灌溉用地,林地积雪深度大,土壤含水量均较大,而裸地没有融雪水的下渗,所以可归结为积雪的厚度以及土壤前期含水量的多少影响后期土壤日平均温度的变化,均对后期土壤解冻及对融冻层位置有较大影响。

综上所述,从两地不同积雪深度下的积雪消融后土壤日平均温度变化可知,积雪消融后,由于积雪处地表出露和天气的不断变暖,各区土壤温度迅速上升,积雪区的地表温度表现得极不稳定,越靠近地表土壤温度回升越快,变幅越大,且温度越高,土壤日平均温度表现为:地表＞10cm 土层处＞20cm 土层处＞30cm 土层处。土壤这一时期主要靠吸收太阳辐射来增温,前期积雪厚的样地,后期土壤 0～30cm 土层土壤温度相对较低,说明积雪越厚对土壤后期融冻越不利。

6.2.3 消融期积雪对土壤温度梯度的影响

6.2.3.1 阿尔山伊尔施镇积雪对土壤温度梯度的影响

从表 6-1 可以看出,两个积雪区在积雪消融期,0～20cm 土层的土壤温度梯度较无雪区的小,尤其是 60cm 积雪区地表与 10cm 土层的土壤温度梯度(−0.36℃)远远小于无雪区的(−3.07℃),积雪对地表温度的影响主要表现为保温作用。无雪区 30cm 土层处的土壤温度高于 0～20cm 土层,而 38cm 积雪区 0～30cm 土层表现为随着土壤深度的增加,土壤温度升高,60cm 积雪区土壤温度的规律为 10cm 土层、20cm 土层处低,地表与土壤 30cm 土层处高。在春季土壤解冻期,由于冻融循环的作用,土壤温度梯度变化大而不稳定,有雪区积雪改变了土壤温度梯度。无雪区、38cm 积雪区、60cm 积雪区 0～30cm 土层土壤温度梯度分别为(−3.07～0.15)℃/10cm、(−1.07～−0.26)℃/10cm、(−0.36～0.56)℃/10cm,积雪越厚,土壤温度梯度越小。积雪消融后,3 区 0～30cm 土层土壤温度表现为越靠近地表温度越高,60cm 积雪区地表与 10cm 土层土壤温度梯度最大,为 4.05℃,说明地表温度上升较快,底层土壤温度上升较慢,土壤融冻主要靠地表吸收太阳能并逐步积累,进而提高下层温度,无雪区、38cm 积雪区、60cm 积雪区 0～30cm 土层土壤温度梯度分别为(0.14～2.47)℃/10cm、(−0.07～2.47)℃/10cm、(0.73～4.05)℃/10cm,积雪越厚,地表与其底部的土壤温度梯度越大。

表 6-1　伊尔施镇 0～30cm 土层土壤温度梯度　　　（单位：℃）

日期	气温	无雪区土壤温度梯度			38cm 积雪区土壤温度梯度			60cm 积雪区土壤温度梯度		
		地表与10cm土层	10cm土层与20cm土层	20cm土层与30cm土层	地表与10cm土层	10cm土层与20cm土层	20cm土层与30cm土层	地表与10cm土层	10cm土层与20cm土层	20cm土层与30cm土层
3月17日至4月2日	−29～−22	−3.07	−0.75	0.15	−1.07	−0.34	−0.26			
4月3～20日	−28～−13.5	2.47	1.20	0.14	2.47	0.23	−0.07			
3月17日至4月6日	−29～−26.5	−1.92	−0.57	0.12				−0.36	0.15	0.56
4月7～12日	−28～−13.5	2.33	1.49	0.18				4.05	0.71	0.73

注：空格表示无数据。

6.2.3.2　呼和浩特黄合少镇积雪对土壤温度梯度的影响

从表 6-2 可以看出，3 月 11～15 日为农地和荒地积雪消融期，3 月 11～18 日为林地积雪消融期，此时 3 种地类中，5cm 土层与 10cm 土层土壤温度梯度最小，地表与 5cm 土层土壤温度梯度最大。积雪消融期，农地地表与 10cm 土层土壤温度高于其他处，林地地表处 5cm 与 10cm 处土壤温度相对较高，荒地 30cm 土层土壤温度最高；积雪消融后，各个样地 0～30cm 土层土壤温度表现为越靠近地表，土壤温度最高，说明 0～30cm 土层土壤温度主要靠太阳辐射来储存热量进行土壤融冻的。农地的含水量在融雪前后都显著高于其他样地，积雪覆盖深度的不同和土壤含水量的不同使各样地土壤温度梯度不同。积雪消融期，农地、荒地、林地、裸地 0～30cm 土层土壤温度梯度分别为（−0.35～1.28）℃/10cm、（0.10～1.25）℃/10cm、（−0.03～0.44）℃/10cm、（−2.08～1.51）℃/10cm；积雪消融后分别为（0.12～1.21）℃/10cm、（0.44～0.65）℃/10cm、（0.001～2.38）℃/10cm、（−0.17～1.58）℃/10cm。

表 6-2　黄合少镇 0～30cm 土层的土壤温度梯度　　　（单位：℃）

日期	气温	农地土壤温度梯度				林地土壤温度梯度			
		地表与5cm土层	5cm土层与10cm土层	10cm土层与20cm土层	20cm土层与30cm土层	地表与5cm土层	5cm土层与10cm土层	10cm土层与20cm土层	20cm土层与30cm土层
3月11～15日	−17.5～−12.0	1.28	−0.10	0.65	−0.35				
3月16日至4月9日	−19.5～−13.5	1.01	0.13	1.21	0.12				

续表

日期	气温	农地土壤温度梯度				林地土壤温度梯度			
		地表与5cm土层	5cm土层与10cm土层	10cm土层与20cm土层	20cm土层与30cm土层	地表与5cm土层	5cm土层与10cm土层	10cm土层与20cm土层	20cm土层与30cm土层
3月11~18日	−17.5~−12.0					0.44	0.41	−0.03	−0.18
3月19日至4月9日	−19.5~−13.5					2.38	0.63	0.04	0.001

日期	气温	荒地土壤温度梯度				裸地土壤温度梯度			
		地表与5cm土层	5cm土层与10cm土层	10cm土层与20cm土层	20cm土层与30cm土层	地表与5cm土层	5cm土层与10cm土层	10cm土层与20cm土层	20cm土层与30cm土层
3月11~15日	−17.5~−12.0	1.25	0.10	0.37	0.30	1.51	0.04	−2.08	−0.28
3月16日至4月9日	−19.5~−13.5	0.58	0.14	0.44	0.65	0.65	−0.088	−1.54	0.625
3月11~18日	−17.5~−12.0					1.58	−0.06	1.31	−0.17
3月19日至4月9日	−19.5~−13.5					0.50	−0.06	1.81	0.07

注：空格表示无数据。

综上所述，积雪消融期，积雪深度较大的样地，土壤温度梯度、土壤温度变化幅度越小，伊尔施镇 0~30cm 土层土壤温度梯度变化幅度为：无雪区＞38cm 积雪区＞60cm 积雪区，黄合少镇 0~30cm 土层土壤温度梯度、变化幅度为裸地＞农地≈荒地＞林地。积雪消融后，随着季节不断变暖，昼夜温差缩小，积雪越厚的有雪区，地表温度变化幅度大，且高于其他各层土壤温度梯度，但总体上无雪区土壤温度梯度高于有雪区。

6.2.4 消融期积雪覆盖下地表温度与气温的关系

以伊尔施镇、黄合少镇两个观测点不同厚度积雪下的地表温度与气温差异为例分析积雪覆盖区、无雪区或裸地地表日平均温度与日平均气温的关系，结果见表 6-3 和表 6-4。

从表 6-3 可以看出，积雪消融期，阿尔山伊尔施镇，38cm 积雪区、60cm 积雪区的积雪主要起到保护土壤温度的作用，分别比无雪区地表日平均温度高 1.39℃和 3.93℃，积雪越厚，地表日平均温度与日平均气温相差越大，这一时期地表日平均温度高于日平均气温，说明地表对大气有加热作用，为热源；黄合少

表 6-3 不同地区土壤的地表日平均温度

地点	样地	积雪深度/cm	日平均温度/℃ 消融期	日平均温度/℃ 消融期	地表日平均温度/℃ 消融期	地表日平均温度/℃ 消融后
伊尔施镇	无雪区	0	−5.13	4.89	−4.78	4.52
伊尔施镇	38cm 积雪区	38	−5.13	4.89	−3.39	2.71
伊尔施镇	60cm 积雪区	60	−5.13	4.89	−0.85	5.52
黄合少镇	林地	15	−0.59	1.96	−0.01	2.63
黄合少镇	荒地	10	−0.59	1.96	−0.02	2.91
黄合少镇	农地	10	−0.59	1.96	−0.09	2.70
黄合少镇	裸地	0	−0.59	1.96	0.81	3.76

注："—"表示无此项数据。

表 6-4 不同积雪深度下地表日平均温度（y，℃）与日平均气温（x，℃）的拟合方程

地区	样地	积雪深度/cm	消融期 方程式	消融期 相关系数（R^2）	消融后 方程式	消融后 相关系数（R^2）
伊尔施镇	无雪区	0	$y = 0.90x$	0.97	$y = 0.93x$	0.93
伊尔施镇	38cm 积雪区	38	$y = 0.48x$	0.26	$y = 0.65x$	0.65
伊尔施镇	60cm 积雪区	60	$y = 0.16x$	0.29	$y = 0.94x$	0.66
黄合少镇	林地	15	$y = 0.98x$	0.63	$y = 1.07x$	0.94
黄合少镇	荒地	10	$y = 0.85x$	0.13	$y = 1.31x$	0.90
黄合少镇	农地	10	$y = 0.70x$	0.17	$y = 1.07x$	0.90
黄合少镇	裸地	0	$y = 1.08x$	0.92	$y = 1.08x$	0.92

镇积雪起到了冷却土壤温度的作用，裸地地表日平均温度分别比林地、荒地、农地地表日平均温度高 0.82℃、0.83℃、0.90℃，同样地表日平均温度高于日平均气温，说明地表对大气有加热作用，为热源。积雪消融后，阿尔山伊尔施镇 60cm 积雪区的地表日平均温度高于日平均气温，说明前期的积雪和后期较多的融雪水有利于提高地表日平均温度，无雪区和 38cm 积雪区日平均气温高于地表日平均温度，说明地表对大气有冷却作用，为热汇；黄合少镇裸地地表日平均温度高于其他地类，林地地表日平均温度最低，表现为地表日平均温度高于日平均气温，说明地表对大气有加热作用，为热源。积雪消融期，相比无雪区或裸地，夜晚温度低的地区，积雪区主要起保护土壤温度的作用（阿尔山伊尔施镇），夜晚温度相对高的地区，积雪主要起冷却土壤温度的作用（黄合少镇）。

地表日平均温度与日平均气温的回归关系见表 6-4。从表 6-4 可知，积雪覆盖隔离了地气的直接作用，整个观测期两地区的裸地、无雪区积雪较薄，积雪

消融后地表日平均温度与日平均气温呈线性回归关系，相关系数 $R^2>0.90$。阿尔山伊尔施镇积雪覆盖区的积雪消融期与消融后地表日平均温度与日平均气温无此规律。

综上所述，积雪对土壤温度的影响可分为两个阶段：积雪消融期和积雪消融后。积雪覆盖隔离了地气的直接作用，不同积雪深度覆盖下的消融期、消融后土壤温度的变化及温度梯度与无雪区或裸地的变化截然不同；积雪区土壤温度的变值取决于积雪的厚度与气温的高低及稳定性，同时积雪厚的样地可以保护土壤温度不受气温剧烈变化影响，积雪在消融期对土壤保温效果好，但对后期土壤融冻不利，使增温延迟。积雪的作用是保温和冷却双向的。

不同积雪深度下的土壤温度梯度取决于气温变化幅度和积雪深度，积雪深度大的地区，无论是积雪消融期还是积雪消融后，10～30cm 土层土壤温度梯度都较小。两地区中，只有伊尔施镇积雪消融后的无雪区、38cm 积雪区地表日平均温度小于日平均气温，为热汇，其余均为热源。

积雪覆盖导致地气能量交换发生改变。整个观测期两地区裸地、无雪区地表日平均温度与日平均气温均呈线性回归关系，相关系数 $R^2>0.90$。积雪覆盖区的积雪消融期、积雪较厚的阿尔山伊尔施镇积雪消融后地表日平均温度与日平均气温无此规律。

6.3 积雪消融与土壤含水率的关系

6.3.1 伊尔施镇融雪水对不同地类含水量的影响

6.3.1.1 农地融雪前后土壤含水量的变化

融雪水无论是保留在雪场内还是供给土壤和河流都是生命的关键支撑和养分的传输介质。融雪水的释放是一年当中对环境扰动最大的因子。影响融雪水向土壤渗透比例的因素有许多，融雪水下渗的比例取决于雪场融雪产生的速率、土壤渗透系数、土壤持水特性、土壤导水性、土壤孔隙度和原始土壤含水量。当融水的排放速率低于土壤的饱和生态系数时，融雪水将完全渗透，如果融水的排放速率超过土壤的饱和渗透系数时，渗透持续到土壤饱和或在雪层底部形成水层，在冻融循环过程中，易形成底冰，使土壤有效孔隙度降低，从而影响土壤下渗能力（李述训和程国栋，1996）。

图 6-16 显示了阿尔山伊尔施镇农地积雪消融前后土壤含水量的变化。农地积雪为自然积雪，积雪深度为 38cm。由图 6-16 可知，积雪覆盖下的农地在积雪消融后，积雪向土壤下渗的融雪水使得土壤各层含水量都有不同程度的增加，0～

10cm 土层增加最大，融雪后土壤含水量从大到小依次为 0～10cm 土层、10～20cm 土层、30～40cm 土层、20～30cm 土层、40～50cm 土层。土壤中间层 20～30cm 土层含水量低于 10～20cm 土层和 30～40cm 土层，从前面分析的阿尔山伊尔施镇积雪消融后的土壤温度可知，越靠近地表土壤温度越高，从融雪水的下渗角度分析，土壤中的未冻水沿着温度降低的方向迁移，迁移量的大小随温度梯度的增大而增加。土壤表层温度低不利于下渗，20～30cm 土层向深层下渗相对快于 30～40cm 土层向深层渗透，从而导致 30～40cm 土层土壤含水量比 20～30cm 土层含水量高。

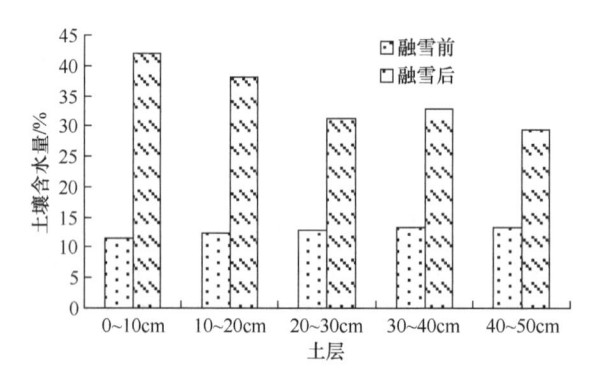

图 6-16 农地融雪前后土壤含水量的变化

6.3.1.2 腐殖质融雪前后含水量变化

图 6-17 显示了阿尔山伊尔施镇腐殖质层积雪消融前后含水量的变化。阴坡腐殖质厚度为 4.2cm，阳坡腐殖质厚度为 3.3cm。由图 6-17 可知，融雪后腐殖质层含水量成倍地增加，融雪水的下渗导致阳坡腐殖质层含水量增加了 12.3 倍，阴坡增加了 10.2 倍。融雪水的下渗显著地增加了地面腐殖质层的含水量。腐殖质层含水量之所以成倍地增加，归因于积雪从开始融化到结束的整个过程中，

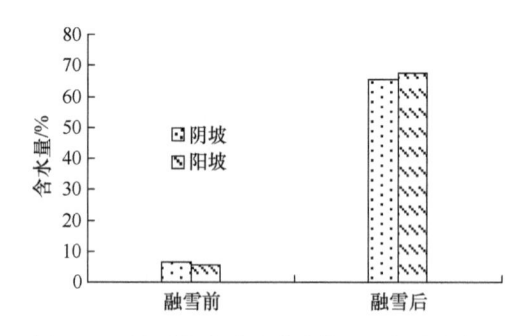

图 6-17 坡面腐殖质层融雪前后含水量的变化

只要有融雪水下渗，腐殖质层就受到融雪水的浸泡和淋洗，这种情况一直会持续到融雪结束。

6.3.1.3 不同坡向融雪前后土壤含水量的变化

图 6-18、图 6-19 分别为阳坡与阴坡融雪前后土壤含水量的变化。试验区土壤类型为黑土，植被类型为森林，阳坡积雪平均厚度为 43.5cm，消融时间为 2009 年 3 月 17 日至 4 月 6 日；阴坡积雪平均厚度为 57.6cm，消融时间为 2009 年 3 月 17 日至 4 月 16 日，阳坡和阴坡消融起始时间一致，但结束时期不同，是由于积雪深度及坡向间受热情况不同。

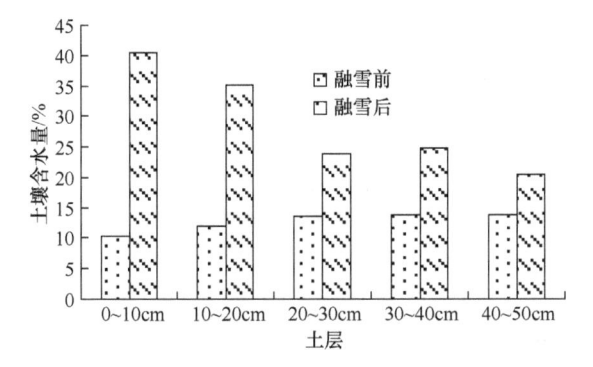

图 6-18 阳坡融雪前后土壤含水量的变化

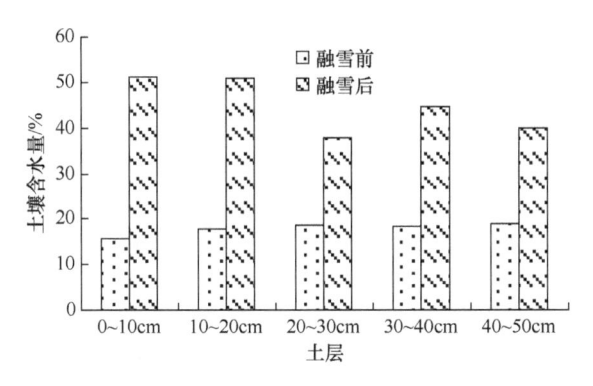

图 6-19 阴坡融雪前后土壤含水量的变化

阳坡融雪前土壤各土层含水量相差不大，都在 10%～13%范围内，融雪后 0～20cm 土层和 20～50cm 土层可以看成两个不同等级的含水量（土壤含水量以 30%为界限），也出现了 20～30cm 土层低于 30～40cm 土层的现象。融雪水的下渗增加了土壤 0～50cm 的含水量，使得各土层土壤含水量增加，含水量在 20%～40%范围内。融雪后阳坡 0～50cm 土层土壤含水量有不同程度的增加，相比 0～20cm 土层，20～

50cm土层含水量增加较少。由于2009年4月1~6日气温的骤然上升，促使短时间内大量融雪，而土壤表层温度较低，使融雪水下渗量少且伴有明显的径流产生。

阴坡融雪前0~50cm各土层含水量在15.7%~19.0%范围内，融雪水的下渗使得阴坡0~50cm土层含水量有不同程度的增加，且各土层含水量都超过了37%。增幅最大的是0~10cm土层；增幅最小的是20~30cm土层，土壤含水量增幅从大到小依次为0~10cm土层＞10~20cm土层＞30~40cm土层＞40~50cm土层＞20~30cm土层。在大气温度骤然升高时伴有径流产生。

比较阴坡与阳坡在积雪消融前后土壤含水量的变化可知，在积雪完全消融后，两坡向在50cm以上土层含水量都有增加，与阳坡相比，阴坡土壤含水量增加更多。阳坡积雪融水主要下渗到土壤20cm以上，阴坡水分则可以下渗到50cm，且各土层含水量明显高于阳坡，这可能是由于阴坡比阳坡融雪时间多10d，积雪消融时间长，给水分下渗提供了足够的时间，且随着时间的延长，昼夜温差逐渐缩小、温度逐渐上升，有利于融雪水下渗，使土壤含水量增加。

从自然因素来看，受植被拦截、地形拦截沉降及空旷地带吹蚀沉降等条件影响，阿尔山伊尔施镇的融雪水对土壤水分的改善效果从大到小依次为阴坡、农地（平地）、阳坡。各地类0~50cm土层含水量与积雪深度的拟合方程见表6-5。

表6-5 伊尔施镇0~50cm土层土壤含水量与积雪深度的拟合方程

	方程式	相关系数（R^2）	积雪深度/cm
阴坡	$y=-1.45x^4+17.32x^3-69.87x^2+106.39x$	0.90	57.6
阳坡	$y=-12.85\ln x+41.28$	0.92	43.5
农地	$y=-7.763\ln x+42.12$	0.91	38.0

注：式中$x=1, 2, 3, 4, 5$，分别代表0~10cm土层、10~20cm土层、20~30cm土层、30~40cm土层、40~50cm土层；y代表不同土层的土壤含水量（%）。

6.3.2　内蒙古农业大学试验田融雪水对不同地类含水量的影响

试验区位于内蒙古农业大学试验田，根据不同地类设荒地、林地、农地、休闲地4类，积雪深度分别为14.5cm、16.1cm、13.00cm和13.00cm，融雪水在土壤中的下渗深度均值分别为6.41cm、9.50cm、4.50cm、6.16cm。

由图可知，融雪水的下渗显著提高了0~10cm土层的体积含水量，融雪水在渗入土壤的过程中，体积含水量增加最多的是荒地，增加最少的是休闲地。由于灌溉的原因，无论是融雪前还是融雪后，农地是各个地类中土壤含水量最高的（图6-20)，但从下渗深度来说,农地的下渗深度是各个地类中最小的,仅为4.50cm，与积雪深度相同的休闲地相比，下渗深度少了1.66cm，说明融雪前含水量较高的地类，积雪融化影响到的下渗深度浅，反之融雪水下渗深度深；从林地、农地、休闲地融雪水的下渗深度和土壤体积含水量的增加量来看,融雪水下渗深的土壤体积含水量增加少,反之则增加多。如果按雪的密度为150kg/m³来计算,融雪水无蒸发和径流产生,荒地、林地、农地、休闲地1m²上积雪融水分别为21.75kg、24.15kg、19.50kg、19.50kg,而实际渗入土壤的水量分别为11.82kg、15.48kg、7.93kg、9.88kg,融雪水有效渗入率分别为54.34%、64.10%、40.67%、50.67%,未见径流产生,损失的含水量升华或被蒸发散失到大气中。融雪水下渗量(y,kg)与样地积雪水当量(x,kg)拟合方程为$y=0.034x^2-0.168x+18.43$($R^2=0.94$)。

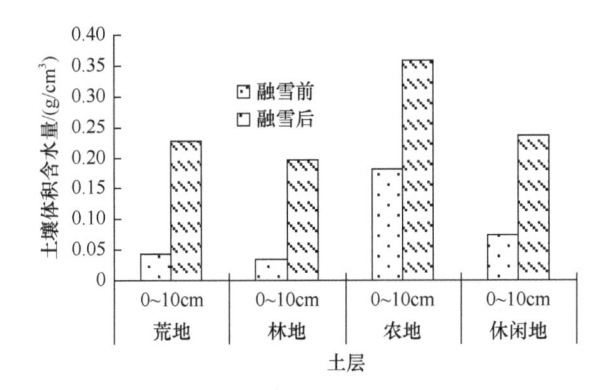

图 6-20　内蒙古农业大学试验区不同地类融雪前后土壤体积含水量的变化

6.3.3　黄合少镇融雪水对不同地类含水量的影响

图 6-21 显示了黄合少镇融雪前后不同地类土壤体积含水量的变化。从图 6-21

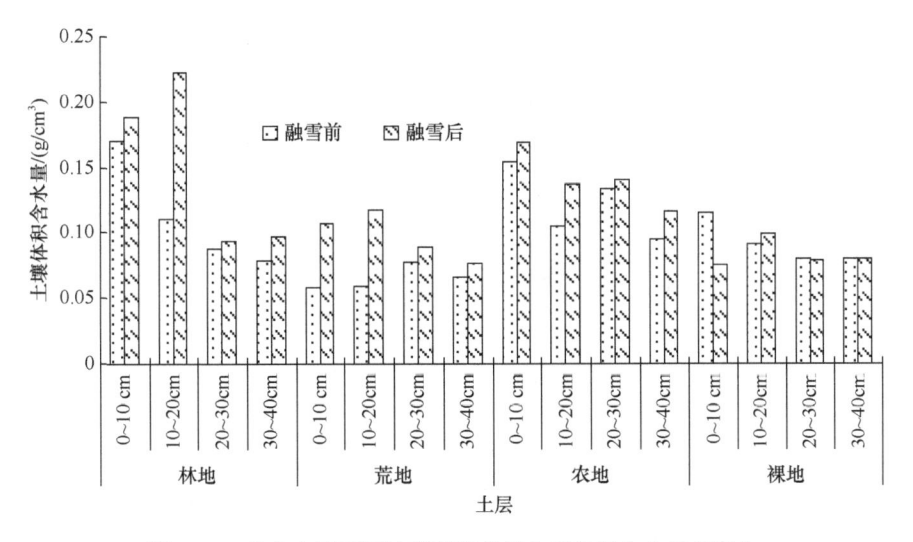

图 6-21　黄合少镇不同地类融雪前后土壤体积含水量的变化

可知，积雪覆盖下的林地、农地、荒地与裸地在积雪消融后土壤0～40cm土层土壤体积含水量变化明显不同，积雪覆盖的样地土壤体积含水量在增加，而裸地总体上在减少。土壤体积含水量增加量最大的为林地，其中10～20cm土层增加最多。裸地是人为除雪保持地面无雪，可以看出，由于无融雪水的渗入，在积雪消融期，蒸发使土壤水分散失，0～10cm土层的土壤水分在减少。林地、荒地、农地的积雪深度分别为15.3cm、10.5cm、8.1cm，融雪水下渗深度以40cm计，雪的密度按150kg/m³来计算，三种地类上1m²积雪的融雪量分别为22.95kg、15.75kg、12.15kg，而实际向土壤渗入的量为12.95kg、7.41kg、5.90kg，融雪水有效渗入率分别为56.43%、47.05%、48.56%，未见径流产生，所以损失的是由于升华或蒸发散失掉了。

6.3.4　赛罕乌拉国家级自然保护区融雪水对不同地类含水量的影响

图6-22显示了赛罕乌拉国家级自然保护区不同地类融雪前后土壤体积含水量的变化。赛罕乌拉国家级自然保护区，融雪前各样地0～10cm土层土壤体积含水量相差不是太大，积雪融化完后，融雪水的下渗显著增加了土壤含水量，各样地体积含水量在0.236～0.294g/cm³范围内，0～10cm土层土壤体积含水量增加最多的是荒地，增加量为0.176g/cm³。农地、阴坡、林地、阳坡、荒地的积雪深度分别为10.8cm、14.6cm、11.7cm、12.0cm、11.3cm，融雪水下渗深度均值分别为4.58cm、5.15cm、3.19cm、3.69cm、3.17cm，按雪的密度为150kg/m³来计算，1m²融雪可释放16.2kg、21.9kg、17.55kg、18.00kg、16.95kg的融雪水，实际渗入土壤的融雪水分别为5.63kg、5.77kg、4.21kg、4.17kg、5.59kg，融雪水有效渗入率分别为34.75%、26.35%、23.99%、23.17%、32.98%，未见径流产生。农地对融雪水的利用率最高，由此认为历年的农耕有利于土壤水分的吸收和下渗。融雪水下渗量与样地积雪水当量拟合方程为 $y=0.001x^4-0.0503x^3+0.7082x^2-2.5309x$（$R^2=0.88$），见表6-6。

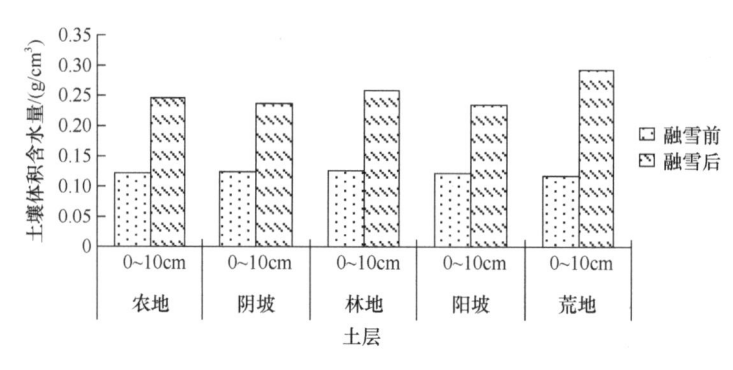

图6-22　赛罕乌拉国家级自然保护区不同地类/地形融雪前后土壤体积含水量的变化

表 6-6 不同地区融雪水下渗量与积雪水当量拟合方程

试验区	方程式	相关系数（R^2）
内蒙古农业大学试验区	$y=0.0345x^2-0.1681x+18.432$	0.94
黄合少镇	$y=16.305\ln x-38.374$	0.98
赛罕乌拉国家级自然保护区	$y=0.0011x^4-0.0503x^3+0.7082x^2-2.5309x$	0.88

注：式中 x 为积雪水当量（kg）；y 为融雪水下渗量（kg）。

综上所述，积雪覆盖区的样地融雪后 0~10cm 土层的土壤体积含水量有显著增加，无雪区或裸地在融雪后 0~10cm 土层的土壤体积含水量在减少，与积雪覆盖的样地土壤体积含水量的变化截然不同。自然条件下，同一地区阴坡融雪水有效下渗率大于阳坡；旱田的耕作方式有助于改善土壤结构，从而促进融雪水的下渗；在有聚雪效益的草覆盖的荒地，融雪水有效下渗率较高；农地在有灌溉的情况下，融雪后的土壤体积含水量是最大的，但下渗深度最小，可解释为含水量高；在积雪深度大的坡地上易形成融雪径流而流失。在冬季持续低温下，灌溉区域土壤冻结程度高于无灌溉区域，或冻结密实度更大些，不利于融雪水的下渗，即融雪前 0~10cm 土层土壤体积含水量大的情况下，融雪水下渗深度小，融雪水有效下渗率低。例如，内蒙古农业大学灌溉农地和呼和浩特黄合少镇灌溉农地未见径流形成，很大程度上是被蒸发和升华散失掉了，而在昼夜温差大的地区（如阿尔山），很容易形成底冰或高温快速的融雪，不利于融雪水下渗。融雪前土壤体积含水量较小的地类，有利于融雪水的下渗，融雪水有效渗入土壤的比例大。

6.3.5　影响融雪水下渗的因素

从前面的分析可知，同一地区在积雪深度相同、地类不同的情况下，融雪水下渗深度是不同的，在同一剖面上即使积雪深度相同，横向距离大约相差 5cm，融雪水的下渗深度仍极不相同。融雪水下渗的程度取决于雪场融雪的速率、土壤渗透系数、土壤持水特性、土壤导水性、土壤孔隙度和土壤初始含水量。以下仅以融雪水在同一剖面下渗不同深度来进行解析。

图 6-23 是一个在阿尔山伊尔施镇阴坡缓坡 100cm×50cm 矩形坑从某一顶点顺序展开的剖面下渗图。每隔 10cm 测量一次下渗深度。该缓坡积雪深度为 45cm。由图 6-23 可知，下渗深度极不均匀，深的达 53cm，浅的只有 13cm，下渗浅的区域地表上覆盖了一层含水量较大的底冰层，而下渗深的地方无此现象。地面相对平缓或低洼处易形成积水，冻融循环中，由于昼夜温差大，易形成底冰。内蒙古农业大学试验田、赛罕乌拉国家级自然保护区同样表现为同一剖面在积雪深度相同时，即使未出现底冰，融雪水的下渗深度也不均一（表 6-7，表 6-8）。由表 6-7

和表 6-8 中是测得的不同地类下渗深度的几组代表数据，表中各个测量点均是从剖面某一个点每隔 5cm 顺序展开的。内蒙古农业大学试验田荒地下渗深度最大为 8.5cm,最小为 4.8cm,相差 3.7cm;农地最大与最小下渗深度分别为 6.0cm 和 3.0cm,差值 3.0cm；林地最大与最小下渗深度分别为 13.0cm 和 7.0cm,差值 6.0cm；休闲地最大与最小下渗深度分别为 8.1cm 和 4.6cm,差值 3.5cm（表 6-7）。赛罕乌拉国家级自然保护区阴坡最大与最小下渗深度分别为 7.6cm 和 3.3cm,阳坡最大与最小下渗深度分别为 4.2cm 和 1.9cm,林地最大与最小下渗深度分别为 6.4cm 和 1.6cm,农地最大与最小下渗深度分别为 5.6cm 和 3.7cm（表 6-8）。

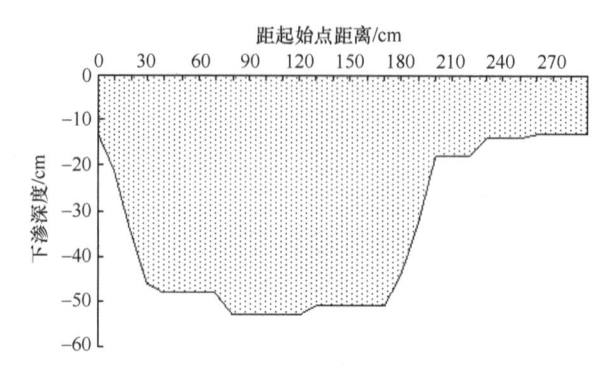

图 6-23 伊尔施镇融雪水下渗深度剖面图

表 6-7 内蒙古农业大学试验田不同地类下渗深度

测量点	下渗深度/cm			
	荒地 （积雪深度 14.5cm）	农地 （积雪深度 13cm）	林地 （积雪深度 16.1cm）	休闲地 （积雪深度 13cm）
1	−5.8	−3.5	−11.5	−7.0
2	−7.2	−4.0	−7.9	−6.9
3	−8.3	−3.9	−7.0	−5.0
4	−6.8	−5.0	−7.0	−7.1
5	−7.0	−5.1	−8.5	−6.1
6	−6.1	−5.5	−11.6	−4.8
7	−6.0	−4.6	−13.0	−5.5
8	−8.5	−6.0	—	−8.1
9	−6.1	−5.0	—	−7.9
10	−5.3	−3.0	—	−4.6
11	−4.8	−3.9	—	−4.8
均值	6.53	4.50	8.31	6.16

注："—"表示无该测量点。

第 6 章　积雪及其消融对土壤水热状况的影响 | 161

表 6-8　赛罕乌拉国家级自然保护区不同地类下渗深度

测量点	下渗深度/cm			
	阴坡 （积雪深度 14.6cm）	阳坡 （积雪深度 11.3cm）	林地 （积雪深度 12.7cm）	农地 （积雪深度 10.8cm）
1	6.4	3.1	2.9	3.7
2	4.1	3.9	2.6	3.9
3	3.9	2.8	2.6	4.1
4	5.3	2.7	2.5	4.6
5	3.8	3.2	2.0	4.4
6	3.3	2.8	1.7	4.7
7	5.6	3.6	1.9	4.3
8	3.9	4.1	1.6	5.6
9	6.9	4.2	2.0	5.2
10	4.8	3.1	3.8	5.0
11	4.0	4.2	2.6	—
12	5.5	2.7	6.4	—
13	6.8	1.9	5.9	—
14	7.6	3.6	4.0	—
15	5.8	3.8	3.7	—
均值	5.18	3.31	3.08	4.55

注："—"表示无该测量点。

由图 6-23、表 6-7 和表 6-8 可知，即使是积雪深度相同、地类相同，面积也不超过 1m² 的区域，融雪水下渗深度也极不相同，差别最大的是阿尔山伊尔施镇。伊尔施镇一个显著特点是地表出现了底冰层，有径流产生，而其他样地（黄合少镇、内蒙古农业大学试验田、赛罕乌拉国家级自然保护区）未见底冰层，也未见地表径流。如果认为土壤在小范围内下渗能力相同，那么推测是融雪水分布不均导致的土壤下渗不均（图 6-24）。融水在雪层内部以横向或纵向流动，纵向流动形成的水流指分布不均匀，从而出现同一剖面下渗极不均匀的现象。最显著的下渗不均是由底冰导致。

图 6-25 为伊尔施镇阴坡相同积雪深度（45cm）下融雪后土壤同一剖面（0～50cm 土层）的含水量。虽然积雪深度都是 45cm，但是影响到的土壤水分含量和下渗深度是不同的，存在明显的差异，有底冰的积雪处只能下渗到 10～20cm 土层，20～50cm 土层无融雪水的下渗，而无底冰的积雪处融雪可以下渗到 40～50cm 土层，其中，两种情况 0～20cm 土层土壤含水量相差不大，无底冰的积雪处 20～50cm 土层土壤含水量明显高于有底冰的土壤含水量，30～40cm 土层两者差值最大。

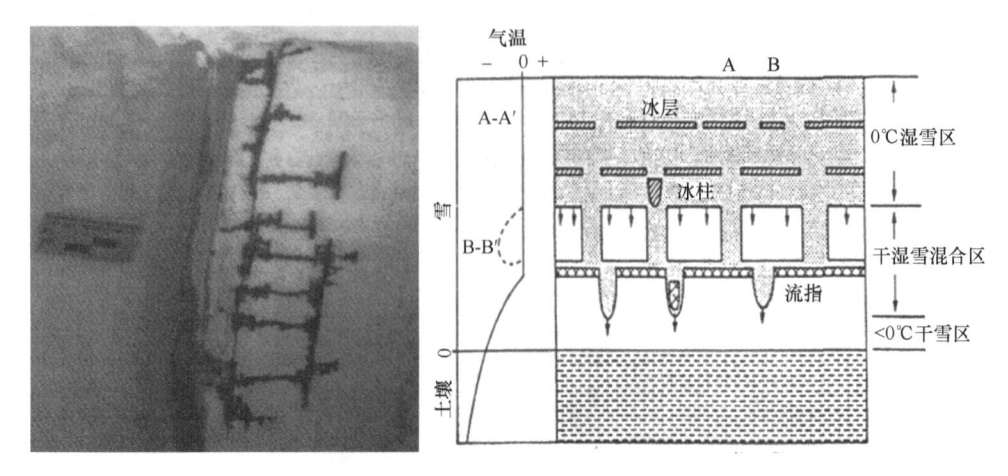

图 6-24 融雪期间水流、水流指发育示意图（引自 Marsh and Woo，1984）

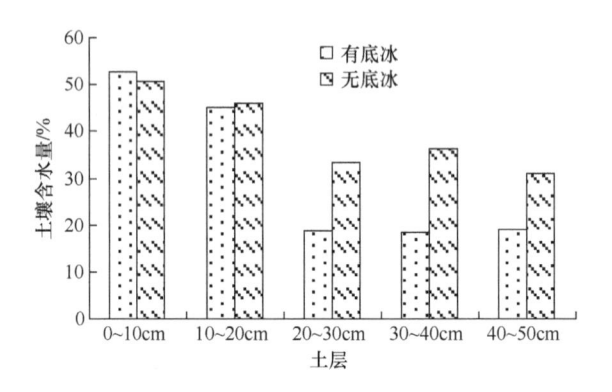

图 6-25 相同积雪深度（45cm）下不同土层的土壤含水量

图 6-26 显示了伊尔施镇不同积雪深度下有底冰与无底冰对土壤含水量的影响。由图 6-26 可以看出，无底冰时，即使土壤上积雪薄，相对于积雪厚有底冰的地方，其渗透能力也是极强的，45cm 积雪区有底冰的积雪处除 0~20cm 土层土壤含水量稍高于 25cm 积雪区无底冰积雪处外，其他土层的含水量均低于 25cm 积雪区无底冰处，这说明在自然条件复杂的情况下，融雪水在下渗深度和下渗量上分布极不均匀。积雪深度相同的情况下，融雪水下渗深度和下渗能力也不同，积雪较薄的地区下渗能力和下渗程度有时会高于积雪较厚的地区。总的来说，底冰的发育和水流指的发育不均都能使同一剖面融雪水下渗不均。

综上所述，虽然积雪以固体形式存在且稳定期不会影响和改变土壤含水量，但消融后会通过融水的形式进入到土壤中，表现形式为融雪水下渗，可显著增加土壤近地层含水量。但由于自然条件和下垫面的复杂性，积雪融水在下渗深度和下渗量上存在着极不均匀的分布。

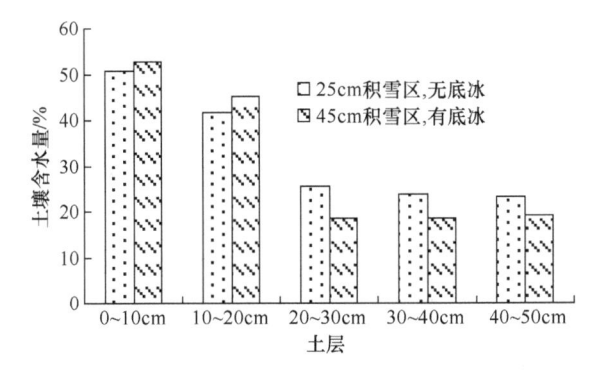

图 6-26 不同积雪深度下不同土层的土壤含水量

积雪深度相同、地类相同的同一土壤剖面下渗不均、底冰的发育和水流指的发育不均都能导致同一剖面中融雪水下渗不均。高温快速的融雪不利于融雪水下渗，易产生径流，蒸发和升华速率也会加快。

积雪较薄的区域无底冰融雪水的有效下渗率高于积雪较厚有底冰融雪水的有效下渗率，无底冰区域下渗深度大于有底冰区域，且 20~50cm 土层含水率一般大于有底冰区域。

不同地区、同一地区的不同地类融雪水有效下渗率不同，融雪水下渗量与积雪水当量遵循不同的多元线性方程或对数方程。

主要参考文献

高兴旺, 周幼吾, 王银学. 1996. 雪盖影响下活动层变化的统计预报模式. 冰川冻土, 18(S1): 206-215.

姜会飞, 廖树华, 叶尔克江, 等. 2004. 地面温度与气温关系的统计分析. 中国农业气象, 25(3): 1-4.

李述训, 程国栋. 1996. 气候变暖条件下青藏高原高温冻土热状况变化趋势数值模拟. 冰川冻土, 18(S1): 190-196.

刘凤景, Williams M, 程国栋, 等. 1999. 天山乌鲁木齐河融雪和河川径流的水文化学过程. 冰川冻土, 21(3): 213-219.

王玉涛, 胡春元, 杨冬梅, 等. 2008. 积雪厚度对锡林郭勒草原牧草返青的影响. 中国草地学报, 30(1): 15-20.

张志忠. 1987. 天山巩乃斯河谷季节性积雪的温度及其与土冻深的关系. 冰川冻土, 9(1): 69-79.

Jones H G, Bedard Y. 1987. The dynamics and mass balances of NO_3, and SO_4 in meltwater and surface runoffduring springmelt in a boreal forest // Swanson R H, Bernier P Y, Woodard P D. Forest Hydrulogy and Watershed Management. Walligford: IAHS Press.

Jones H G, Pomeroy J W, Walker D A, et al. 2001. Snow ecology: an interdisciplinary examination of snow-coverd ecosystems. Cambridge: Cambridge University Press.

第7章 积雪对草原牧草返青的影响

对于干旱少雨的内蒙古草原地区而言,冬季大雪是重要的土壤水分补给源,是草原上不可多得的自然资源。积雪对于牧草返青极为重要,对土壤水热条件有重要影响。风吹雪造成的二次积雪使积雪再分配,不同厚度的积雪融成雪水进而使土壤获得水分的再分配。牧草返青的时间对牲畜恢复膘情和水土保持具有重要意义(武永峰等,2005)。牧草返青除受长期形成的自身遗传机制影响以外,还受外界条件(水分条件和热量条件等)的影响(樊晓东等,2003;仝川等,2006)。典型草原春季的气候特点是干旱、多风。牧草春季消耗根部贮存的养料进行萌发时对外界的适应能力较差,因此春季土壤的墒情直接影响着牧草的返青。每个地区的土壤质地一般是不变的,土壤墒情的好坏主要取决于土壤含水量的多少(白永飞,1999)。土壤中水分的主要来源是降水,而春季的土壤墒情和上一年度秋季降水、冬季积雪、当年春季降水、春季风力大小、春季温度高低、解冻和冻结的日期等因素有着一定的关系(杨文义,1995;李英年,2001)。一般来说,土壤解冻由于有大量积雪融化,表层土壤相对湿度大,能够满足蒸发所需的水分,使土壤有好的底墒,有利于牧草的返青、生长(赵慧颖等,2007)。过去的研究过多集中在积雪的危害方面,忽视了积雪的正面效应,更没有把积雪作为一种资源看待。关于内蒙古草原牧区的积雪量、积雪对土壤水热状况的影响、积雪对牧草返青的贡献等基本问题还没有系统的研究。及时准确地掌握内蒙古草原牧区积雪范围、深度和分布情况,对草原积雪进行监测和评价,了解积雪堆积变化机理,变雪害为雪利,对于牧区抗灾减灾和实现草地资源合理利用等方面具有重要的意义。

7.1 积雪深度对土壤温度和土壤含水量的影响

本节共设置两个试验地。试验地情况及试验方法介绍如下。

试验地一 试验观测样地在锡林浩特市南50km处的灰腾河草地,该地是典型草原和草甸草原的交错处,海拔1300m左右。研究区属于典型的温带大陆性半干旱气候。年平均气温1.7℃,最冷月平均气温–21℃,年极端最低气温达–40℃,最热月气温一般在18~20℃。年降水量变幅大,年平均降水量为300~350mm,年总蒸发量为1700mm。牧草生长期一般为4月下旬至10月中旬,历时5个多月。

典型代表群落有大针茅群落、克氏针茅群落、羊草群落、糙隐子草群落、冰草群落、冷蒿群落、百里香和多根葱群落。

试验地二 试验地位于满洲里市西南 55km 处，属于呼伦贝尔草原西北边缘地区（北纬 49°38′，东经 117°53′）。研究区属于中温带大陆性气候。年平均气温 –1.3℃，极端最高气温 37.8℃，极端最低气温 –42.7℃，≥10℃年积温 1800～2200℃。年平均降水量 280～400mm，多集中于夏秋季节；年平均蒸发量 1400～1900mm，干燥度 1.2～1.5。土壤类型为草甸土，属碱化草甸土亚类，土层厚度 30～40cm，有机质含量为 1.8%～2.7%，pH 为 7.5～9.2。

试验方法（表 7-1） 测试项目主要包括牧草返青时间、牧草返青数量、牧草高度及牧草地上生物量，以及各样地内土壤表层（0～30cm）温度与含水量。牧草高度的测量：选定各样地样方内最先返青的 10 株牧草定期测量并记录高度。地上生物量取样方法是用小耙子耙去地表的残枝落叶，用剪刀贴地面剪下植株地上部分，放入纸袋中带回实验室，放入 80℃烘箱中烘干至恒重，用天平称重。土壤温度用地温计测量。土壤含水量采用剖面法采集土样，称重，在 120℃的烘箱中烘干 12h 后称重并计算得到。

表 7-1 试验地主要观测项目、取样方法/仪器及取样频率

观测项目	取样时间/间隔	监测仪器/方法	取样层次/方法	样本数
土壤温度	积雪变化期间全天	弯管温度计	5cm 土层、10cm 土层、20cm 土层、30cm 土层	2
气温	积雪变化期间全天	温度计	1m 高处	3
雪层温度	积雪变化期间全天	弯管温度计	根据积雪深度定（5cm 处、10cm 处、20cm 处、30cm 处）	2
土壤湿度	试验期隔天观测	剖面法	0～5cm 土层、5～10cm 土层、10～20cm 土层、20～30cm 土层	3
积雪深度	积雪稳定后	直尺实地量测	积雪深度 50cm	
牧草返青时间	每天观测	试验地观测	1m×1m 样方	10
牧草返青数量	隔天观测	试验地观测	1m×1m 样方	10
牧草长势	每隔 5～7d 观测	试验地观测	1m×1m 样方	10

注：空格表示无数据。

7.1.1 不同积雪深度下土壤温度的日变化规律

2007 年 3 月 11 日积雪期和 2007 年 5 月 4 日牧草返青期两个典型日不同积雪深度的土壤表层温度和气温的日变化情况如图 7-1 所示。

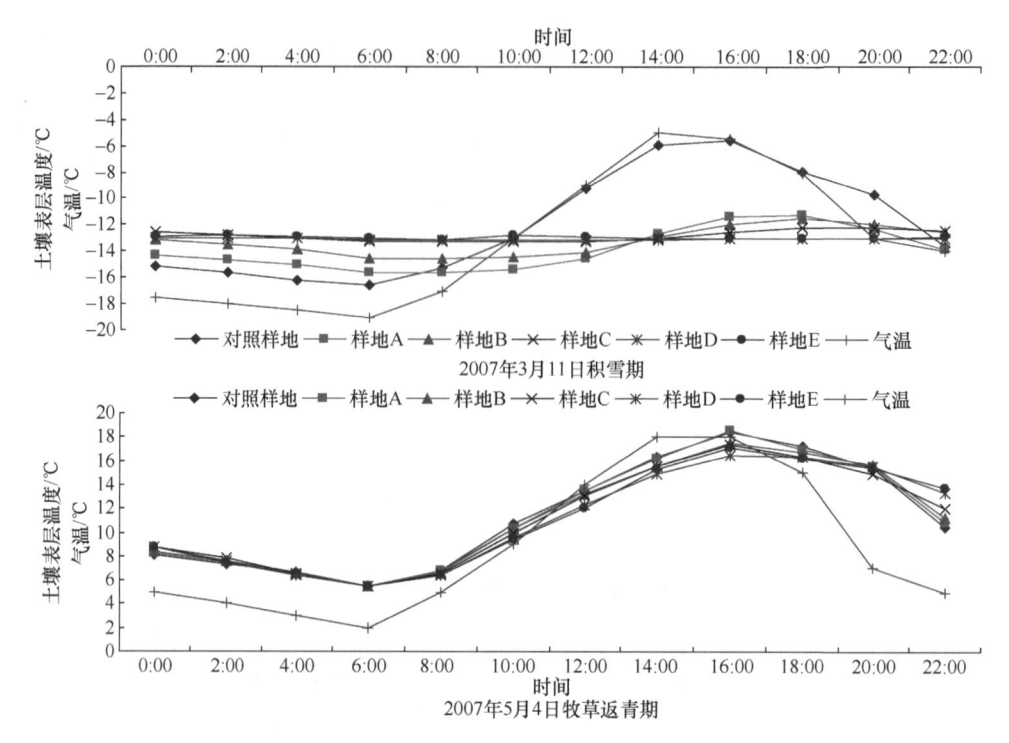

图 7-1　2007 年 3 月 11 日和 5 月 4 日不同积雪深度下土壤表层温度和气温的日变化

对照样地无雪区；样地 A～样地 E 分别为 10cm 积雪区、20cm 积雪区、30cm 积雪区、40cm 积雪区和 50cm 积雪区，本章后同

积雪覆盖对土壤温度的影响主要集中在 0～30cm 土层。由图 7-1 可知，在 2007 年 3 月 11 日积雪期，不同积雪深度下土壤表层温度的日变化并不明显，无雪区土壤表层温度变化明显。由于积雪的作用，40cm 积雪区和 50cm 积雪区土壤表层的温度基本无变化，保持在-13℃左右，10cm 积雪区、20cm 积雪区和 30cm 积雪区土壤表层温度随气温的变化有所变化，变化幅度为 10cm 积雪区＞20cm 积雪区＞30cm 积雪区，另外，与对照样地相比有积雪样地的土壤表层温度略高，并随积雪深度的增加而升高。对照样地土壤表层温度与气温的最高值都出现在 14：00 左右，而 10cm 积雪区、20cm 积雪区和 30cm 积雪区土壤表层温度的最高值出现在 17：00 左右，比对照样地延迟了 3 个小时左右，说明积雪对土壤表层温度有保温作用和滞时作用，另外积雪深度越大，土壤表层温度对气温的反应越迟缓；同时，由于积雪的低导热性和大热容量，雪层厚度对土壤表层温度具有明显的影响。在 2007 年 5 月 4 日牧草返青期，各样地土壤表层温度的日变化趋势基本一致，气温回升，10cm 积雪区土壤表层温度回升快，土壤表层温度较高，20cm 积雪区次之，40cm 积雪区和 50cm 积雪区土壤表层温度回升慢，土壤表层温度较低；而气温下

降时，10cm 积雪区土壤表层温度下降快，40cm 积雪区和 50cm 积雪区土壤表层温度下降慢，但各样地之间温差很小，差异不显著。因此，在春季返青期，随着积雪深度的增加土壤表层温度变化的滞时作用越明显。

在有积雪存在的条件下，由于积雪的热导率较低，尽管气温和太阳辐射一日内变化剧烈，大气和积雪层之间的能量交换主要发生在雪层上部 20cm 的深度范围内，如果雪层厚度大于 30cm，在气温低于 0℃的条件下，气象条件的变化对雪层底部和土层的热状况影响是极其微弱的，雪表层在夜间损失的热能可以在白天气温回升和太阳辐射的条件下得到一定程度的补偿，雪表层能量的净增量和净损失量只能以热传导的形式影响到雪层底部和冻土层，由于雪的导热率低，且这种热传导过程非常缓慢，所以延滞了外部条件对土壤热状况的影响。

7.1.2 不同积雪深度下土壤表层日平均温度的变化规律

土壤平均温度是描述土壤热状况的重要指标。土壤温度变化是一个连续的过程，所以阶段平均温度能综合地反映土壤阶段热状况。根据观测期的进程将观测期划分为积雪消融期和牧草返青期两个阶段。

7.1.2.1 积雪消融期土壤表层日平均温度的变化规律

图 7-2 和图 7-3 分别给出了试验地一（2007 年 3 月 10～26 日）和试验地二（2007 年 4 月 1～15 日）在积雪消融期土壤表层日平均温度随时间的变化过程与积雪的消融过程。

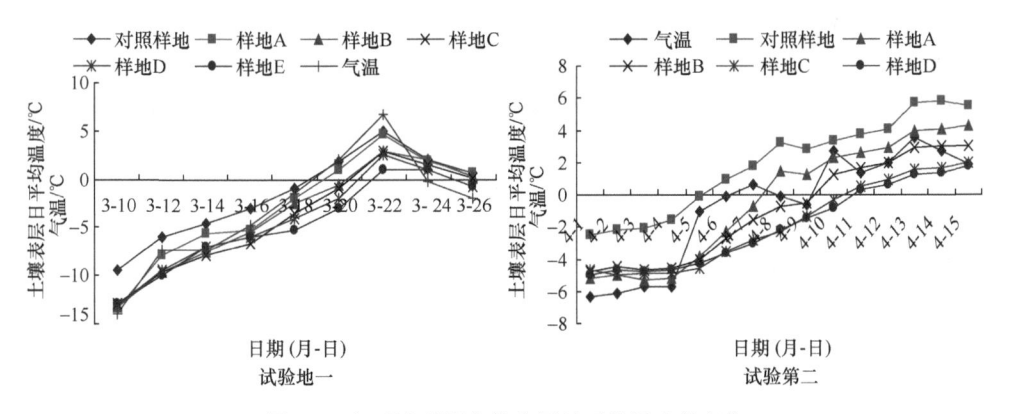

图 7-2 积雪消融期土壤表层日平均温度的变化

积雪消融前，由于各样地内积雪深度均与试验设计厚度相当，各样地土壤表层日平均温度基本不随气温变化而变化且温度相差不大（10cm 积雪区除外），雪层越厚土壤表层日平均温度越高；积雪开始消融，各样地土壤表层日平均温度随

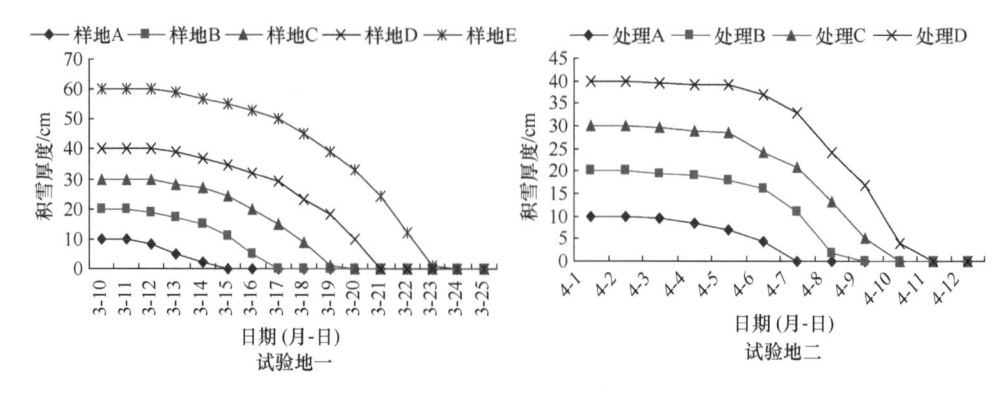

图 7-3　积雪消融期积雪厚度的变化

气温的升高和积雪深度的降低而不断升高，且变化趋势基本一致。从 4 月 2 日到 4 月 6 日，样地 C 和样地 D 中积雪深度与设计厚度相当（≥30cm），两个样地的土壤表层日平均温度变化趋势基本相同，且基本上保持稳定，这是由于积雪深度较大的缘故；样地 A 和样地 B 土壤表层日平均温度随气温变化而变化，变化幅度上样地 A＞样地 B。4 月 6 日积雪开始快速消融至 4 月 12 日完全消融，这期间各样地土壤表层日平均温度在有积雪覆盖时升高平稳，受气温影响较小，一旦积雪完全消融，土壤表层日平均温度变化加大，温度升高也加快。图 7-2 总体上可以说明积雪具有很好的保温作用，且这种保温效果一直持续到雪层融化完。

7.1.2.2　牧草返青期土壤表层日平均温度的变化规律

图 7-4 给出了试验地一（2007 年 4 月 2 日至 5 月 4 日）和试验地二（2007 年 4 月 18 日至 5 月 20 日）在牧草返青期土壤表层日平均温度随时间的变化过程。

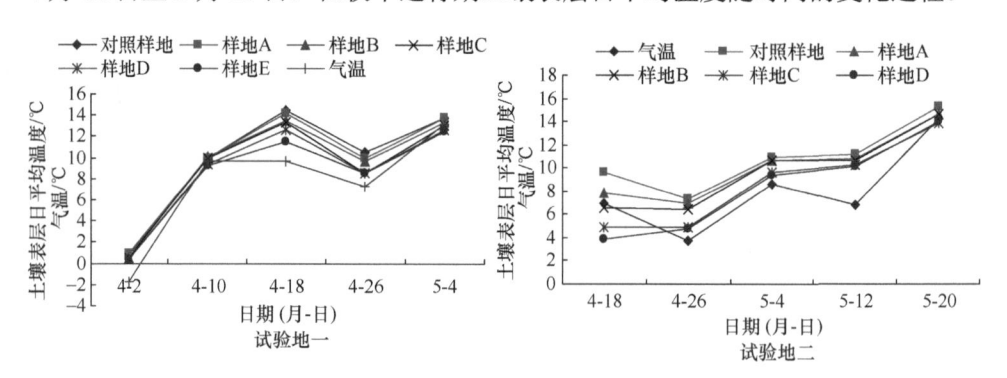

图 7-4　牧草返青期土壤表层日平均温度的变化

由图 7-4 可以看出，各样地的土壤表层日平均温度均随气温的变化而变化，受气温影响的程度随设计积雪的厚度增加而减小，总体上土壤表层日平均温度呈升高趋势。在返青初期，各样地间土壤表层日平均温度差值较大。试验地一，4月2~10日各样地间温度基本相同，这是由于在4月2日和4月10日这两天前后出现了大幅度的降温，而气温对各样地土壤表层日平均温度的影响又不相同（样地A、样地B受气温影响大，样地C、样地D受气温影响小），样地A、样地B土壤表层日平均温度下降快，样地C、样地D土壤表层日平均温度下降慢，致使各样地土壤表层日平均温度趋于相同。无论是各样地间有温度差的存在还是其土壤表层日平均温度受气温影响而表现出的不同差异，都与土壤的含水量有关，返青初期土壤含水量与积雪深度成正比，即样地D（样地E）>样地C>样地B>样地A，但随着时间的推移，各样地间土壤含水量趋于一致，土壤表层日平均温度也趋于一致。在整个观测期内对照样地的土壤日平均温度始终高于其他样地，在积雪消融期尤为明显。

7.1.3　不同积雪深度下不同土层温度的变化规律

7.1.3.1　积雪消融期各土层土壤温度的变化

图 7-5 和图 7-6 分别反映了试验地一和试验地二在积雪消融期不同样地在不同土层土壤温度的差异。由图 7-5 和图 7-6 可以看出，越靠近表层，土壤温度受

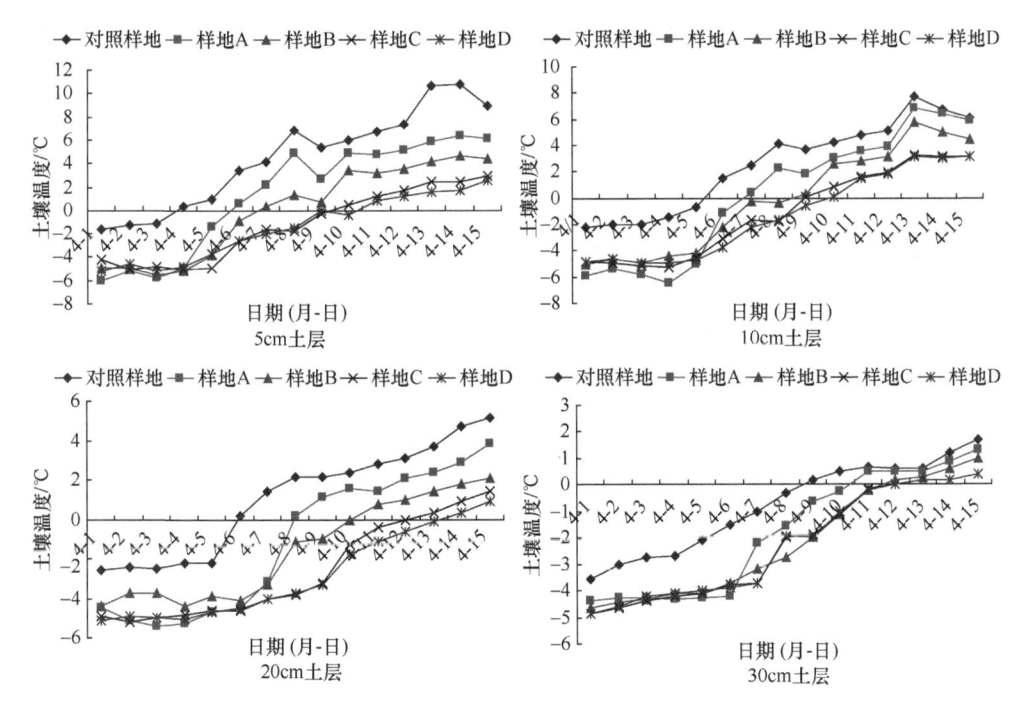

图 7-5　试验地一不同积雪深度下积雪消融期各土层土壤温度的比较

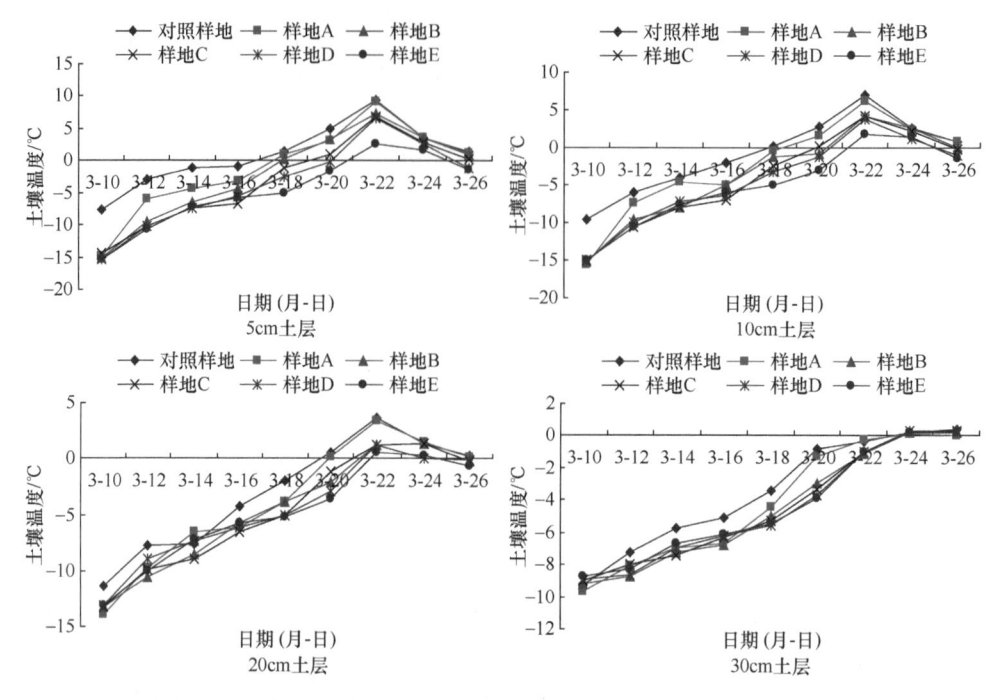

图 7-6　试验地二不同积雪深度下积雪消融期各土层土壤温度的比较

外界气温的影响越大，土壤温度间差异越明显；随着土壤深度的增加，土壤温度差异越来越小，在消融前期，样地 A 和样地 B 的温度总趋势上低于其他样地，消融期与消融期后样地 A 和样地 B 的温度都高于其他样地；在温度的变化幅度上，无论哪个土层，样地 A 最大，随着积雪深度的增加逐渐减小；各样地各土层受外界气温影响的变化趋势相同；就土壤温度与土壤深度的关系来看，消融前期，10cm 土层温度最低，随深度增加温度略有升高，差值不超过 2℃，并且积雪越厚差值越小，积雪大量消融后，越靠近表层土壤温度升高越快、积雪深度越小升高越快。整个消融过程中，对照样地各个土层上的温度都高于其他样地。

7.1.3.2　牧草返青期各土层土壤温度的变化

图 7-7、图 7-8 反映了牧草返青期不同土层土壤温度的变化规律，可以看出几个不同样地土壤 4 个层次（5cm 土层、10cm 土层、20cm 土层、30cm 土层）的变化趋势是一致的。越靠近表层，土壤温度受外界气温变化的影响越大。由于设计积雪深度的不同，返青初期各样地各土层间土壤温度仍有差异，且积雪深度相差越大土壤温度差异越大，但差异随时间在不断地缩小；随着土层加深，土壤温度间差异降低。就土壤温度与土壤深度的关系来看，随着土壤深度的增加不同样地的土壤温度都有所降低。

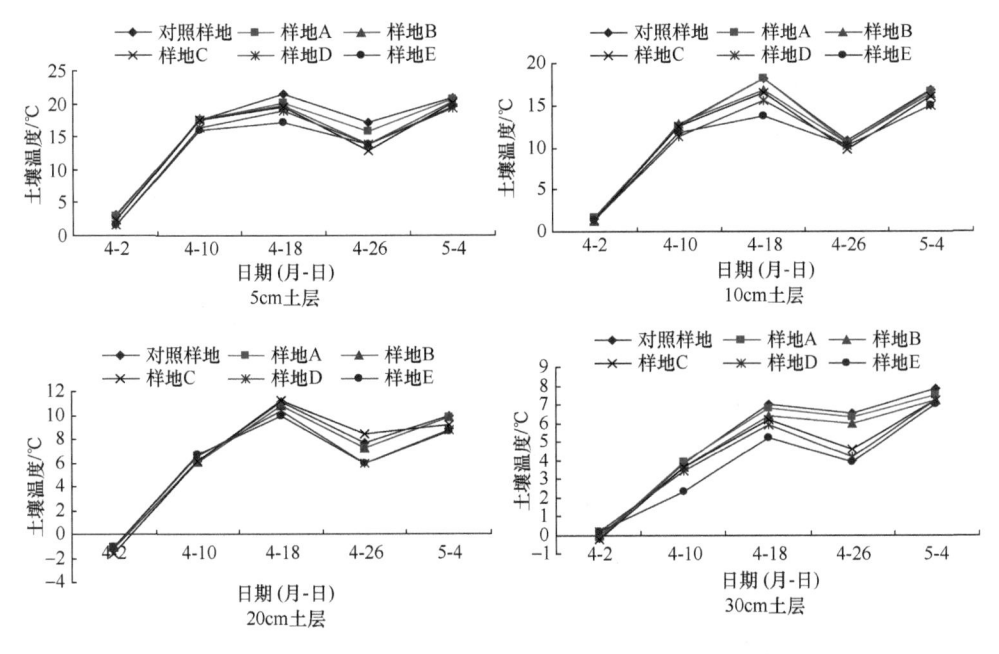

图 7-7　试验地一不同积雪深度下牧草返青期各土层土壤温度的比较

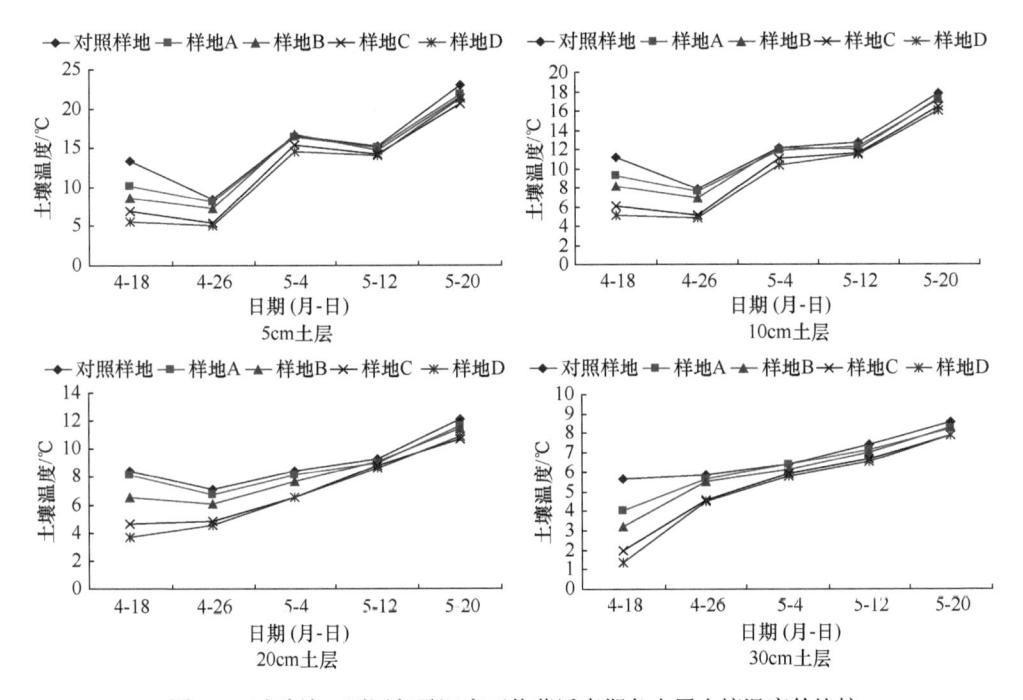

图 7-8　试验地二不同积雪深度下牧草返青期各土层土壤温度的比较

7.1.4 不同积雪深度下不同土层平均含水量的变化规律

图 7-9、图 7-10 分别为 2007 年试验地一、试验地二观测期土壤 0~30cm 土层平均含水量的变化情况。由图 7-9 和图 7-10 可知,积雪消融期(曲线前半部分)融雪过程开始前土壤表层平均含水量没有明显的变化,但随着融雪过程的进行,土壤表层平均含水量急速上升至一个峰值,随着时间的推移含水量逐渐降低,各样地土壤表层平均含水量变化基本一致。土壤表层平均含水量在积雪消融过程中总体上随着积雪深度的增加而增大,且积雪越厚土壤表层平均含水量可以在较长的时间里保持较高的值,理论上会为牧草返青初期储备大量水分。但从深层积雪对土壤温度的影响看,过低的温度不利于牧草的返青。

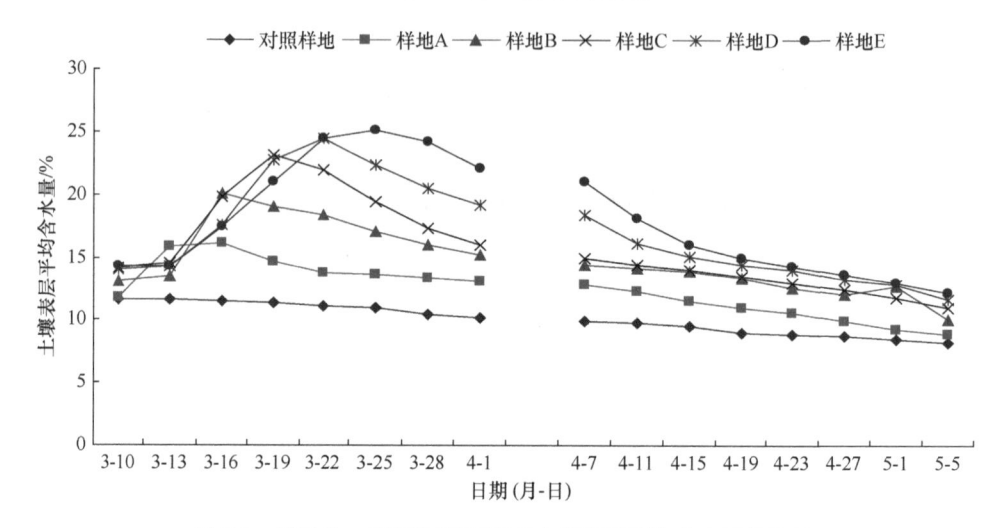

图 7-9 试验地一不同积雪深度下土壤表层平均含水量的比较

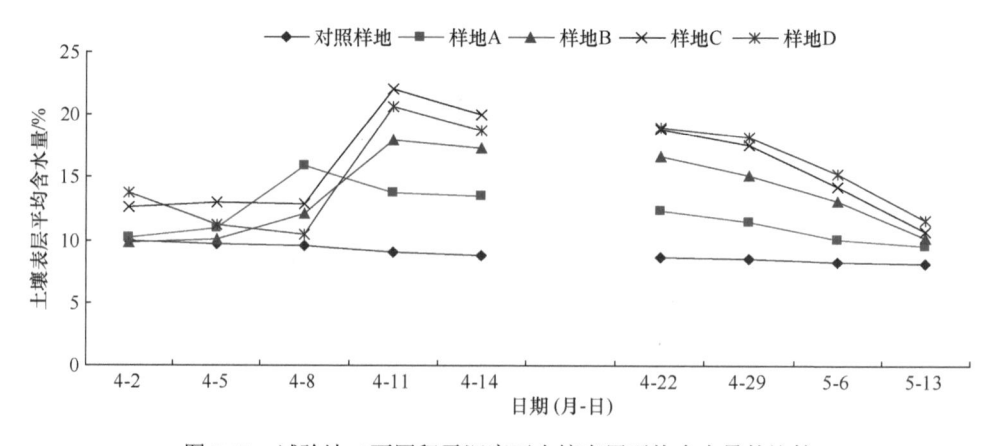

图 7-10 试验地二不同积雪深度下土壤表层平均含水量的比较

在牧草返青期内(曲线后半部分),不同样地间土壤表层平均含水量有一定的差异。因为观测期内试验地一在 4 月 7 日有一次有效降雨,所以土壤含水量都呈下降的趋势,且初期含水量越高,下降的趋势越大,直到各样地间土壤表层平均含水量呈平稳下降趋势。由图 7-9 和图 7-10 还可以看出,积雪越厚消融期与返青期间隔越短,土壤表层平均含水量越高。而对照样地土壤表层平均含水量明显低于各样地,且始终缓慢下降。

7.1.5 不同积雪深度对各土层含水量变化的影响

7.1.5.1 积雪消融期各土层含水量的变化

牧草返青前,在无积雪情况下地面覆盖度低,土壤含水量的消耗主要是土壤的蒸发。不同的积雪深度使土壤表层状况不同,对土壤蒸发有一定影响,最终在融水补给和蒸发两个方面影响土壤含水量。图 7-11 和图 7-12 是两个试验地不同样地在积雪消融期各土层土壤含水量变化的比较。

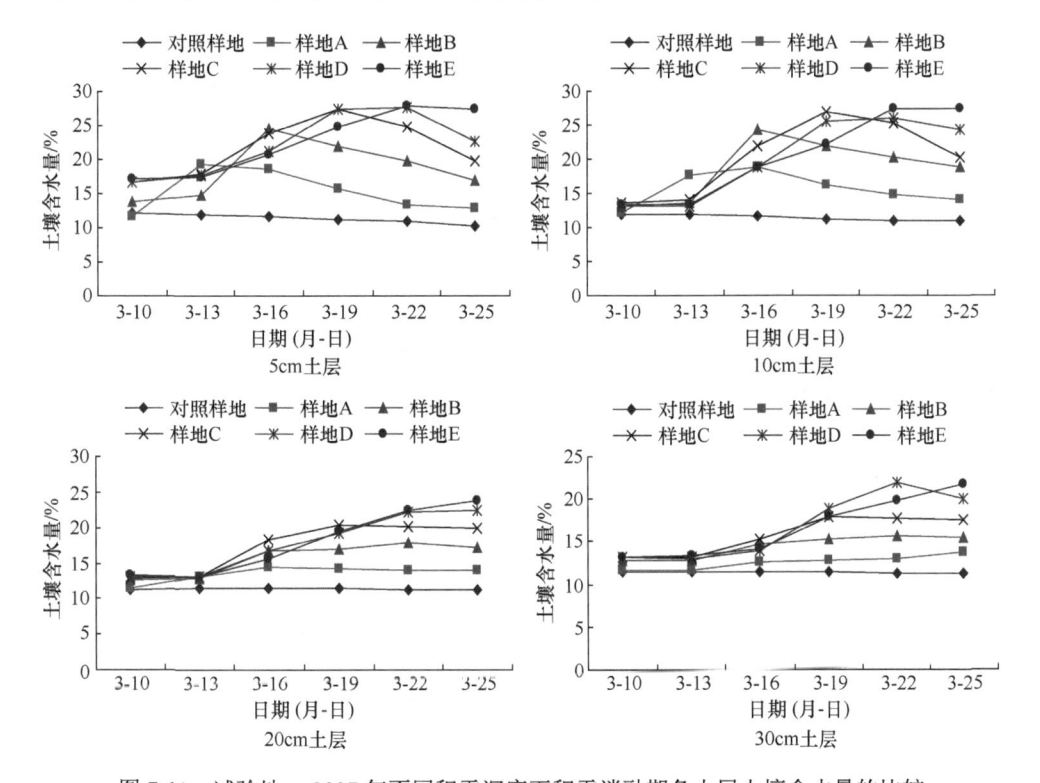

图 7-11 试验地一 2007 年不同积雪深度下积雪消融期各土层土壤含水量的比较

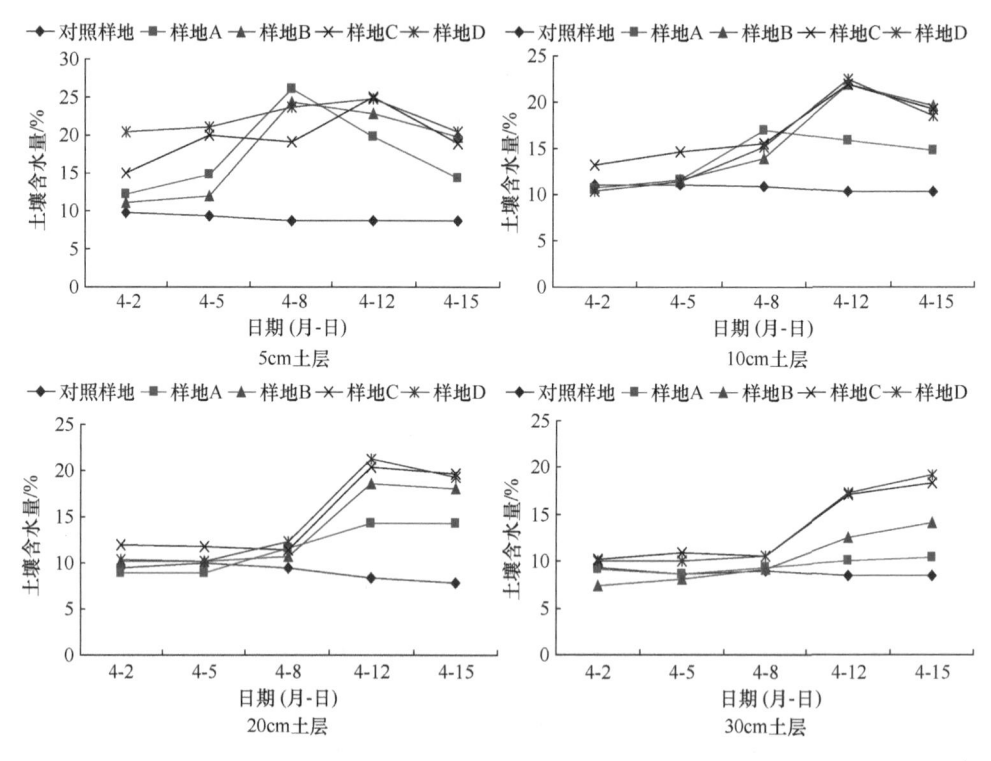

图 7-12　试验地二 2007 年不同积雪深度下积雪消融期各土层土壤含水量比较

由图 7-11 和图 7-12 可知，积雪深度对各土层土壤含水量的影响非常明显。总体上，不同积雪深度在提高土壤含水量方面差异明显，在降低土壤含水量方面差异较小。从土壤含水量的垂直变化分析，随着土壤深度的增加，不同积雪深度间土壤含水量差异也较大，样地 C 和样地 D（样地 E）之间的差异较小。表层土壤含水量的变化幅度和速度明显比深层土壤剧烈，且表层土壤比深层土壤更早达到大气含水量的峰值。

在 0～5cm 土层，随着融雪过程的进行，样地 A、样地 B、样地 C 的土壤含水量均呈现单峰状分布，即上升到一个峰值后缓慢下降，样地 D（样地 E）的土壤含水量在融雪前期出现短暂的下降，但随即也呈现单峰状分布，其中，样地 A、样地 B 的土壤含水量首先达到峰值，样地 C、样地 D（样地 E）滞后 4～6d 达到其峰值。各个样地达到峰值后的含水量随着时间推移逐渐降低（其中样地 A 的下降速度较快），对照样地的土壤含水量始终呈现缓慢下降的状态，各个积雪深度条件下的土壤含水量基本与地表积雪深度呈正相关。

5～10cm 土层的土壤含水量变化滞后于 0～5cm 土层，各个积雪深度下的土壤含水量在融雪开始的前期没有明显的变化，但是随着时间的推移开始迅速增长并达到峰值，其中样地 A 出现峰值的时间比其他样地早，样地 B、样地 C、样地

D（样地 E）峰值出现的时间比样地 A 滞后 4~6d。各个积雪深度条件下的土壤含水量在达到峰值后都呈现出缓慢下降的趋势，观测期内呈现单峰分布形式。对照样地土壤含水量始终呈现出稳步下降的状态。最后土壤含水量与地表积雪成正比，并且差距较大。

10~20cm 土层的土壤含水量变化滞后于 5~10cm 土层，融雪过程开始前期，各个积雪深度的土壤含水量没有明显地增加，但是到 3 月 13 日（试验地一）、4 月 8 日（试验地二）以后呈现出明显的迅速增长状态，并且在 3 月 22 日（试验地一）、4 月 12 日（试验地二）达到各个积雪深度条件下的最高土壤含水量，其后各个积雪深度条件下的土壤含水量均呈现稳步下降的趋势。对照样地的土壤含水量基本保持稳定。

在 20~30cm 土层，积雪融化对土壤含水量的影响出现得最晚。各个积雪深度条件下的土壤含水量在融雪前期并没有特别明显的变化，只有样地 B 呈现出较快的增长。但是到 3 月 16 日（试验地一）、4 月 8 日（试验地二）左右，所有积雪深度下的土壤含水量开始呈现缓慢的增长，其中增长速度为样地 E＞样地 D＞样地 C＞样地 B＞样地 A，直到融雪期末各样地内的土壤含水量基本保持不变（样地 D、样地 E 有一定的升高）。对照样地土壤含水量自始至终呈现出缓慢的下降趋势。

7.1.5.2 牧草返青期土壤含水量的变化

牧草返青期内，土壤含水量直接影响牧草的返青时间和返青数量。图 7-13 和图 7-14 为不同积雪深度下牧草返青期不同样地各土层的土壤含水量。

积雪深度对不同土层土壤含水量的影响呈规律性变化，从时间尺度上看，不同的积雪深度对土壤含水量的影响均较显著；从空间尺度上看，随着土壤深度的增加各样地土壤含水量都有不同程度的增加，其中，样地 C 与样地 D（样地 E）增加显著。这是由于牧草返青期气温升高，土壤表层蒸发加快和植物根系对土壤水分的吸收使土壤水分迅速消耗，样地 A 和样地 B 的土壤含水量在土壤各土层上都有消耗，变幅相对较小；而样地 C 与样地 D（样地 E）在牧草返青初期土壤温度很低，土壤表面水分的蒸发和根系对深层土壤的吸收都很弱，融雪几乎都用来补充深层土壤水分，随着时间的推移，气温和土壤温度升高，牧草对土壤含水量的消耗加快，致使样地 C 与样地 D（样地 E）在土壤不同土层的变化显著。

从图 7-13 和图 7-14 还可以看出，不同深度的土层内，各样地土壤含水量都呈规律性下降，样地 A、样地 B、样地 C 下降平缓，样地 D（样地 E）下降迅速。在牧草返青初期，各样地土壤含水量差异显著，随着时间的推移差异量也逐渐减小。

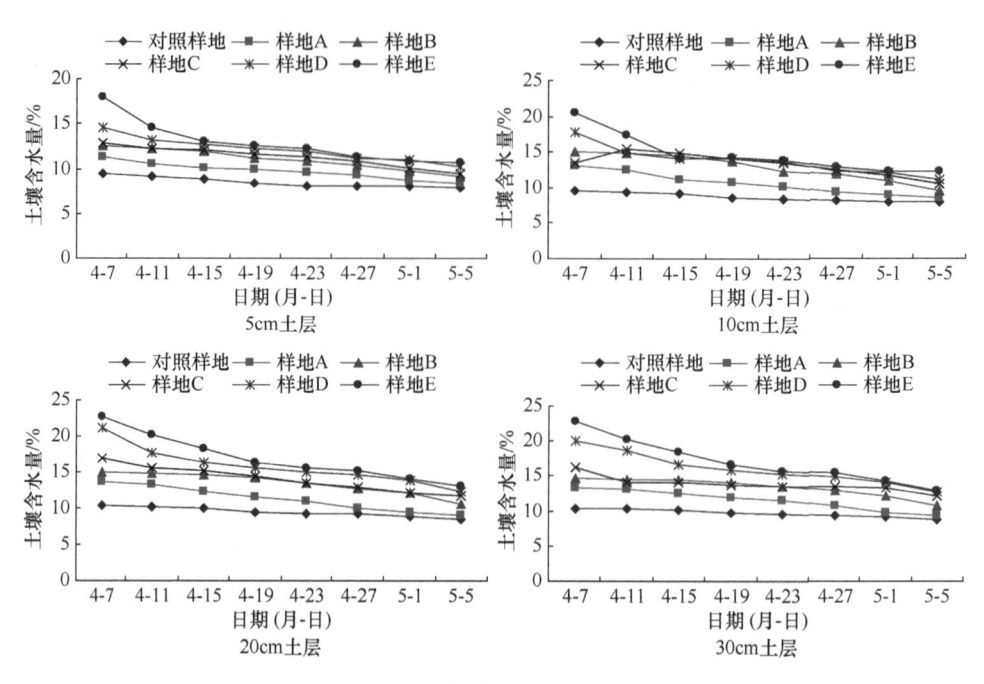

图 7-13 试验地一不同积雪深度下牧草返青期各土层土壤含水量的比较

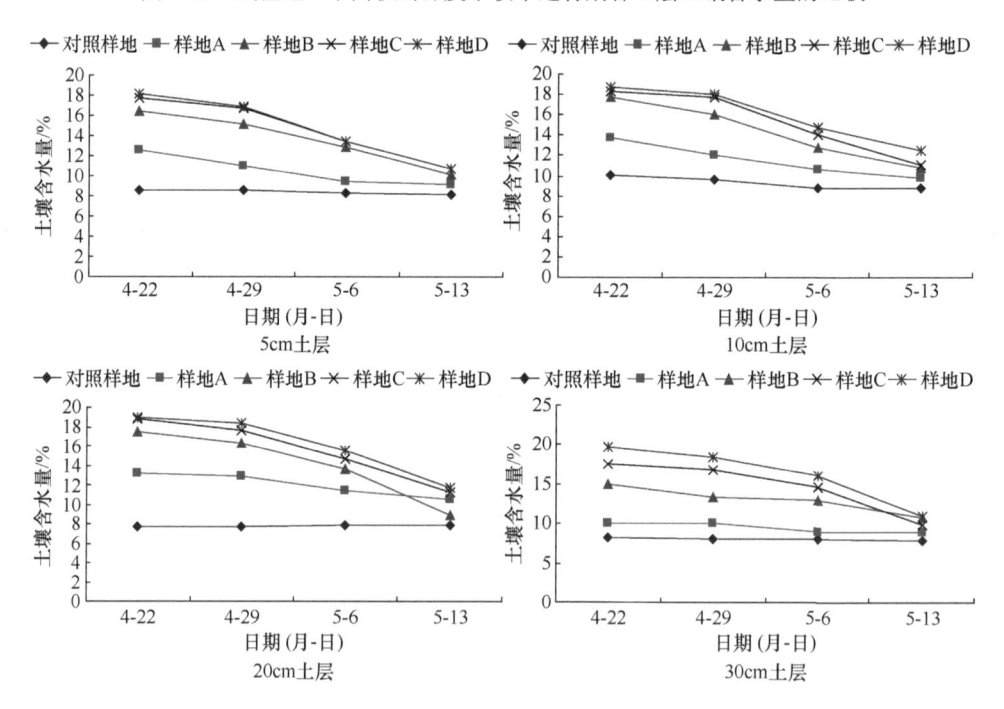

图 7-14 试验地二不同积雪深度下牧草返青期各土层土壤含水量的比较

7.2 积雪深度对牧草返青及对牧草生长发育的影响

7.2.1 不同积雪深度下牧草返青时间和返青率

不同观测期各样地中牧草的返青时间与返青率见表7-2。土壤温度与土壤湿度都是影响牧草生长和长势的关键因素。积雪深度使土壤含水量与土壤温度不同，积雪厚融雪水多使返青土壤温度低，不利于返青后牧草生长，牧草越冬以后生育期推迟。

表 7-2 不同观测期各样地中牧草的返青时间和返青率

样地	观测期I 返青时间（月-日）	观测期I 观测期末返青率/%	观测期II 返青时间（月-日）	观测期II 观测期末返青率/%	观测期III 返青时间（月-日）	观测期III 观测期末返青率/%
样地E			4-11	85.2		
样地D	4-13	89.8	4-9	94.8	4-29	92.0
样地C	4-9	76.4	4-6	92.4	4-27	96.1
样地B	4-7	62.7	4-2	75.7	4-22	63.0
样地A	4-7	50.9	4-1	53.9	4-20	51.5
对照样地	4-8	26.1	4-2	29.7	4-20	37.3

注：空格表示无数据。

从观测期II的观测结果来看，样地B返青时间比样地A推迟1d，样地C比样地A推迟5d，样地D与样地E分别比样地A推迟8d和10d，对照样地比样地A推迟1d。整个试验地的牧草返青率为69.3%（2007年试验地草地平均积雪深度为18cm）。样地A的返青率为53.9%，比整个试验地的低15.4%；样地B的返青率为75.7%，比整个试验地的高6.4%，基本属于正常；样地C与样地D返青率分别为92.4%和94.8%，分别比整个试验地高23.1%和25.5%；样地E的返青率为85.2%，比整个试验地的高出15.9%，但比样地D少了9.6%；对照样地的返青率只有29.7%，比整个试验地的低39.6%。这一现象亦与其他两个试验期的观测结果相符合，即30cm及30cm以上的积雪区牧草的返青率都在75%以上，20cm左右的积雪可保证牧草地达到正常的返青率（60%）。从各观测期同厚度积雪样地的返青率来看，除样地C观测期I内明显低于另两个观测期外，其余样地间均处在同一水平上，无明显差别；从观测期I与观测期II相同处理样地间的对比来看，观测期II的返青率都高于观测期I，特别是样地C与样地B相差较大分别达到16%和13%，这可能是由于观测期I与当年积雪完全消融时的时间间隔较大，这期间由于土壤蒸发损失了一定的水分，进而对牧草返青产生了影响。

由样地 E 牧草返青率与样地 C 和样地 D 对比可知，积雪过厚，将延缓土壤解冻的时间，融雪水多又造成返青土壤温度低，土壤温度回升慢，但较厚的积雪对土壤能起到保墒的作用，因此最终对牧草的返青率影响不大。对不同样地牧草的返青率进行方差分析表明，不同积雪深度的牧草返青率是显著不同的，多重均值测验结果说明，除了样地 D（样地 E）和样地 C 之间的差异不显著外，其余各样地间的差异均显著（$P<0.05$）；对照样地与样地 D（样地 E）、样地 C 之间差异达到极显著水平（$P<0.01$）。

7.2.2 不同积雪深度下牧草返青数量的比较

图 7-15、图 7-16 和图 7-17 分别为三个观测期内牧草返青数量随时间变化的情况。由图 7-15、图 7-16 和图 7-17 可知，在牧草开始返青的初期，样地 A、样地 B 和样地 C 的牧草返青数量多于样地 D（样地 E）；在返青中期样地 D（样地 E）内的牧草返青数量明显增多，并在返青期末和其他样地达到同一水平。这可能是因为春季积雪融化后土壤表层含水量增加，但内蒙古草原春季多大风天气，气温升温又快，土壤蒸发量大，土壤失墒也很快，样地 A、样地 B 和样地 C 积雪深度小于样地 D 和样地 E，土壤解冻早，牧草返青也早，在牧草返青中期样地 A、样地 B 和样地 C 由于大量的水分蒸发，土壤含水量低于样地 D 和样地 E，所以样地 A、样地 B 和样地 C 在牧草返青中期牧草的返青数量要少于样地 D 和样地 E。对照样地内牧草的返青数量较低，这可能与对照样地没有积雪，土壤含水量较低有关。冬季缺乏积雪会使土壤水分过低，不能满足春季牧草返青和生长的需要。

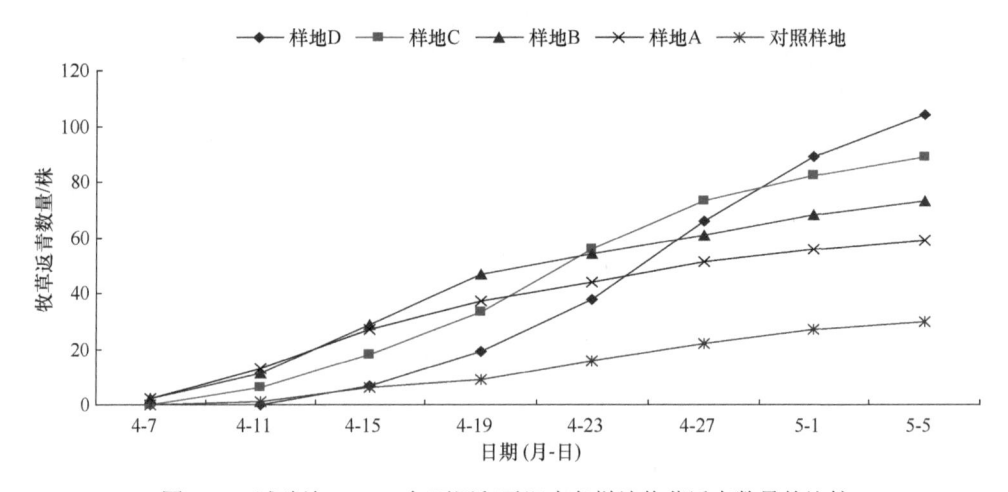

图 7-15 试验地一 2006 年不同积雪深度各样地牧草返青数量的比较

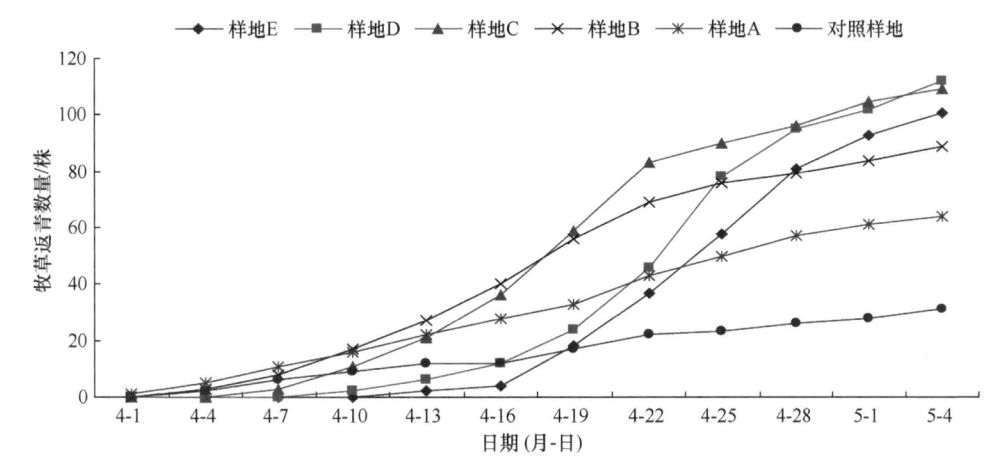

图 7-16　试验地一 2007 年不同积雪深度各样地牧草返青数量的比较

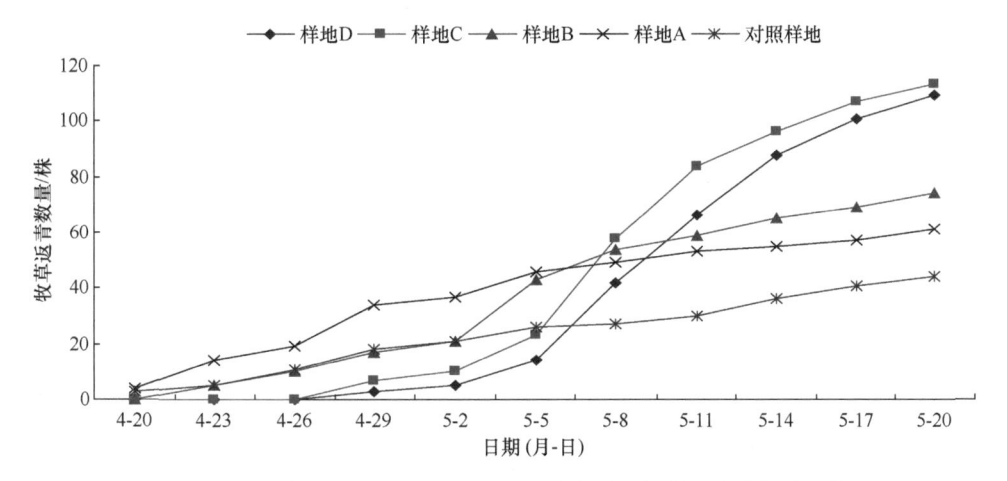

图 7-17　试验地二 2007 年不同积雪深度各样地牧草返青数量的比较

7.2.3　不同积雪深度下牧草生长速度的比较

图 7-18、图 7-19 和图 7-20 分别给出了 3 个观测期内各样地牧草高度的增长情况。从株高的增长速度来看，各样地牧草生长速度都呈现由慢到快的趋势。牧草返青以后，样地 D 和样地 E 内的牧草在返青初期生长速度比其他 3 个样地缓慢，这是由于样地 D 和样地 E 厚的积雪融化时间长，土壤升温慢，使牧草返青初期生长速度较慢。但较厚的积雪可以使土壤水分得到保持而不致散失，形成一个良好的天然"蓄水库"，这给牧草进入正常的生长发育提供了较好的土壤墒情，可以弥补自然降水量的不足，发挥春雨的作用，满足牧草营养生长阶段的水分需求，为牧草的生长创造了有利条件。

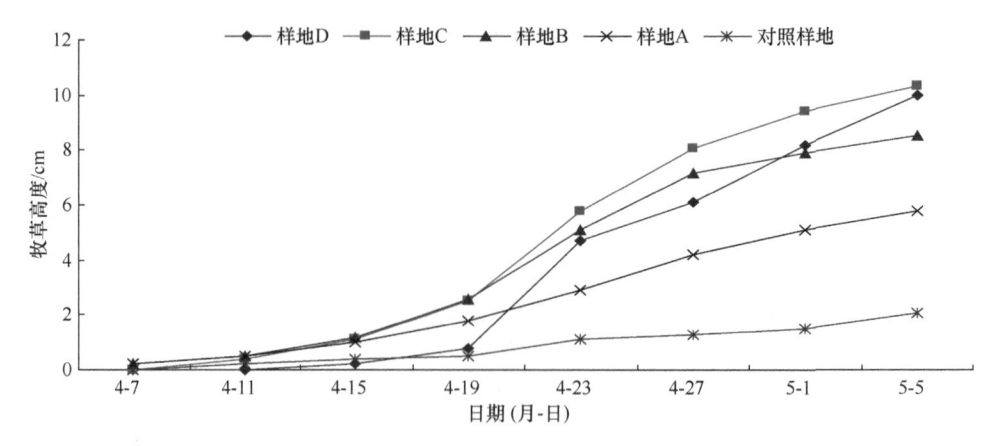

图 7-18 试验地一 2006 年不同积雪深度各样地牧草生长速度的比较

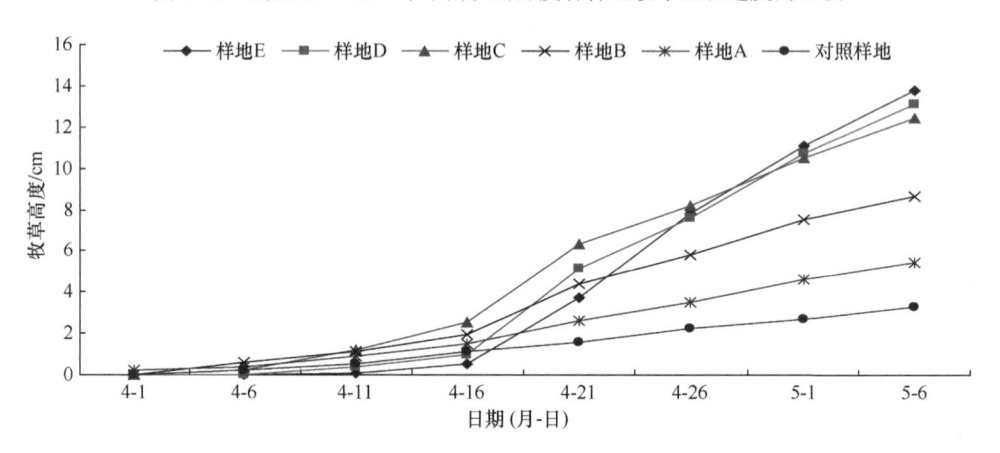

图 7-19 试验地一 2007 年不同积雪深度各样地牧草生长速度的比较

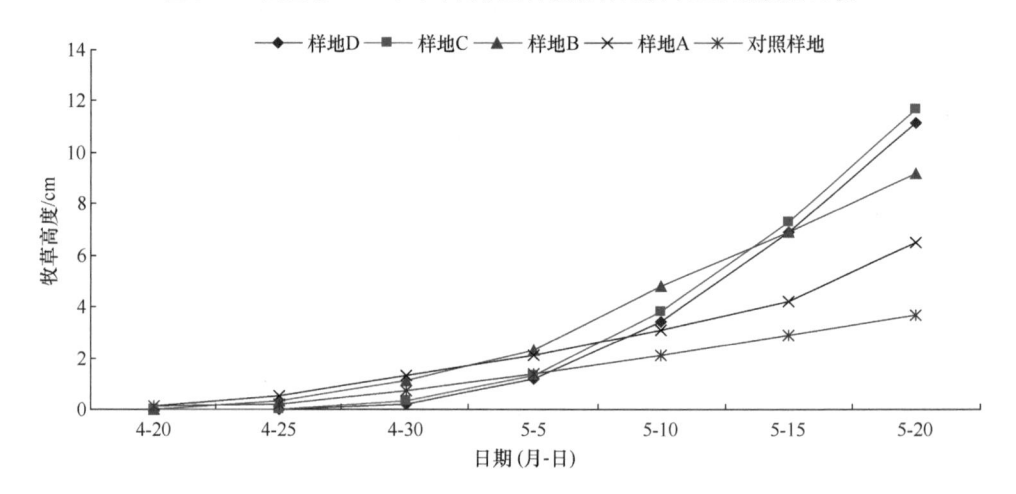

图 7-20 试验地二 2007 年不同积雪深度各样地牧草生长速度的比较

由于内蒙古草原春季受冬春牧事活动过程和恶劣天气（低气温、大风等）的影响，地表接近裸露，地表蒸发大，加之春季也是该地干旱胁迫最严重的时期，较高的土壤含水量可通过融冻过程，以土壤梯度的热力条件为载体，使水分自深层向地表迁移，给降水偏少、"春旱"严重地区的植物生长提供水分供应。较高的土壤水分及较大的降雪量，一方面可保持来年春季充足的水分，形成较大湿度，同时，水分增加使土壤热容量提升，显著平抑地温波动；另一方面，较高的土壤湿度可提高外界湿度，同时可使初春嫩小的牧草叶片外表层形成薄水膜，形成"湿冻"现象，减弱了辐射冷却降温的速率和程度，保证了牧草在营养生长阶段不被外界气温冻坏冻伤，使冻害大大得到缓解。然而充足的热量也是牧草生长必不可少的条件，积雪过厚则春季不能及时融化，使土壤温度过低，达不到牧草生长所需的热量条件，可能会造成牧草返青时间略晚。但研究发现这种影响并不是非常严重，与没有积雪的地表相比，牧草的长势要好得多。

单从积雪覆盖厚度的角度来考虑牧草返青期末各样地间牧草长势的差异性，对各样地的牧草高度进行方差分析，结果表明，样地 D（样地 E）与样地 C 之间差异不显著（$P>0.1$）；样地 B 与其他样地（对照样地除外）有显著的差异性（$P<0.05$）；样地 A 与样地 D（样地 E）、样地 C 之间差异极显著（$P<0.01$），与对照样地间差异显著（$P<0.05$）；对照样地与各样地（样地 A 除外）间差异极显著（$P<0.01$）。

3 个观测期同处理样地间牧草高度为观测期II略高于观测期III略高于观测期I，基本处于同一水平且无明显差异。

7.2.4　不同积雪深度下牧草生物量积累变化分析

植物休眠到返青复苏是一个缓慢积累的过程（图 7-21～图 7-23）。以试验地一 2007 年牧草地上部分生物量的增长为例，从 4 月 7 日到 4 月 15 日，牧草地上部分生物量的增加几乎接近停滞状态，这说明这个时期牧草的地上生长基本没有进行。从 4 月 23 日开始，草地开始加速返青，到 5 月 5 日，牧草地上部分生物量增加呈现线性上升趋势，这反映出随着环境温度的逐渐适宜、植物内部物质的积累达到了植物返青生长的要求，植物就开始加速生长，这种变化可以从牧草地上部分生物量的增加上得到体现。从各样地内牧草地上部分生物量变化来看，样地 B 和样地 C 内牧草地上部分生物量基本呈线性增长，牧草生长平缓；样地 D 和样地 E 内牧草地上部分生物量在返青初期增长缓慢，到 5 月 1 日前后，牧草地上部分生物量增长速度明显加快；样地 A 牧草返青初期地上部分生物量增长迅速，但在返青中期其地上部分生物量增长减缓；对照样地牧草地上部分生物量一直以很缓慢的速度增长。

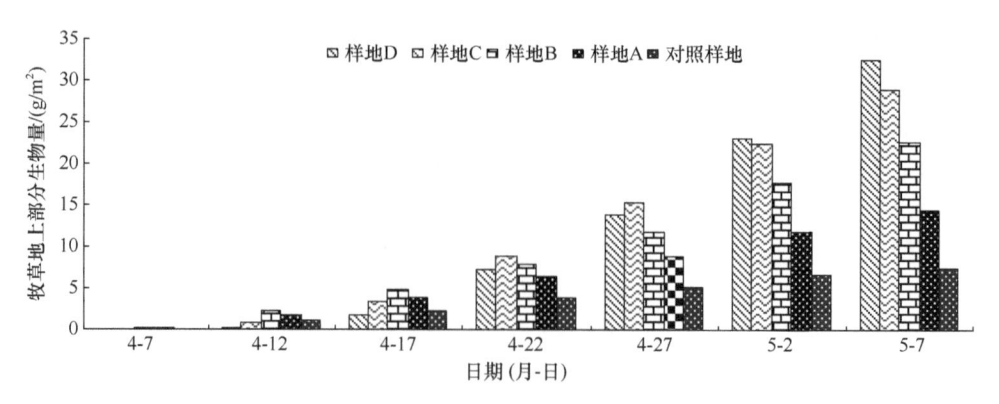

图 7-21　试验地一 2006 年不同积雪深度各样地牧草地上部分生物量的比较

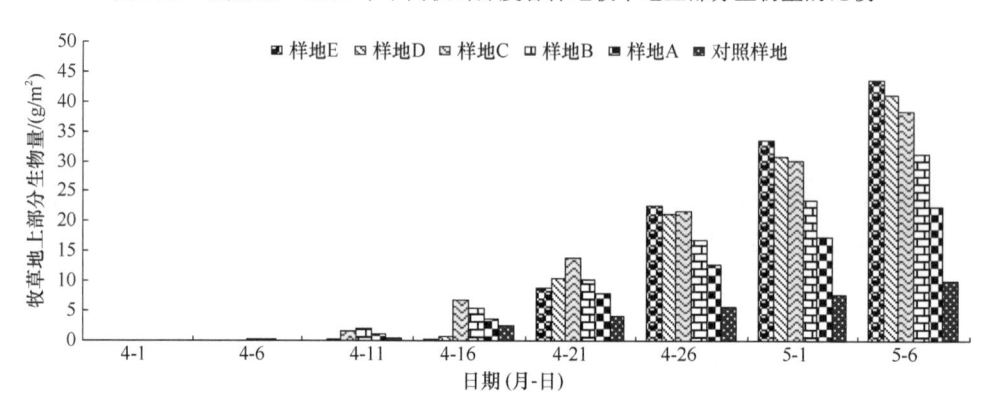

图 7-22　试验地一 2007 年不同积雪深度各样地牧草地上部分生物量的比较

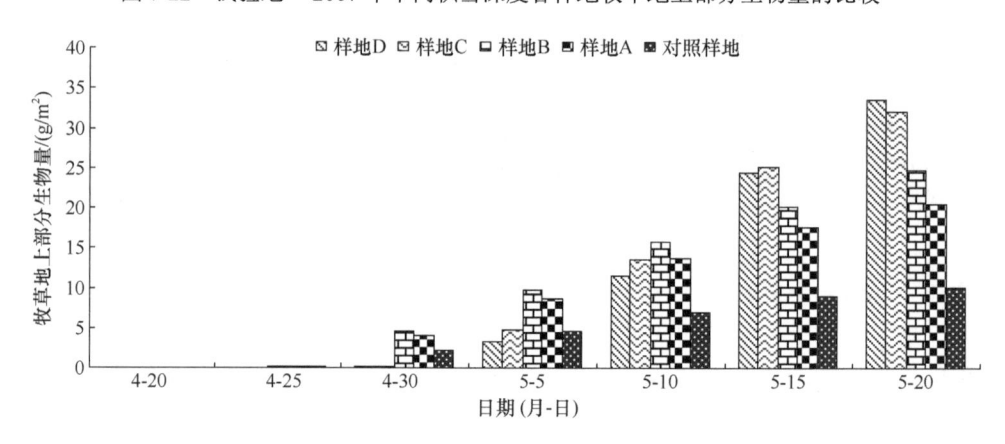

图 7-23　试验地二 2007 年不同积雪深度各样地牧草地上部分生物量的比较

对各样地牧草最终地上部分生物量进行方差分析表明，样地 D（样地 E）与样地 C 之间无明显差异，其他样地之间在 0.05 显著水平上差异显著。各观测期同处理样地内牧草地上部分生物量都为观测期Ⅱ＞观测期Ⅲ＞观测期Ⅰ，且观测期Ⅱ样地

D、样地 C、样地 B 每平方米地上部分生物量分别比观测期Ⅲ和观测期Ⅰ高出 7.6g、6.2g、6.5g 和 8.7g、9.5g、8.7g；样地 A 与对照样地间差值较小。这可能与返青期的自然条件有一定关系，也与样地前一年秋冬季的牧事活动和降水情况有关。

表 7-3 反映了试验地一 2007 年返青期各样地牧草地上部分生物量在各时间段内的增加量。可以看出，4 月 16 日前，由于温度较低，各样地内牧草生长都较缓慢，地上部分生物量增加的比较少，单位时间内，样地 C 的地上部分生物量增加量最大，样地 E 的增加量最小；到 5 月 1 日前后，样地 D 与样地 E 内的牧草地上部分生物量增加量明显加大，进而使牧草地上部分总生物量与其他 3 个样地持平。这可能是由于较多的积雪融化后，大大提高了土壤的含水量，为牧草的生长提供了必不可少的条件。水分条件和热量条件直接影响着牧草返青时间，越冬牧草若要早返青，必须在越冬期间保证肥水充足，才能促进幼苗健壮成长和根系发育。而冬季较厚的积雪能保持土壤温度，减少了植物越冬对自身贮藏营养物质的消耗，降低了休眠芽的越冬死亡率；雪融后又增加了土壤的蓄水量，给牧草进入正常的生长发育提供了较好的土壤墒情，从而弥补了自然降水的不足，发挥了春雨的作用，利于牧草营养生长阶段的生长，对牧草的返青和早期的生长发育极为有利，从而可显著提高当年牧草的地上部分生物量，为牧草产量的提高奠定了有利的基础。

表 7-3　试验地一 2007 年返青期各样地牧草地上部分生物量

样地	牧草地上部分生物量/（g/m²）									
	4 月 1~16 日		4 月 16~21 日		4 月 21~26 日		4 月 26 日至 5 月 1 日		5 月 1~6 日	
	增加量	平均日增加量	增加量	平均日增加量	增加量	平均日增加量	增加量	平均日增加量	增加量	平均日增加量
样地 E	0.3	0.02	8.6	1.72	13.6	2.72	11.1	2.22	9.9	1.98
样地 D	0.7	0.05	9.9	1.98	10.7	2.14	9.5	1.9	10.4	2.08
样地 C	6.9	0.46	7.1	1.42	7.7	1.54	8.5	1.7	8.2	1.64
样地 B	5.5	0.37	4.7	0.94	6.6	1.32	6.8	1.36	7.7	1.54
样地 A	3.7	0.25	4.2	0.84	4.8	0.96	4.6	0.92	5.1	1.02
对照样地	2.4	0.16	1.6	0.32	1.8	0.36	2.0	0.4	2.3	0.46

7.3　积雪深度与牧草生长发育规律的关系

7.3.1　草地类型对积雪深度的影响

内蒙古东部草原冬末春初多降雪且多大风天气，易造成积雪的再分配，积雪的深度取决于当年降雪量和草群高度。2007 年 3 月初，作者对锡林浩特市南 50km

处的地形地貌一致的典型草原上不同草地类型的积雪深度进行了大量调查，结果表明，试验地无高大植丛，冬季覆盖均匀的雪被，其厚度取决于当年降雪量和草群高度。由于 3 月初研究区有一次大范围的降雪，再加上本研究区冬春季多大风天气，因此草地类型的不同对二次积雪的分布影响十分显著。有围栏的牧草地，由于植被恢复，积雪明显；而围栏外地大部分积雪已经融化，只有少部分地区残存有不到 5cm 厚的积雪。围栏内被开垦的无植被地块已无积雪，冬季未放牧地段可见 20cm 厚的积雪，而冬季放牧地段积雪深度已不到 10cm。放牧草地围栏内已恢复地段可见 10cm 厚积雪；羊草地割草地段，打过草的地块积雪在 25cm 左右。这一结果与前人的调查基本吻合。

7.3.2 积雪深度与牧草生长的关系

以本试验结果为依据，结合试验地多年的生产经验，借鉴前人相关的研究结果及气象部门的多年统计资料，针对研究区域积雪对春季牧草返青的影响，得出积雪深度与土壤表层含水量、牧草返青率、牧草高度及牧草地上部分生物量的相关关系，如图 7-24 所示。

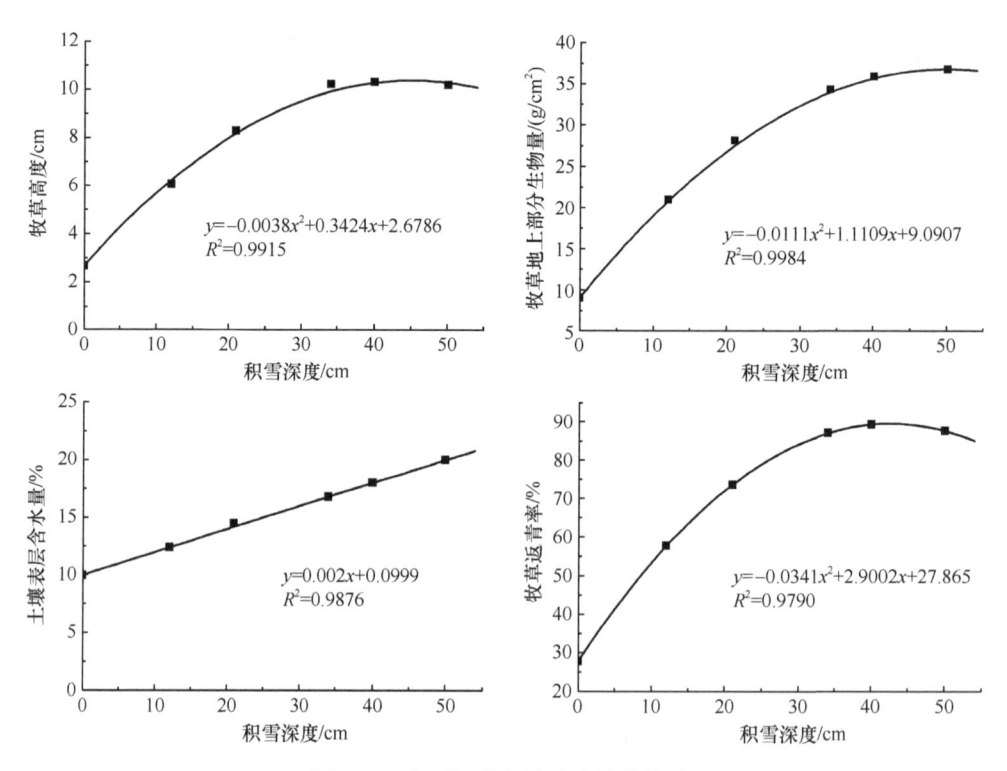

图 7-24 积雪深度与牧草生长的关系

由图 7-24 可知，积雪深度与土壤表层含水量之间呈线性函数关系，拟合方程为 $y=0.002x+0.0999$（$R^2=0.9876$），显著性检验 $P<0.01$；积雪深度与牧草返青率、牧草高度、牧草地上部分生物量之间均呈二次多项式函数关系，拟合方程分别为 $y=-0.0341x^2+2.9002x+27.865$（$R^2=0.9790$）、$y=-0.0038x^2+0.3424x+2.6786$（$R^2=0.9915$）和 $y=-0.0111x^2+1.1109x+9.0907$（$R^2=0.9984$），显著性检验 $P<0.01$。

主要参考文献

白永飞. 1999. 降水量季节分配对克氏针茅草原群落初级生产力的影响. 植物生态学报, 23(2): 155-160.

樊晓东, 孙在红, 钞振华. 2003. 影响牧草生物量形成的因素. 草业科学, 20(10): 33-36.

李英年. 2001. 高寒草甸地区冷季水分资源及对牧草产量的可能影响. 草业学报, 10(3): 15-20.

仝川, 苏和, 茶娜. 2006. 保护区草原退化的多层面成因分析及对策：以锡林浩特草原自然保护区为例. 中国草地学报, 28(6): 97-102.

武永峰, 何春阳, 马瑛, 等. 2005. 基于计算机模拟的植物返青期遥感监测方法比较研究. 地球科学进展, 20(7): 724-731.

杨文义. 1995. 典型草原牧草返青的气象条件研究. 草业科学, 12(6): 47-49.

赵慧颖, 田辉春, 赵恒和. 2007. 呼伦贝尔草地天然牧草生物量预报模型研究. 中国草地学报, 29(2): 75-80.

第 8 章　草原雪害及其防治

我国有风吹雪的面积占国土面积的 55.2%，主要分布在东北、华北、西北和西南地区（王中隆，1983；王中隆和张志忠，1999）。近年来，随着《中共中央 国务院关于新时代推进西部大开发形成新格局的指导意见》的进一步实施，交通建设已成为现阶段西部地区基础设施建设的重点。公路网作为我国通车里程最长、分布最广、运输能力最强的交通网，在国民经济中的作用尤为重要。伴随着公路建设逐年加快，交通流量成倍增长，深入风吹雪地区的公路里程也相应逐年增加。风吹雪造成的雪害一直是三北地区公路建设、运输的一个难题。在新疆、内蒙古、吉林和黑龙江等风吹雪雪害地区的公路管理和养护部门虽然每年都消耗大量人力、物力、财力除雪，但是难免存在雪阻路断的现象。

风吹雪对公路交通的危害形式有 3 种：一是风雪流降低能见度，影响驾驶员视线；二是减小车轮与路面的摩擦力，减弱车辆的抗滑能力，降低车辆行驶的安全性；三是造成路面积雪，影响车速甚至阻断交通（王中隆，1983，1988）。三种形式的危害可以同时出现，也可以单独出现，其中任何一种形式的危害都会给交通运输工作造成损失。课题组通过野外实测、风洞实验及理论分析，有针对性地提出了适合我国风吹雪区域的路线设计、路基设计控制指标与标准、工程防治技术中具体应用等。取得的研究成果不仅对解决风吹雪雪害地区公路雪害、节省公路养护资金、提高三北地区公路交通运营质量意义重大，也为全国风吹雪雪害地区的等级公路设计与防治设施的建设提供了有价值的参考依据，具有较高的实用性和广阔的应用前景。

8.1　内蒙古草原雪害区划

8.1.1　区划原则

在设计内蒙古公路雪害区划时，必须要遵循一定的原则，以提高其科学性和可靠性。

1）综合分析与主导因素相结合的原则

草原牧区公路雪害的发生涉及诸多的因素，其中既有雪方面的因素，也有公路本身的问题，还与积雪深度、积雪时间、初雪日期、终雪日期、积雪期间的温度、风速等其他因素有关系，而积雪年内分配又受气温和降雪量的支配。因此，区划必须将"雪""路"主导有机结合，进行综合分析，揭示其主要矛盾，真正做到因地制宜、因害划区。

2) 发生统一性与同类相聚原则

由于所处地域的经度、纬度和海拔等因素不同，使雪害发生的原因、程度、形式等均有差异，因而防治措施也不相同。因此，在制定公路雪害区划时，一定要考虑统一性原则，减少同一区划内的差异性，使同一区划内雪害的发生、分布特征等具有相对一致性。此外，在制定公路雪害区划时要遵循自然区划特点，尽量使区内联系性和相似性最大、差异性最小，区间差异性最大，相似性最小，以便进行同类相聚。

3) 防护治理相对一致性原则

制定区划时仅仅依靠综合性原则是不够的，容易将区划分得过于零碎，给防雪工作带来不便。制定公路雪害区划的目的就是为公路建设服务，应在防护治理相似性原则指导下划出指定区划，使之能兼顾公路选线、设计、施工与灾害防治等多种因子的共性，保障区内的筑路条件尽量一致。

4) 区划界线与行政区划界线一致性原则

我国防灾、减灾工作主要由地方部门承担，在确定区划界线时，要注意与行政区划界线相协调，保持区划界线与行政区划界线的基本一致性，以便于生产实践与施工，使区划更具实用性。

8.1.2 雪害区划指标体系及其设置

8.1.2.1 气候指标

草原牧区公路雪害主要包括自然积雪与风吹雪积雪危害两种类型，为此雪害区划需同时考虑影响两种危害的各个指标。主要采用以下气候指标：年最大积雪深度、积雪初日、积雪终日、年积雪日数、降雪初日、降雪终日、年日最低气温≤0℃的日数、年平均气温、积雪季节平均气温（10月至次年3月）、年大风日数、积雪季节平均风速（10月至次年3月）等。其中，积雪程度主要以年最大积雪深度为主要指标来划分，其标准是：年最大积雪深度≤0.1m 的为轻度积雪，0.1～0.2m（不含0.1m）为中度积雪，0.2～0.3m（不含0.2m和0.3m）为重度积雪，≥0.3m 为严重积雪。

8.1.2.2 地形地貌指标

地形地貌指标主要包括经度、纬度、海拔及区域内的地貌形态（平原、高平原、山地、丘陵等）。

8.1.2.3 公路指标

公路指标采用公路网密度来反映,即采用每百平方千米国土面积上的公路里程来反映区域内公路网的密集程度,以此确定公路雪害的程度。

8.1.2.4 基础图件

主要采用的基础图件有:内蒙古自治区行政区划图,1∶7 500 000;内蒙古自治区气象台站分布图,1∶7 500 000;内蒙古自治区年最大积雪深度图,1∶10 000 000;年降雪日数图,1∶10 000 000;积雪季节平均风速图(10月至次年3月),1∶10 000 000;年平均气温,1∶1 000 000;积雪季节平均气温(10月至次年3月),1∶10 000 000。

8.1.3 雪害区划方法

8.1.3.1 数据的整理与准备

气象数据以内蒙古1961~1990年的111个气象台站资料作为基础数据,并建立数据库,指标包括:气象台站名、纬度、经度、海拔、记录年代、1~12月平均气温、年平均气温、最大积雪深度、降雪量、平均风速、降雪日数、降雪初日、降雪终日等,其他指标则依据基础图件,利用MapGIS地理信息系统软件进行矢量化,然后采用内插法进行插值,而后输入计算机进行分析。

8.1.3.2 聚类分析

采用SPSS软件的K-均值聚类(K-means Clustering)对所有样点以初选聚类中心进行初始聚类,然后以欧氏距离经若干次迭代,不断修改凝聚中心并按最近距离原则调整不合理分类,直到合理为止。为修正聚类分析结果,利用不同的指标及系统聚类法、因子分析法等多元统计方法进行分类。同时采用"自上而下"和"自下而上"两种途径,结合公路网密度及野外调查,调整聚类结果,最终得出区划结果。

8.1.3.3 区划图形的绘制

将获得的区划聚类结果转入MapGIS行政区划图底图,依据区划原则,确定不同区域类型及其边界,划分出不同的分区。

8.1.4 公路雪害区划及其特征

依据区划原则，将内蒙古公路雪害按有无公路雪害划分为有雪害区域和无雪害区域，在区域下分别建立了由一级区（区）、二级区（亚区）和三级区（小区）组成的内蒙古自治区雪害区划系统。表 8-1 列出了两个区域的三级区划所包括的县（旗）基本行政单元。

表 8-1　内蒙古公路风吹雪雪害区划及其包含的行政单元

区域	一级区	二级区	三级区	行政单元
I 无雪害区域	ID 无雪害区	IDa 西鄂尔多斯—阿拉善无风吹雪雪害亚区	IDa1 西鄂尔多斯高平原积雪轻度无风吹雪小区	鄂托克旗、鄂托克前旗、乌海市、乌审旗、杭锦后旗、磴口县
			IDa2 阿拉善高原积雪轻度无风吹雪小区	阿拉善左旗、阿拉善右旗、额济纳旗
II 有雪害区域	IIA 重度危害区	IIAa 呼伦贝尔—锡林郭勒东部积雪重度、风吹雪严重亚区	IIAa1 呼伦贝尔东高平原积雪重度、风吹雪严重小区	满洲里市、新巴尔虎右旗、新巴尔虎左旗、陈巴尔虎旗、鄂温克族自治旗、海拉尔区
			IIAa2 锡林郭勒东部平原积雪重度、风吹雪严重区	霍林郭勒市、西乌珠穆沁旗、东乌珠穆沁旗、克什克腾旗
		IIAb 大兴安岭北段积雪风吹雪重度亚区	IIAb1 大兴安岭北段积雪、风吹雪重度小区	牙克石市、额尔古纳市、根河市、鄂伦春自治旗、阿尔山市、莫力达瓦达斡尔族自治旗
		IIAc 锡林郭勒—阴山北麓积雪中度、风吹雪重度亚区	IIAc1 锡林郭勒南部高平原积雪中度、风吹雪重度小区	多伦县、太仆寺旗、正镶白旗、正蓝旗
			IIAc2 锡林郭勒西部平原积雪中度、风吹雪重度小区	镶黄旗、锡林浩特市、阿巴嘎旗、二连浩特市、苏尼特左旗、苏尼特右旗
			IIAc3 阴山北麓高平原积雪中度、风吹雪重度小区	化德县、商都县、四子王旗、达尔罕茂明安联合旗、武川县、察哈尔右翼中旗、察哈尔右翼后旗、集宁区、乌拉特后旗、乌拉特中旗
	IIB 中度危害区	IIBa 兴安—通辽北部—赤峰北部积雪重度风吹雪中度亚区	IIBa1 呼伦贝尔东南部—兴安丘陵积雪重度风吹雪中度区	阿荣旗、扎兰屯市、扎赉特旗、乌兰浩特市、科尔沁右翼前旗、突泉县、科尔沁右翼中旗
			IIBa2 通辽北部—赤峰北部丘陵积雪重度、风吹雪中度小区	扎鲁特旗、阿鲁科尔沁旗、巴林左旗、巴林右旗、林西县
		IIBb 通辽南部—赤峰南部积雪、风吹雪中度亚区	IIBb1 通辽南部平原积雪、风吹雪中度小区	科尔沁左翼中旗、科尔沁左翼后旗、开鲁县、库伦旗、奈曼旗
			IIBb2 赤峰南部丘陵积雪、风吹雪中度小区	宁城县、敖汉旗、喀喇沁旗
		IIBc 土默特—东鄂尔多斯积雪、风吹雪中度亚区	IIBc1 土默特东南部积雪、风吹雪中度小区	托克托县、清水河县、和林格尔县
			IIBc2 东鄂尔多斯高平原积雪、风吹雪中度小区	东胜区、伊金霍洛旗、准格尔旗

续表

区域	一级区	二级区	三级区	行政单元
II 有雪害区域	IIC 轻度危害区	IIC 察哈尔－土默特－巴彦淖尔南部积雪中度风吹雪轻度亚区	IIC1 察哈尔微丘区积雪中度风吹雪轻度小区	兴和县、察哈尔右翼前旗、丰镇市、凉城县
			IIC2 土默特平原积雪中度风吹雪轻度小区	呼和浩特市（土默特左旗）、包头市（土默特右旗、固阳县）、达拉特旗
			IIC3 巴彦淖尔南部平原积雪中度风吹雪轻度小区	杭锦旗、杭锦后旗、乌拉特前旗、五原县、临河区

8.1.4.1 重度危害区

内蒙古公路雪害重度区主要集中分布于大兴安岭以西、阴山北麓沿线的草原牧区，即内蒙古呼伦贝尔市、兴安盟、通辽市的北部、锡林郭勒盟大部分地区、乌兰察布市北部和巴彦淖尔市北部等地区。依据自然积雪与风吹雪出现特征与危害程度的不同，将重度危害区划分为 3 个亚区和 6 个小区。

1）呼伦贝尔—锡林郭勒东部积雪重度、风吹雪严重亚区

该亚区年积雪深度为 0.2~0.3m，年平均气温波动于 0℃上下，冬季寒冷漫长，年积雪日数超过 100d，多数区域达 125d 左右，年大风日数在 40~60d，冬季风速多在 4m/s 左右，具备公路风吹雪雪害发生的动力条件和物质基础，是公路风吹雪发生的主要地区。该亚区有两个公路风吹雪雪害中心，即满洲里—海拉尔中心和东乌珠穆沁东部—西乌珠穆沁东部—克什克腾北部中心，前一中心公路网密度为 11.60~21.70km/100km²，公路较密集；后一中心的公路网密度为 2.57~5.32km/100km²，虽然公路密度较小，但这一地区是锡林郭勒盟的主要畜牧业基地，交通运输对该地区的经济发展起着极其重要的作用，因而这两个中心是风吹雪的重点防治区。该亚区包括呼伦贝尔平原积雪重度、风吹雪严重区和锡林郭勒东部平原区积雪重度、风吹雪严重区。

2）大兴安岭北段积雪、风吹雪重度亚区

该亚区年积雪深度>0.3m，有一半区域积雪深度在 0.4m 以上，为重度积雪区内积雪深度最大的亚区。年平均气温低于 0℃，冬季严寒漫长，年降雪日多达 100~130d，年积雪日数超过 125d，如阿尔山可达 167d。该亚区公路网密度为 2.03~8.55km/100km²，>0.4m 的积雪区（鄂伦春自治旗和根河市）公路密度较低。该亚区积雪深，积雪融化缓慢，公路雪害以自然积雪为主，亚区内冬季风速多低于 2m/s，年大风日数小于 20d，风吹雪危害弱于自然积雪危害。自然积雪给公路的正常运营带来很大困难，因而自然积雪是该亚区公路雪害的主要防治对象。该亚区风吹雪害中心集中于阿尔山—乌拉盖一线，且其公路网密度达到 6.95km/100km²，是该亚区的重点防治区域。该亚区仅含有 1 个小区，即大兴安岭北段积雪、风吹雪重度区。

3）锡林郭勒—阴山北部积雪中度、风吹雪重度亚区

该亚区年积雪深度为 0.15~0.3m，冬季气温较低，积雪日数较长，为 50~100d；亚区内年平均气温低于 5℃，10 月气温低于 0℃，大风日数在 60~80d，积雪季节风速多在 4~5m/s。因此，该亚区具备公路风吹雪雪害发生的物质基础和动力条件，是公路风吹雪雪害发生较重区，也是公路风吹雪雪害主要防治区。该亚区在牧区公路网稀疏，密度为 2.77~3.47km/100km^2，在半农半牧区为 6km/100km^2，在农区公路密集，密度可达 13.78~22.99km/100km^2。该亚区有两个风吹雪雪害中心，即武川县—四子王旗—苏尼特左旗中心和阿巴嘎北部中心，但阿巴嘎北部无公路网，因而武川县—四子王旗—苏尼特左旗中心是该亚区风吹雪雪害防治的重点区域。该亚区可分出 3 个小区，即锡林郭勒南部高平原积雪中度、风吹雪重度小区，锡林郭勒西部平原积雪中度、风吹雪重度小区，以及阴山北麓高平原积雪中度、风吹雪重度小区。

8.1.4.2 中度危害区

公路中度危害区主要分布于兴安盟、通辽市、赤峰市和鄂尔多斯市东部一带，大致划分为 3 个亚区，6 个小区。

1）兴安—通辽北部—赤峰北部积雪重度风吹雪中度亚区

该亚区年积雪深度为 0.2~0.3m，属于重度积雪，年平均气温低于 5℃，积雪日数 50~100d；大风日数在 20~60d，冬季风速多在 2~4m/s，具有风吹雪害发生的条件，但该区冬季气温较高，特别是前冬和后冬，气温均在 0℃ 以上，风吹雪危害为中等程度。该亚区公路网发达，密度为 6.44~29.92km/100km^2，需注意雪害的防治。该亚区有两个风吹雪雪害中心，分别分布于阿荣—扎兰屯一线和巴林左旗—巴林右旗一线，特别是后者容易出现风吹雪危害，为该亚区的重点防治区域。该亚区包括 2 个小区（表 8-1）。

2）通辽南部—赤峰南部积雪、风吹雪中度亚区

该亚区年积雪深度为 0.1~0.3m，年平均气温 5℃ 左右，积雪日数<30d，大风日数在 20~40d，冬季风速多在 2~4m/s。该亚区发生公路风吹雪雪害的概率中等，个别区域具有风吹雪雪害威胁。该亚区通辽市库伦旗一带积雪超过 0.3m，公路网发达，密度为 27.58~27.99km/km^2，为雪害的主要危害区。但该亚区气温较高，积雪易融化，不易造成大的威胁，主要考虑自然降雪危害。该亚区包括 2 个小区（表 8-1）。

3）土默特—东鄂尔多斯积雪、风吹雪中度亚区

该亚区年积雪深度为 0.15~0.3m，年平均气温 5℃ 左右，积雪日数<30d，大风日数在 20~40d，冬季风速多在 2~4m/s。该亚区发生公路风吹雪雪害的概率中等。该亚区有 1 个积雪超过 0.3m 的中心，即清水河—和林格尔中心，该中心公路网较为发达，密度为 16.47~23.33km/100km^2，但积雪在短期内即可融化，一般不

造成大的威胁，主要考虑自然降雪危害。该亚区包括 2 个小区（表 8-1）。

8.1.4.3　轻度危害区

该区年积雪深度为 0.1~0.2m，积雪日数为 10~25d，年平均气温为 4~7℃，公路网密集，除杭锦旗公路密度为 6.97km/100km² 外，其余均在 20km/100km² 以上。该区大风日数为 20~40d，冬季风速多在 2~3m/s，冬季气温较高，降雪少，发生公路风吹雪雪害的概率较小，为风吹雪雪害较小区。该区的雪害中心为呼和浩特—卓资县—丰镇市一线，但该线公路多为高等级公路，防灾能力强，一般不会出现大的风吹雪危害。该区包括 3 个小区（表 8-1）。

8.1.4.4　无雪害区

公路无雪害区集中分布于内蒙古西部的阿拉善盟、鄂尔多斯市西部、乌海市及巴彦淖尔市的磴口一线。区域内降雪少，冬季气温较高，每年降雪日在 15d 左右，年积雪深度<0.1m，属轻度积雪区，积雪日数<20d，年平均气温 7~8.3℃，公路网稀疏，密度为 1.30~8.14km/100km²，特别是阿拉善地区，其公路网更为稀疏，密度为 1.30~2.78km/100km²。该区大风日数为 15~60d，冬季风速多在 2~4m/s，小于积雪的起动风速，不会出现风雪流危害。因而从自然积雪和风吹雪角度分析，该区发生公路雪害的概率极小，属于积雪轻度、无风吹雪雪害区域。该区域内划有 1 个亚区和 2 个小区，两个小区分别为西鄂尔多斯高平原积雪轻度、无风吹雪小区和阿拉善高原积雪轻度、无风吹雪小区。

内蒙古草原牧区地域狭长，跨越不同气候带，雪害因地域、气候带不同而表现出不同的程度。内蒙古公路雪害区划分为 2 个区域、4 个区、8 个亚区和 17 个小区。公路雪害区划为认识和掌握公路雪害的时空分布格局提供了基础数据，为公路雪灾的因害设防提供了科学依据，对减轻公路雪灾损失、保障公路的正常运营和运输安全具有重要意义。

8.2　草原雪害等级判别

8.2.1　积雪雪害等级判别

积雪雪害等级主要以年最大积雪深度为指标予以反映，其等级判别标准是：年最大积雪深度≤0.1m 的为轻度积雪，0.1~0.2m（不含 0.1m）为中度积雪，0.2~0.3m（不含 0.2m 和 0.3m）为重度积雪，≥0.3m 为严重积雪。

根据苏联卡查赫斯坦农业气象站观测结果，当积雪达到一定厚度和密度时（表 8-2），草原牧区放牧就很困难，牲畜因为饥饿而死亡，称为白灾。

表 8-2　积雪状态下牲畜采食牧草的最大积雪深度与积雪密度

牲畜种类	积雪深度/cm	积雪密度
绵羊	10	0.32g/cm³
	15	0.30g/cm³
	20	0.25g/cm³
	25	0.20g/cm³
	30	任何密度
马	30	高密度
	60	低密度
骆驼	20	高密度
	40	低密度

8.2.2　风雪雪害等级判别

风雪雪害可根据下面三种风雪流类型进行判别。

低吹雪：和风（风速 5.5～7.9m/s）将地面雪粒吹起，随风贴地运行，吹扬高度在 2m 以下，水平能见度大于 10km。

高吹雪：清劲风（风速 8.0～10.7m/s）将地面雪粒卷起，吹扬高度在 2m 以上，水平能见度小于 10km。

暴风雪（雪暴）：大量雪粒被强风（风速变化范围 10.8～13.8m/s）或大于强风风速卷着随风运动，一般伴随降雪，能见度小于 1km，有时 1～2m 都难以分清目标物。

低吹雪和高吹雪多发生在晴天条件下，其危害性比暴风雪小。暴风雪来临时多伴有强烈的降温和降雪现象，无论是对工业、农牧业生产，还是对交通运输造成的危害都是非常严重的。风雪流对自然积雪有重新分配的作用，风雪流形成的积雪深度一般为自然积雪深度的 3～8 倍。

8.3　草原雪害防治的指导思想、原则与策略

8.3.1　指导思想与原则

8.3.1.1　指导思想

围绕公路风吹雪雪害防治目的开展研究工作，形成以"标本兼治，以本为主"为核心的防雪工作方针。尊重自然，充分利用自然，使公路建设与自然相协调。对于无法避免的雪害地段，则采用设置防雪设施，即治标。治标，以"阻输结合，以输为主"为指导思想，因势利导、因地制宜设置，以获得最好的防雪效果。

8.3.1.2 防治原则

（1）预防为主，防治结合，标本兼治的原则。
（2）生物措施为主，工程措施与生物措施相结合的原则。
（3）注重地带性规律，因地制宜、因害设防的原则。
（4）阻、固、输、改措施合理配置的原则。
（5）依据雪害程度，分类指导，突出重点，兼顾一般的原则。
（6）就地取材，经济有效的原则。
（7）防治、养护、监测协调、互补的原则。

8.3.2 防治策略

内蒙古草原牧区地域狭长，跨越不同的气候带，雪害因地域、气候带而表现出不同的程度。草原雪害防治采取分区防治的策略。内蒙古公路雪害区划分为2个区域、4个区、8个亚区和17个小区。公路雪害区划为认识和掌握公路雪害的时空分布格局提供了基础数据支撑，为公路雪灾的因害设防提供了科学依据，对减轻公路雪灾损失、保障公路的正常运营和运输安全具有重要的意义。

无雪害区域：要注意极端月份带来的积雪威胁，有条件时可以结合公路绿化营造防雪林，否则以临时除雪抢险工作为主要措施。

有雪害区域则应按雪害危害程度的不同，采取不同的防治对策。

重度区：以营建防雪林、建造挡雪墙为主的综合防治措施，以阻雪为主。

中度区：以改变路基边坡比、路基断面形式为主要措施，以导雪为主。

轻度区：建造风力加速堤，以创建输雪断面为主，以临时性防雪措施为辅的技术措施，以输雪为主。

风吹雪区划及分区防治对策为公路设计部门和施工部门提供了参考，防患于未然，在公路设计及施工时及早考虑有无雪害以及雪害程度，真正做到因地制宜、因害设防。

8.4 草原雪害的防治技术体系

8.4.1 挡雪墙

8.4.1.1 挡雪墙的类型

按照不同的分类体系，挡雪墙可划分为若干类型：根据建筑材料的不同可分为浆砌片石挡雪墙、土质挡雪墙和其他材料的挡雪墙；根据排列方式的不同可分为单行挡雪墙、双行挡雪墙、雁行式挡雪墙；根据孔隙度的不同可分为透风式挡雪墙、不透风式挡雪墙；根据挡雪墙高度的不同可分为低墙（＜1m）、中高墙（1～2m）和高墙（＞2m）等类型。

8.4.1.2 单行挡雪墙

8.4.1.2.1 适用条件

单行挡雪墙适用于风雪流强度较大、积雪较严重的低路基（包括零路基）、全路堑、迎风半路堑、背风半路堑，或公路的上风侧有起伏不大的山包或丘陵地段（图8-1），一般设在公路的上风侧。

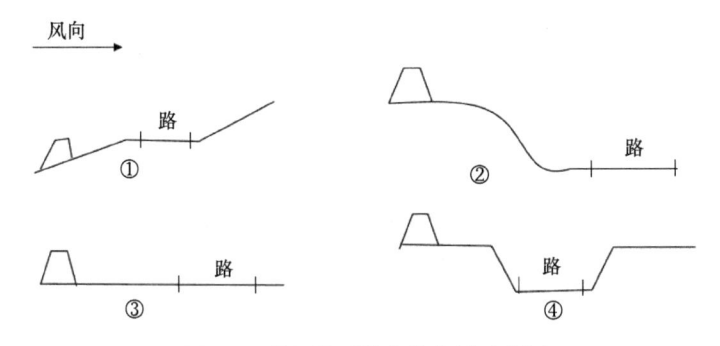

图8-1 单行挡雪墙布设位置示意图
①迎风半路堑；②背风半路堑；③零路基；④全路堑

8.4.1.2.2 设计参数

高度 挡雪墙的高度越高，积雪量和积雪范围也就越大。但考虑到建设成本、降雪量等因素，在草原牧区，挡雪墙的墙高以 1.5～2.0m 为宜，其高度取值依据设置地区的降雪量的大小及地形情况而异。一般地，在最大自然降雪深度小于 0.2m 的草原牧区，设置 1.5m 高的土质单行挡雪墙可以满足公路防雪的要求。最大自然降雪深度在 0.2～0.5m 的草原牧区，设置 2.0m 高的石质单行挡雪墙基本可以满足公路防雪的要求。

孔隙度 在地势平坦、无其他障碍物且人畜破坏较少的情况下，可考虑设置透风式挡雪墙，兼顾挡雪墙的建造难度、稳定性和对风压力的耐性，单行挡雪墙的孔隙度最好不要超过 40%。在地形起伏较大，且人畜破坏较严重的区域建议采用不透风式挡雪墙。

走向 挡雪墙的走向最好与主风方向垂直，不能垂直应与主风的夹角＞60°；考虑到挡雪墙一般与公路平行设置的关系，当墙与主风方向不能垂直且呈小角度设置时，应该考虑设置翼式挡雪墙，使翼角部分尽量与主风向垂直或呈钝角相交。设置翼式挡雪墙时，当挡雪墙与主风垂直并与公路平行时，宜使用两个翼角均指向上风方向的翼式挡雪墙，用于增加上风区的积雪量；当挡雪墙与主风斜交时，应该使用两个翼角方向不同的翼式挡雪墙，用于改变气流和雪舌的方向，减轻雪舌对公路的危害。翼墙的角度、长度应因地制宜进行配置。

距公路距离　单行不透风式挡雪墙与公路路肩的距离一般应设到墙高的12倍处；40%孔隙度的单行挡雪墙与公路路肩的距离一般应设到墙高的14倍距离处。

8.4.1.3　双行挡雪墙

8.4.1.3.1　适用条件

（1）双层挡雪墙宜设在积雪特别严重的公路上风区或一道挡雪墙不能完全防治风吹雪雪害的公路上风区。

（2）在最大自然降雪深度大于0.5m的草原牧区，设置2.0m高的石质单行挡雪墙难以防治雪害时，宜设置双层挡雪墙。

（3）对于双层挡雪墙来说，其组合宜根据设置地段而异。孔隙度大的挡雪墙组合适用于风吹雪较强、储雪场地较大的路段；孔隙度较小或不透风式的挡雪墙组合适用于风吹雪较弱、储雪场地较小的路段。

8.4.1.3.2　设计参数

高度　双层挡雪墙的高度可采用二道2m的石质挡雪墙或一道2m石质挡雪墙加一道1.5m土质挡雪墙的组合。

墙间距　双层挡雪墙的行间距根据墙的组合类型设定，一般为墙高14～20倍的距离，当第一道墙为透风式，第二道墙为不透风式时间距取值宜大，两道挡雪墙均为不透风式挡雪墙时间距取值宜小。

走向　挡雪墙走向尽量与主风向保持垂直，如不能垂直，则应考虑墙与主风的夹角＞60°。

距公路距离　双层挡雪墙第二道挡雪墙距公路的距离依据第二道墙的特性而定，若为透风式挡雪墙，取值为16～18倍，若为不透风式挡雪墙，取值为12～14倍。

8.4.2　浅槽风力加速堤

浅槽风力加速堤是设置于公路上方侧，由风力加速堤和输雪浅槽组成的能使风雪流顺利通过路面而不发生雪害的工程结构物。

草原牧区公路风吹雪雪害是风雪流运动受阻所导致的结果。风雪流是一种气固两相流，当气流的搬运能力大于风雪流中的含雪量时，雪面便会发生风蚀，使雪面产生凹凸不平的吹蚀形态；当气流的搬运能力小于风雪流中的含雪量时，雪粒便会沉积。公路是不透风障碍物，风雪流运动过程中遇到公路的阻挡，如果产生涡旋，搬运能力就会下降，部分雪粒在边坡或路面堆积，影响交通安全和车辆的正常运行。

$$q=b(u-u_t)^3 \tag{8-1}$$

式中，q 为风雪流输雪率 [g/(m·s)]；b 为输雪系数（g·s²/m⁴）；u 为实际风速（m/s）；u_t 为风速超过风雪流临界风速（m/s）。

气流的输雪能力与风速超过风雪流临界风速的三次方成正比。根据这一原理，在风雪流到达公路前减少气流中的含雪量、提高风速或消除涡旋可以避免公路积雪。为了在减少积雪的同时不出现边坡风蚀，最好使风雪流保持不蚀不积的状态顺利通过。浅槽风力加速堤就能够使风雪流保持不蚀不积的状态，使风雪流顺利地通过公路。

以往由于无理论依据，仅依靠经验设置，不能发挥浅槽风力加速堤的有效防雪作用。本节研究浅槽风力加速堤的适用性，以期为今后的设置提供合理的指导。

8.4.2.1 浅槽风力加速堤的主要参数

浅槽风力加速堤的基本形式如图 8-2 所示。

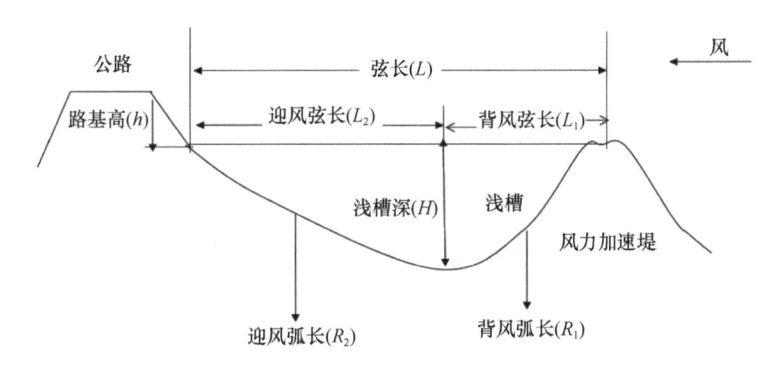

图 8-2　浅槽风力加速堤的基本形式
图中各变量的单位均为 m

浅槽风力加速堤由 3 部分组成：①公路上风侧的高亢地形或人工筑建的风力加速堤；②公路与加速堤之间的弧形浅槽；③公路路基。

风力加速堤起到压缩过流高度、加快风速的作用；浅槽起到先减速再增速的作用。减速使部分雪粒堆积，减轻了风雪流的负荷，加速使风雪流搬运能力增大，保证剩余的雪粒可以顺利越过公路。浅槽风力加速堤的主要作用就是改变流场结构和雪粒的堆积部位，以达到风雪流顺利吹过路面而不在路面堆积的目的。

浅槽风力加速堤的主要参数如图 8-2 所示。起主要作用的部分是浅槽，由背风、迎风两个弧形断面构成，弧长分别为 R_1 和 R_2，连接风力加速堤顶部和路基坡脚的实线为槽面所对应的弦长（L），由弦垂直向下至浅槽最深处的直线为槽深（H），以槽的最深点为界可以将弦分为左右两段，其中右侧为背风弦长（L_1），左侧为迎风弦长（L_2），L_1 和 L_2 所对应的弧长分别为 R_1 和 R_2，路基高度为 h。上述各参数中，背风弧面与迎风弧面长度之比（R_1/R_2）为背风迎风弧长比（以下简称弧长比），该值反映了浅槽两侧弧的长短，从而反映风雪流减速与增速路径的长短，但二者在实际测量中不好计量，故此可用其所对应的弦长来近似地表示，即用背风弦长、迎风弦长之比（L_1/L_2）来近似表示。此外，浅槽弦长 L 与浅槽深 H 的比值称为弦深比，该值可以反映浅槽的断面特征。

8.4.2.2 浅槽风力加速堤的流场分析与输雪机理

8.4.2.2.1 浅槽风力加速堤的流场分析

为了研究浅槽风力加速堤的作用机理，在 G207 线选择了 10 个浅槽风力加速堤作为观测点，对其中的两个断面进行了风速流场的测定。图 8-3 为 G207 线 K188~K189 路段无雪期浅槽风力加速堤风速流场的实测图，当风向与公路近垂直时风速为 9m/s 左右。当旷野气流经过浅槽风力加速堤和路面时，会在浅槽风力加速堤及路面前后产生 5 个降速区和 4 个加速区，即风速在加速堤迎风坡脚、浅槽背风弧面、浅槽最深处、迎风路基坡脚以及背风路基坡脚减弱，并形成小尺度的涡旋；在浅槽风力加速堤迎风坡上部、迎风坡顶部、浅槽迎风弧面、迎风路肩 4 个部位加速，形成增速区域。若以旷野 2m 高处风速为对照，则加速堤迎风坡脚、浅槽背风弧面、浅槽最深处、迎风路基坡脚和背风路基坡脚同一高度上的风速分别降低 33.3%、22.6%、35.2%、26% 和 10%；在加速堤迎风坡上部、迎风坡顶部、浅槽迎风弧面、迎风路肩处分别提高 6.7%、14.6%、10.8% 和 16.6%。

在其他浅槽风力加速堤上，实测的风速流场与上述规律表现相近，只是风速降低或提高的幅度有所不同。图 8-4 是 G207 线 K57+50 处浅槽风力加速堤浅槽和迎风路基一侧的风速流场，其流场图亦表明在浅槽前半部分风速逐渐降低，在浅槽的后半部分风速又逐渐升高的规律性，与图 8-3 不同的是，在这个断面上的浅槽最深处，风速降低的幅度更大（图中的黑色部分所示），浅槽最深处的风速由旷野的 4.1m/s 降至 1.0m/s 左右，降低幅度非常大，达到 75.6%。

G207 线 K65+200 处是一个长度较大的浅槽风力加速堤，当断面中堆积了 0.2m 左右的积雪，从上风侧吹来的风雪流均通过浅槽风力加速堤输导，顺利通过路面。该断面的风速流场如图 8-5 所示。这是一个有积雪的浅槽风力加速堤的风速流场，对于研究浅槽风力加速堤的输雪功能有重要意义。

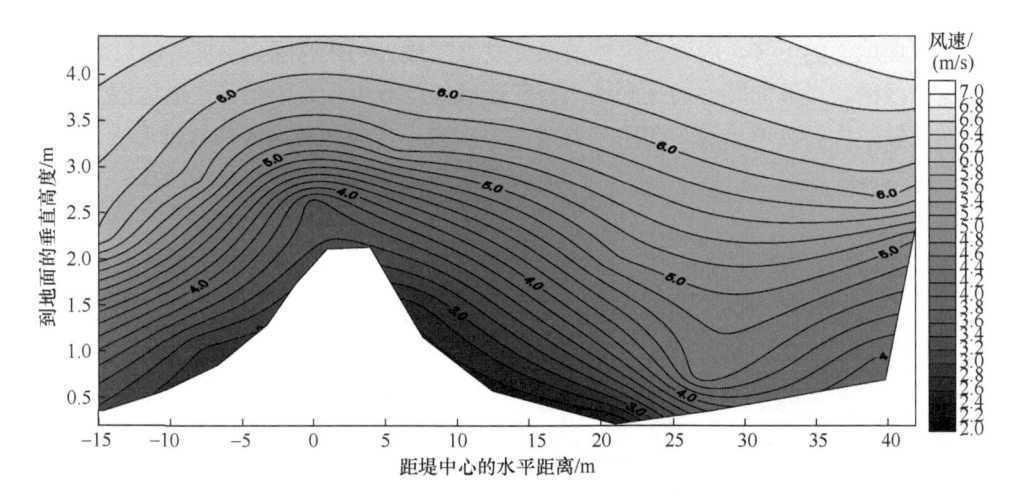

图 8-3　G207 线 K188～K189 路段无雪期浅槽风力加速堤的风速流场

横轴负值表示堤外左侧，正值表示堤内右侧

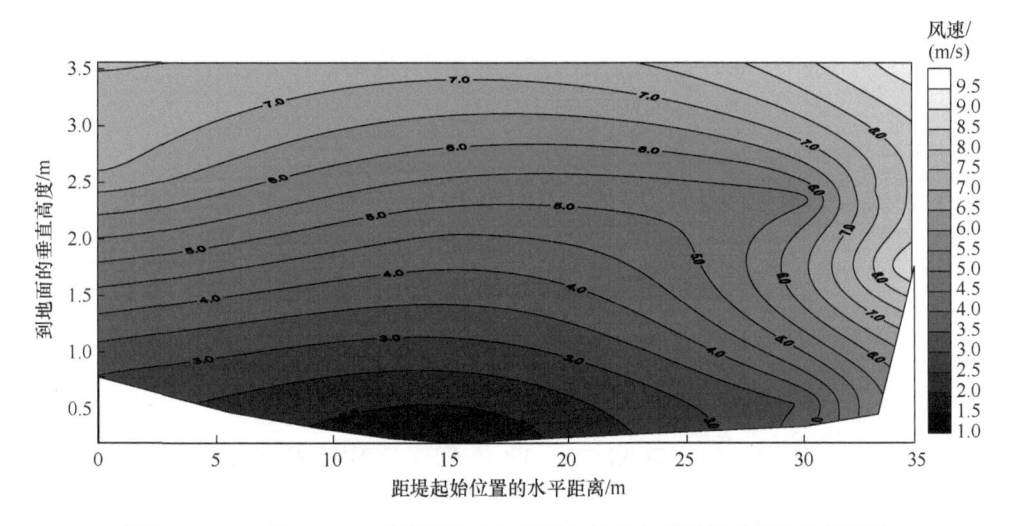

图 8-4　G207 线 K57+50 处浅槽风力加速堤之浅槽与路基迎风侧的风速流场

通过对以上三幅风速流场图特征的比较，发现积雪后风速流场特征与未积雪断面的风速流场特征没有太大区别，这说明风速流场特征的稳定是浅槽风力加速堤能够保持输雪能力的基本条件。

为了验证野外观测结果，我们进行了浅槽风力加速堤风速流场的风洞模拟实验，模型实物比为 50∶1，采用粒子图像测速仪技术，对比测定不同弦深比模型的流场变化。弦深比为 10∶1 的浅槽风力加速堤的风速流场如图 8-6 所示。该图反映的流场特征是：当气流到达浅槽风力加速堤时流线开始抬升，流速加快，并在堤顶达到最大流速（流线最密），在浅槽风力加速堤后的浅槽中形成涡旋，且沿着浅槽背风弧面地形的下降,涡旋在浅槽最深处发育到最大,风速降至最低,随后风速随气流沿浅槽迎风弧面爬升而逐渐增大,在路肩处气流再次遇阻抬升,风速增大,在路面上以较大的风速通过,在路基背风侧再次减小,并在背风路基坡脚形成涡旋。

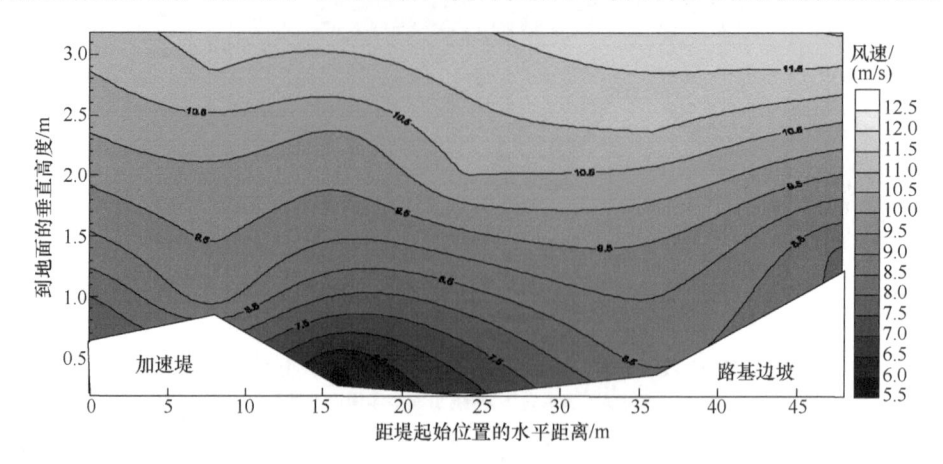

图 8-5　G207 线 K65+200 处积雪后输雪断面之浅槽与路基迎风侧的风速流场

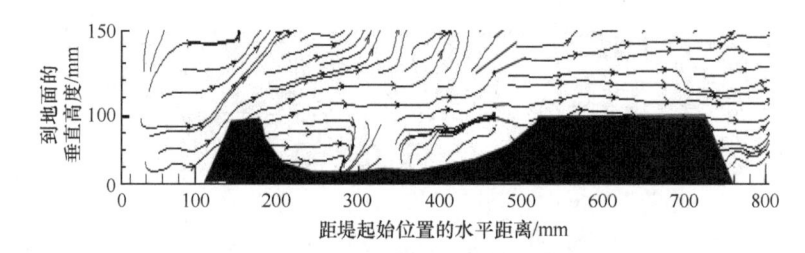

图 8-6　弦深比 10∶1 的浅槽风力加速堤的风速流场

此外,风洞模拟实验还表明,7.5∶1、12.5∶1 等不同弦深比的浅槽风力加速堤的风速流场一致,都在风力加速堤后和路基迎风坡脚形成风速降低涡旋,特别是在浅槽中部涡旋发育到最大。不同弦深比的浅槽风力加速堤浅槽中心的涡旋尺寸有所不同,风雪流的路径长度不同。上述风洞模拟实验结果与野外风速测定结果相吻合。

8.4.2.2.2　浅槽风力加速堤的输雪机理

对于只有重力场作用下的稳定流动、理想的不可压缩流体或无旋流来说,其流线或流场的运动符合伯努利方程:

$$p_1 + \rho g z_1 + \frac{\rho v_1^2}{2} = p_2 + \rho g z_2 + \frac{\rho v_2^2}{2} \qquad (8-2)$$

式中,p_1、p_2 为流体流经的两个断面处的压力[kg/(m·s^2)];ρ 为流体的密度(kg/m^3);g 为重力加速度(m/s^2);z_1、z_2 为流体在两个断面处的高度(m);v_1、v_2 为流体

在两个断面的速度（m/s）。

对于式（8-2）来说，如果两个断面的中心处于同一水平高度上，则 $z_1=z_2$，即方程两端的势能相同，故可消去，因而上式可表示为

$$p_1 + \frac{\rho v_1^2}{2} = p_2 + \frac{\rho v_2^2}{2} \tag{8-3}$$

由式（8-3）可知，当一个断面的速度减小时，其压力将会增大，反之压力减小。当某一点压力增大时，将会使气流下沉，将气流中所携带的物质堆积；而当某一点压力减小时，受气流旋转和抬升作用，气流会对此点的地表造成吹蚀。

此外，不考虑势能时，对于流体来说，当流体流经的断面有所变化时，则流过两个断面的流体的连续方程式符合式（8-4）：

$$v_1 A_1 = v_2 A_2 \tag{8-4}$$

式中，v_1、v_2 为气流流过的两个断面的平均速度（m/s）；A_1、A_2 为对应的两个断面面积（m²）。

由式（8-4）可知，当流体流经的两个断面发生改变时，其流速也会发生改变，即当流体流经的断面由小增大时，流体速度减小，反之，当流体流经的断面由大变小时，流体速度增大。同时，若已知某一断面的流体速度和面积以及另一断面的面积，也可由式（8-4）求出另一断面的流体速度。

浅槽风力加速堤的作用原理是利用流体在流通过程中使风雪流流经的断面面积发生变化，引起该断面处的气流速度（风速）和压力也随之发生变化，改变气流对风雪流的作用力和作用效果，达到输送雪粒的目的。为分析浅槽风力加速堤的输雪机理，以图 8-7 为例进行进一步的解析。

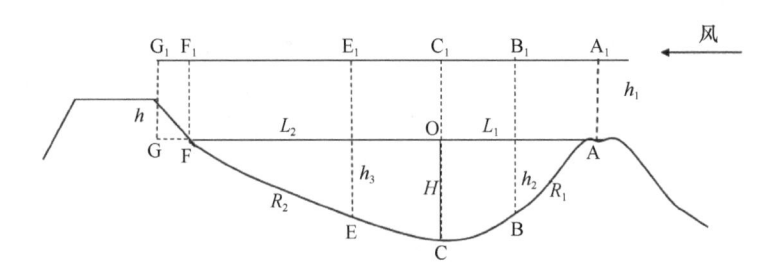

图 8-7　浅槽风力加速堤输雪原理解析图
图中各变量含义同图 8-2

图 8-7 中 AF 为弦长（L），AO 为背风弦长（L_1），FO 为迎风弦长（L_2），$L=L_1+L_2$；背风弧面 AC 长为 R_1，迎风弧面 CF 长为 R_2；浅槽深 OC 为 H，路基高为 h。假定一个上限基准面 A_1G_1，该基准面与浅槽弦面 AG 相距的高度为 h_1，与路面的高度差为 h_1-h。依据式（8-4），当风雪流由浅槽风力加速堤断面 AA_1 经浅槽背风侧弧面 BB_1 向浅槽最深处 CC_1 运动时，其断面高度由 h_1 向 h_1+h_2 与 h_1+H 逐渐增大，断面面积（A）

与断面高度（h）呈单调递增函数关系，因此各断面面积随高度的增大而增大，风雪流则随断面面积的增大而减小。同理可推知在浅槽迎风侧时，风雪流的速度呈增大趋势。因此，对于浅槽背风侧，各断面面积、速度可用下面关系分别描述：

$$A_{AA_1}V_{AA_1} = A_{BB_1}V_{BB_1} = A_{CC_1}V_{CC_1} \tag{8-5}$$

$$h_1 < h_1 + h_2 < h_1 + H \tag{8-6}$$

$$A_{AA_1} < A_{BB_1} < A_{CC_1} \tag{8-7}$$

$$V_{AA_1} = V_{BB_1} = V_{CC_1} \tag{8-8}$$

同理，对于浅槽迎风侧，速度与断面面积间的关系符合下面关系：

$$A_{CC_1}V_{CC_1} = A_{EE_1}V_{EE_1} = A_{FF_1}V_{FF_1} = A_{GG_1}V_{GG_1} \tag{8-9}$$

$$h_1 + H > h_1 + h_3 > h_1 > h_1 - h \tag{8-10}$$

$$A_{CC_1} > A_{EE_1} > A_{FF_1} > A_{GG_1} \tag{8-11}$$

$$V_{CC_1} = V_{EE_1} = V_{FF_1} = V_{GG_1} \tag{8-12}$$

由式（8-8）和式（8-12）可知，浅槽最深处的速度最小，而在路肩处，因断面面积最小，速度将会达到最大。当加速堤堤顶与路基高度相近时，则二者的断面面积相近，速度也会接近。

此外，由图8-7、式（8-5）～式（8-12）可推知，路基高度与浅槽深度之差越大，浅槽最深处断面面积与路基处断面面积之比也越大，两断面处的速度差也越大，当中路基、高路基与浅槽风力加速堤结合时，可增强输雪强度，使风雪流更易通过浅槽风力加速堤和路面。同理，当风力加速堤越高时，其与浅槽最深处的高差也越大，风速在越过加速堤背风弧面最高点后的减速效应也越明显，造成风雪流在背风槽面上积累越多。但是，随着背风槽面和浅槽最深处雪粒积累的增多，浅槽深度也越来越小，浅槽与风力加速堤、与路基的高差也逐渐减小，浅槽因积雪而自然变得宽浅，此时弦深比增大，背风弦长和迎风弦长之比也减小，浅槽风力加速堤更符合流线型断面。流线型断面一旦形成，风雪流就可以保持不蚀不积状态顺利通过输雪断面，输雪断面的作用就可以长期发挥效益。在野外调查中还没有发现因为积雪而使加速堤失效的现象。

由式（8-3）结合式（8-8）和式（8-12）可知：

$$p_{AA_1} < p_{BB_1} < p_{CC_1} \tag{8-13}$$

$$p_{CC_1} < p_{EE_1} < p_{FF_1} < p_{GG_1} \tag{8-14}$$

由式（8-13）和式（8-14）可知，在浅槽最深处其压力最大，而在浅槽背风侧随速度的减小压力不断增大，在浅槽迎风侧则随速度的增加压力不断减小，直至路肩处达到最小而使附面层发生分离。因此，当风雪流越过风力加速堤向浅槽背风侧运动时，风速沿浅槽的平滑断面不断降低，压力也随着速度的不断减小而升高，风雪流将在浅槽背风侧随水平距离的增加而衰减，致使雪粒不断沉积，而且雪粒从浅槽背风侧的弧面开始堆积，之后逐步下延，并使雪舌逐渐向浅槽中心发展。当风雪流到达浅槽最深处时，速度降到最低，压力达到最大，导致部分雪粒在此沉积，且积雪将向浅槽迎风侧不断发展。在风雪流沿浅槽迎风侧弧形断面抬升时，速度不断增大，使得该部分雪粒所受压力减小，有利于雪粒被吹扬至高处，同时，风速增大也增强了风雪流携带雪粒的能力，造成浅槽迎风侧的雪粒被吹扬而使风雪流顺利通过断面，并一直穿过路面到达背风路基一侧。因此，由浅槽构成的流线型断面加速了风雪流的输送，这正是浅槽风力加速堤输雪的机理所在。这一点从 G207 线野外浅槽风力加速堤的风速流场和风洞实验模拟结果均可得到验证。但浅槽风力加速堤的输雪能力会随着浅槽风力加速堤背风迎风弦长比（L_1/L_2）、弦深比（L/H）等参数的变化而发生变化。特别是，当风雪流流经的路径较长时，会造成风雪流在沿途发生堆积。当浅槽深度与弦深比（L/H）一定时，如背风迎风弦长比（L_1/L_2）大于 1，则背风弦长大于迎风弦长，浅槽迎风侧弧面坡度较陡，风雪流将在路基边坡与浅槽相连处大幅下降，产生涡旋使雪粒沉积，纵然气流抬升过程中增速，但其增幅毕竟有限，使风速在路肩处虽然增大但强度有所减弱，可能导致风雪流在路面发生堆积造成雪害。此外，浅槽迎风侧及路基边坡处雪粒堆积后将会对风雪流流线造成阻碍，使得风雪流流线不畅，产生更多的积雪，雪舌的前伸也会造成积雪上路，危害交通。若背风迎风弦长比（L_1/L_2）小于 1，则迎风弦长大于背风弦长，浅槽迎风侧弧面长而缓，气流为缓变流，速度逐渐增大而损失较少，使得路肩处风速较大，可将风雪流输送过路。同时，背风侧弧面短而陡，气流急剧衰减而产生涡旋，雪粒多在背风侧沉积，风雪流变得不饱和，从而促进浅槽迎风侧雪粒的输送。

此外，若弦长（L）一定，浅槽深度（H）越深则弦深比（L/H）越小，风雪流在浅槽最深处减弱越剧烈，浅槽中越易积雪；而浅槽越浅，弦深比（L/H）越大，则风雪流在浅槽中发育越强，风雪流越易过境。

8.4.2.3　浅槽风力加速堤的输雪效果

为了验证浅槽风力加速堤的输雪机理和检验输雪效果，选择不同弦深比、不同高度风力加速堤组合的浅槽风力加速堤进行风洞模拟实验。实验中实物模型比为 50∶1，路基高 2m，路面宽 12.5m，风力加速堤高分别为 1.5m 和 2.0m，加速堤前的浅槽深为 2m，弦长（浅槽与公路之间的距离）分别为 15m、20m 和 25m。将模型置于风洞实验段，在 8.4m/s 的风速下进行模拟吹刮实验，实验介质为麸皮，吹刮 3min 后检验各浅槽风力加速堤的输雪效果，并测量浅槽中的积雪形态（长度、宽度和厚度），计算积雪量，测定结果见表 8-3。

室内风洞实验测定结果表明，在弦深比为 7.5∶1、10∶1 和 12.5∶1 的浅槽风力加速堤中，各浅槽风力加速堤均能使绝大部分的风雪流顺利流过浅槽越过路面

表 8-3　风洞模拟不同弦深比浅槽风力加速堤内的积雪量（实物模型比 50∶1）

加速堤高/m	浅槽深/m	弦长/m	弦深比/m	浅槽背风侧积雪量/m³	浅槽中心积雪量/m³	浅槽迎风侧积雪量/m³	积雪量总计/m³
30	40	300	7.5∶1	0.000 00	0.000 56	0.000 00	0.000 56
30	40	400	10∶1	0.012 00	0.009 90	0.008 10	0.030 00
30	40	500	12.5∶1	0.000 00	0.001 52	0.000 75	0.002 27
40	40	300	7.5∶1	0.000 12	0.000 21	0.000 00	0.000 33
40	40	400	10∶1	0.008 50	0.006 16	0.002 72	0.017 38
40	40	500	12.5∶1	0.000 00	0.000 10	0.000 08	0.000 18

向路基下风侧远方输移，路面上无积雪存在，而在路基背风一侧坡脚有少量积雪堆积。这表明以上各弦深比的浅槽风力加速堤均可起到输雪作用。对于输雪浅槽内的积雪量来说存在以下规律。

（1）三种弦深比的浅槽风力加速堤均在浅槽最深处有积雪存在。

（2）随着弦深比增大，雪粒堆积部位由背风侧逐渐向浅槽中心和浅槽迎风侧转移。当弦深比为 7.5∶1 时，积雪出现在浅槽中心或浅槽中心与背风侧弧面末端。当弦深比为 10∶1 时，在浅槽最深处的中心部位及背风侧弧面和迎风侧弧面均有积雪，且浅槽背风侧积雪量＞浅槽中心积雪量＞浅槽迎风侧积雪量，而且背风侧积雪量达到迎风侧积雪量的 1～4 倍。当弦深比为 12.5∶1 时，在浅槽中心部位和浅槽迎风侧弧面有雪粒堆积，但在浅槽中心部位的积雪是迎风侧积雪的 1～3 倍。

（3）由 1.5m 和 2.0m 两种高度的风力加速堤与浅槽所组成的同一弦深比的浅槽风力加速堤，浅槽内的积雪量并不相同。风力加速堤为 1.5m 时，浅槽内的积雪量多，而风力加速堤为 2.0m 时浅槽内的积雪量少，前者积雪量是后者的 1.6～12 倍，且积雪量增大倍数随着弦深比的增大而增大。

对以上规律进行分析发现，三种弦深比的浅槽风力加速堤在浅槽最深处的中心部位均有积雪存在，这说明此处风速最低，最易使雪粒沉积。这一积雪特点与前面的输雪机理与风速流场相符。不同弦深比的浅槽其输雪效果有所差别，从而造成浅槽内的积雪量产生差异，但实验的三种弦深比的浅槽风力加速堤均可起到输雪作用，因而弦深比并不是影响浅槽输雪效果的最主要因素。

通过风力加速堤高度与浅槽的组合分析输雪效果，在浅槽深度和弦长一定时，风力加速堤越高，输雪效果越好。这是因为在弦深比一定的约束条件下，加速堤高度的变化可反映在背风侧和迎风侧弧面的高度和长度上，即弧面的陡度和长度上，也反映在弧面所对应的弦长上。

从风洞模拟实验结果来看，如果浅槽风力加速堤设计合理，风雪流皆可顺利通过路面而不致造成积雪危害。因此，建立浅槽风力加速堤减少路面风吹雪危害的技术措施是可以在生产实践中使用的。

为了验证风洞模拟的结果，我们在野外采用积雪仪对 G207 线所设的浅槽风力加速堤的输雪效果进行了野外观测。观测结果表明，所设的浅槽风力加速堤都能形成较理想的风雪流，70%以上的雪量从弦部以上吹走，而弦部以下不足30%的雪量可借助浅槽中的气流升力搬运。而且设置浅槽风力加速堤的地段，路面均无积雪存在，仅在背风路基坡脚处有少量积雪。在浅槽内背风一侧和浅槽最深处附近有雪粒堆积，有的断面在浅槽迎风侧也有积雪存在，但积雪部位与浅槽最深处相连。从一次风吹雪过后浅槽内的积雪深度来看，积雪在背风侧上部1/3处较薄，厚0.12~0.16m，1/3处向下至浅槽最深处为先厚后薄，以浅槽背风弧面1/3~2/3处积雪最厚，厚达0.42~0.50m，由此形成的雪舌向浅槽中心推进，浅槽最深处积雪深度为0.27~0.33m，在与浅槽最深处相连的迎风侧弧面上也有积雪，但其厚度较薄，厚仅为0.08~0.11m。此外，野外调查还表明，浅槽内积雪量的多少与浅槽的深度有较密切的关系，一般情况浅槽越深其内积蓄的雪量也就越多，浅槽越浅则其内积雪也就相对越少。这与风洞内随着弦深比的增大浅槽内积雪量减少的结果相一致，因为对于一定弦长来说，浅槽深度越大，弦深比越小，积雪越多；而浅槽深度越小，弦深比就越大，积雪越少。

野外测定还表明，在所测的各浅槽风力加速堤中，弦深比最小为5.6∶1，最大为16.7∶1，各断面均可使雪粒顺利通过路面。由此可得出，弦深比虽然影响浅槽的形态，但弦深比并不是影响浅槽风力加速堤输雪效果的主要因素。

我们对G207线、G303线路段具有浅槽地形的浅槽风力加速堤的输雪效果和断面的主要参数进行了测定，其典型断面的地形如图8-8和图8-9所示。各断面的主要参数见表8-4。

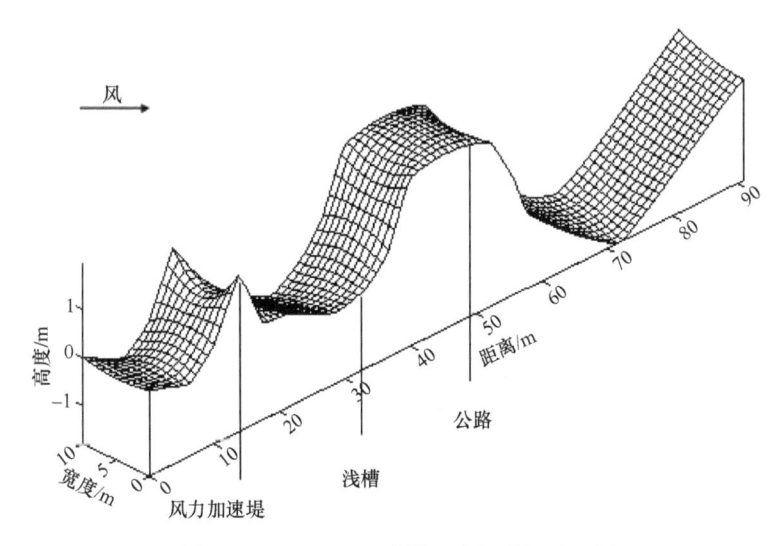

图8-8 K56+100处浅槽风力加速堤地形图

x轴表示沿公路延伸方向，距风力加速堤起始位置的距离（m）；y轴表示垂直于公路走向的水平距离（m）；z轴表示垂直方向的高度（m）

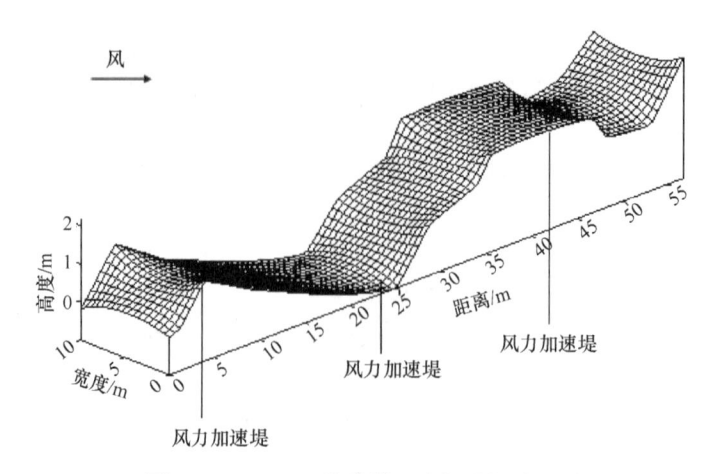

图 8-9　K67+250 处浅槽风力加速堤地形图

x 轴表示沿公路延伸方向，距风力加速堤起始位置的距离（m）；y 轴表示垂直于公路走向的水平距离（m）；z 轴表示垂直方向的高度（m）

表 8-4　各断面主要参数及输雪效果

背风弦长/m	迎风弦长/m	浅槽深/m	弦深比	背风迎风弦长比	路面积雪与否
16.5	53.7	5.13	13.7	0.3	0
16.5	53.7	5.24	13.4	0.3	0
16.3	10.7	2.85	9.5	1.5	1
16.3	10.7	2.82	9.6	1.5	1
6.0	10.6	2.64	6.3	0.6	0
6.0	10.6	2.75	6.0	0.6	0
15.0	11.0	2.02	12.9	1.4	1
15.0	11.0	2.38	10.9	1.4	1
16.8	25.4	2.81	15.0	0.7	0
16.8	25.4	2.52	16.8	0.7	0
15.1	15.5	5.61	5.5	0.9	0
15.1	15.5	5.46	5.6	0.9	0
11.3	13.4	4.06	6.1	0.8	0
11.3	13.4	4.61	5.4	0.8	0
9.0	13.9	2.57	8.9	0.6	0
9.0	13.9	2.78	8.2	0.6	0
27.1	21.1	5.28	9.1	1.3	0
27.1	21.1	5.41	8.9	1.3	0
19.0	16.8	4.13	8.7	1.1	1
19.0	16.8	4.30	8.3	1.1	1

续表

背风弦长/m	迎风弦长/m	浅槽深/m	弦深比	背风迎风弦长比	路面积雪与否
21.2	10.4	2.57	12.3	2.0	1
21.2	10.4	2.57	12.3	2.0	1
7.6	12.6	2.19	9.2	0.6	0
7.6	12.6	2.21	9.2	0.6	0

注：路面积雪与否一列中，1为公路上积雪，0为公路上无积雪。

利用DPS5.0软件对上述各主要参数进行逐步回归分析，其相关系数见表8-5。由表8-5可知，路面积雪与否与背风迎风弦长比极显著相关，其相关系数为0.7782。经逐步回归，路面积雪与否（y）可用背风迎风弦长比（x_2）、浅槽深（x_3）和迎风弦长（x_5）进行回归，其方程为

$$y=-0.2553+0.009887x_2-0.1230x_3+0.8514x_5 \quad (8-15)$$

上述回归方程相关系数为0.8276，对方程进行F检验，$F_{(3, 20)}=14.4970$，相关关系极显著。回归方程各因子与路面积雪与否的偏相关系数及显著性见表8-6。由方程系数大小及偏相关系数可知，决定浅槽风力加速堤所在路段路面是否积雪的因素首先是浅槽风力加速堤背风迎风弦长比，其次是浅槽深，再次是浅槽风力加速堤迎风弦长。如果测得上述三个指标，则可用回归方程进行拟合，如所得值小于1，则表明该浅槽风力加速堤所处路段不会发生积雪。

表8-5 各断面主要参数间的相关关系

参数	背风弦长	迎风弦长	浅槽深	弦深比	背风迎风弦长比	路面积雪与否
背风弦长	1.000 00	0.261 55	0.026 76	0.086 69	0.002 72	0.097 91
迎风弦长	0.238 60	1.000 00	0.012 08	0.016 38	0.012 37	0.097 70
浅槽深	0.451 60*	0.503 80*	1.000 00	0.155 26	0.469 17	0.112 52
弦深比	0.357 10	0.484 70*	−0.299 40	1.000 00	0.757 73	0.337 78
背风迎风弦长比	0.584 30**	−0.502 30*	−0.155 10	0.066 40	1.000 00	0.000 01
路面积雪与否	0.345 80	−0.346 00	−0.332 40	0.204 50	0.778 20**	1.000 00

注：左下角和右上角均为双侧显著水平，*为显著相关（$P<0.05$）；**为极显著相关（$P<0.01$）。

表8-6 逐步回归方程各因子偏相关系数与t检验值

偏相关因子	偏相关值	t检验值	P值
$r(y, x_2)$	0.310 2	1.459 2	0.159 3
$r(y, x_3)$	−0.442 6	2.207 5	0.038 5
$r(y, x_5)$	0.792 5	5.810 7	0.000 01

注：y为路面积雪与否；x_2为背风迎风弦长比；x_3为浅槽深；x_5为迎风弦长。

8.4.2.4　浅槽风力加速堤设置技术

8.4.2.4.1　浅槽风力加速堤设计

1）地址选择

（1）浅槽风力加速堤一般设置在风雪流强度较大的公路上风侧。为此宜选择公路上风方向的断面形式应为路基，高度至少为大于 1.5m 的中、高路基的路段。

（2）在冬季积雪季节，风吹雪危害的主导风向与公路路基走向呈垂直相交或与公路路基的交角大于 45°的路段。

（3）上风方向 20~30m 外的地形稍高地段或在上风方向路基侧有自然或人工修筑公路时取土挖掘后形成的凹槽。

2）参数设计

（1）浅槽风力加速堤由输雪浅槽和风力加速堤组成。风力加速堤的作用在于产生足够的气流上升力，使贴近地表层的风雪流借助上升气流保持非堆积搬运状态。风力加速堤应设计于路基上风向 20~30m 处，可采用挖掘机（推土机）挖土堆积而成或利用自然地形经机械加高修整而成，其断面形式为上窄下宽的梯形，边坡比控制在 1∶4~1∶2，堤顶修整为圆弧形，以利于风雪流平滑通过。

（2）浅槽位于风力加速堤与公路之间，其作用则是为了保持气流的连续性，避免因附面层的分离而产生雪粒堆积，并为风雪流创造一个有足够容量的非堆积搬运地带，使风雪流不蚀不积并顺利通过公路，为此，经人工修筑成平滑弧形断面，浅槽与公路及风力加速堤的衔接需平稳圆滑。虽然断面弦深比并不是影响风雪流疏导的主导因子，但从野外实际断面测定及经验来看，弦深比选在 10∶1~20∶1 比较保险。

（3）为了保障风雪流顺利通过浅槽风力加速堤，必须使浅槽风力加速堤浅槽背风侧弧长小于迎风侧弧长，即必须使背风迎风弦长比小于 1，只有这样才能保证气流增速的连续性，使风雪流尽量平滑地通过浅槽风力加速堤。

（4）风力加速堤堤顶标高最好与路肩标高一致，一般至少为 1.0~1.5m。

8.4.2.4.2　浅槽风力加速堤设计注意事项

为了保持浅槽风力加速堤的稳定性和有效性，在设计时必须注意以下几点。

（1）与浅槽风力加速堤相连的公路下风侧有足够的储雪空间。

（2）设计路段不能有过于强烈的反向风。

（3）风力加速堤上风区最好有植被或防雪栅栏存在，以拦截大量风雪流并减少风雪流中雪粒密度；植被盖度最好在60%以上且防雪栅栏高度在1.5m、孔隙度在20%或30%。

（4）为增强浅槽风力加速堤输送风雪流的强度和能力，可对浅槽迎风坡进行平滑处理，如在冬季进入雪季前采取人工打草时尽量保证弧面的平滑，或采用黏土铺设迎风侧槽面，使之变得平滑。

（5）浅槽风力加速堤宜与中、高路堤配合使用，但需要注意的是，与高路堤配合时，不宜采用分级式路基边坡或路基边坡地形不易凸凹不平，如有此情况发生，则风雪流宜在这些部位产生突变，造成气流动能损耗太大，使风雪流难以顺利通过，而在边坡堆积，危及路面安全。

（6）浅槽风力加速堤设计时，须保持槽面的连续性，即在槽面中不易出现两个或多个地势低洼之处，以免造成槽面的大量积雪而危及路面。

8.4.3 防雪栅栏

8.4.3.1 防雪栅栏的类型

防雪栅栏简称防雪栅或栅栏，是国内外应用比较普遍的一种防雪设备（Martinelli，1973）。目前，国内外对于防雪栅栏的分类主要依据其移动性而分为两种基本形式，即固定式防雪栅和移动式防雪栅（Schnidt，1970）。根据内蒙古草原牧区公路路域范围内普遍设有网围栏的特点，研究人员设计了一种利用网围栏做固定支柱的半固定网围栏式防雪栅栏，增加了防雪栅栏的类型。

（1）固定式防雪栅，指在整个防雪期间不需移动，它的高度可以根据雪害地段移雪量的大小确定。

（2）移动式防雪栅，指在整个防雪期间，根据栅前后的积雪情况，可以随时移动的栅栏。

（3）半固定网围栏式防雪栅栏，指整个防雪期间，依据雪害防治需要而可以随时移动位置的栅栏。设置时利用草原牧区的网围栏做固定支架，而栅栏用的板条可以随时移动，并按照一定的孔隙度插入网围栏铅丝，插入时需使板条来回穿过网围栏铅丝，并利用板条上的铁丝就近打结固定在网围栏铅丝上，根据需要制作成不同孔隙度的半固定式防雪栅栏。风吹雪危害季节过后即可解开铁丝结，卸去板条，运回保存。

按防雪栅栏的孔隙度进行划分，可分为不透风式防雪栅栏和透风式防雪栅栏。不透风式防雪栅栏制作时，其栅栏板条相接紧密；透风式防雪栅栏制作时，其栅栏板条可按一定孔隙度调整，形成不同透风结构的防雪栅栏。

8.4.3.2 防雪栅栏的适用条件与设计参数

8.4.3.2.1 移动式防雪栅

（1）防雪栅应布设在积雪路段的迎风一侧，并与冬季的主导风向垂直或接近垂直。

（2）移动式防雪栅栏宜设在风雪频繁，风向多变、风力较大、移雪量较多和便于移动位置的路段上。

（3）在风力较强、雪量大且地形较开阔时，可以设置双排栅栏，防雪效果更佳；双排栅栏间距视具体情况确定。

（4）移动式栅栏的高度一般应小于固定式栅栏的高度，通常可采用1~2m。在风吹雪强度较小，较易移动的地区，可采用小规格的栅栏，尺寸为1.5m×1.5m~2m×1.5m；在风吹雪比较持久、频繁地安置栅栏比较困难的地区，可采用较大规格的移动式栅栏，尺寸为2m×2m~2.25m×2m，且使栅栏下部有较大空隙。

（5）为移动方便、防雪栅栏可分段设置，各段间的距离可根据具体情况确定。

（6）移动式防雪栅栏的初设距离视栅栏孔隙度和将来向哪个方向移动而定，一般可采用20~50m。

（7）移动式防雪栅栏的规格必须考虑主导风速、地形和积雪场地的大小，在风吹雪主导风速大于12m/s以上的大风频繁出现的地区，板条间的孔隙不应超过栅栏面积的35%。

（8）移动式防雪栅栏在斜坡上迎风侧设置时，栅栏应设置在距线路更远的地方，以保证在栅栏和路基之间能容纳下更多的积雪，但该距离不应大于100m。

（9）当路基由浅路堑过渡为低路堤时，路堑与路堤均应防护，特别是在路基断面转变的地方，在栅栏基本防护线的端部设置两个不连续的移动式防雪栅栏，且使栅栏端部分别同基本防护线成135°趋向于道路和170°远离道路，分岔与基本防护线应留出4m的间隔，以保证吹向路基的气流速度很快恢复而不发生积雪。

（10）单行或双行防雪栅栏在直线路段设置时，应平行于线路中线。在曲线地段设置时，设置单行栅栏则应沿曲线线路的弦布置，若设置双行栅栏，则上风侧第一排栅栏沿曲线的弦布置，并且连接曲线的头与尾，至曲线线路中点的距离不小于110m；第二排栅栏应布置成线路的反向曲线，其端部至路基的距离为50m。

8.4.3.2.2 固定式防雪栅

（1）固定式防雪栅栏宜设在风雪流较小、持续时间久、风向变化不大的路段上。

（2）固定式防雪栅栏设在远离养护工人住处的积雪路段。

（3）在工业设施或居民区的周界防护及内部防护时，应使雪堤宽而低，以利于积雪在春季迅速融化。

（4）设在与高路堑相连的高路堤处。

（5）用固定式防护比移动式防护更方便的积雪路堑。

（6）雪害路段走向与风向交角小于40°时，不宜使用防雪栅。

（7）孔隙度为66%或50%的栅栏适用于风吹雪较强、储雪场地较大的路段；20%～30%孔隙度的栅栏适用于风吹雪较弱、储雪场地较小的路段。

（8）在特别多雪的情况下，可设置一些辅助性的移动式栅栏防护线来加强固定式栅栏。

（9）在需要保护的零路基断面处，可采用下部具有风道的不透风固定式防雪栅栏，人为增强路面气流，使风雪流顺利通过。

8.4.3.2.3 半固定网围栏式防雪栅栏

（1）宜设置在风雪流适中、持续时间久、风向变化不大的路段上。

（2）设置地段需在路域范围内有铅丝网围栏，以便形成固定装置，装置防雪栅栏，但围栏距路距离与栅栏的安全防护距离相符，即围栏距离不小于栅栏高度的10倍，且不大于20倍。

（3）设在离养护地较远的草原地区的积雪路段。

（4）需清除围栏上方及两侧的杂草，以便充分发挥栅栏的积雪功能。

（5）可调节孔隙度的大小，为此，在风吹雪较强、储雪场地较大的路段宜采用孔隙度为50%～70%的栅栏；在风吹雪较弱、储雪场地较小的路段可采用孔隙度为20%～30%的栅栏。

（6）在多雪且风吹雪强劲的地段，当单一的半固定网围栏式防雪栅栏不能满足阻雪要求时，围栏内的草丛至少保持0.2m的高度，以便积蓄更多的积雪。

（7）为提高半固定网围栏式防雪栅栏的积雪能力，需提高栅栏下部的设置高度，使栅栏下部形成风道。

8.4.4 导风板

8.4.4.1 导风板及其类型

导风板是采用木板条拼装成的孔隙度为20%或30%的板式结构。导风板的立柱可用木材、钢材或混凝土制作。

导风板根据设置方式分为两种类型。

（1）下导风板，包括前倾式下导风板、后倾式下导风板、直立式下导风板和屋檐式下导风板等。

（2）侧导风板，包括一字形和羽毛形（封闭式和开放式）两种形式。

8.4.4.2 导风板的适用条件和设计参数

导风板可改变风雪流的速度和方向，当风雪流沿导风板下口风道通过时，由于风道断面减小，风速增大，即可将雪从路基上吹走。

8.4.4.2.1 下导风板

当路线与主导风向的交角小于30°或迎风山坡坡度大于45°时，一般不宜采用下导风板，这时，可采用侧导风板。侧导风板能改变风雪流的方向，并使雪堆积在路基上风面的一定范围内。

（1）前倾式下导风板：导风板的迎风面与水平面的夹角（倾角）小于 90°。适用于背风山坡或山脚下的路基。

（2）后倾式下导风板：导风板的迎风面与水平面的夹角大于 90°。适用于迎风山坡或山脚下的路基。

（3）直立式下导风板：导风板的迎风面和水平面垂直。多用于迎风山坡地段的路基。

（4）屋檐式下导风板：适用于背风积雪的路基。屋檐式下导风板与前倾式下导风板类似，只是立柱不设在路肩上，而是设在内侧挖方边坡上。

常用的是直立式下导风板。

8.4.4.2.2 侧导风板

在不宜采用下导风板的路段，可根据地形在路基上风向的一定距离处设置侧导风板。侧导风板的布置有一字形和羽毛形两种形式，羽毛形的布置又可分为封闭式和开放式两种。侧导风板一般均采用直立式的。侧导风板的排尾离路基的距离一般不小于15m，以防侧导风板尾部的积雪延伸到路基上。

8.4.5 挂草网围栏

8.4.5.1 适用条件

在我国干旱半干旱地区，围栏封育是常用的生态保护措施，即通过设置围栏把一定范围内原有植被遭到破坏的草场或有条件生长植被的草场围禁，避免人畜破坏，给植被以繁衍生息的时间，逐步恢复天然草场的措施。挂草网围栏是草原牧区特有的、挂有大量干枯的风滚植物的网围栏。挂草网围栏既可以阻截一部分风吹雪,还有一定的透风度,相当于透风式挡雪墙。凡是在草原牧区设有围栏封育植被的地区都可设置挂草网围栏。

8.4.5.2 设计参数

透风度 根据网围栏挂草量的多少,分为紧密结构挂草网围栏(孔隙度≤60%)和疏透结构挂草网围栏(孔隙度>60%)。

高度 挂草网围栏的高度越高,阻雪量和阻雪范围越大,但网围栏越高,建设成本也越高。从防护效益和经济成本角度综合考虑,围栏高度为1.2~1.8m较为适宜。

距公路距离 挂草网围栏与公路的距离一般宜设置在网围栏高(H)的16~20倍($16H$~$20H$)距离处。

网围栏规格 为了防止挂草网围栏被风刮倒,支柱最好用水泥柱或钢筋柱,且柱间的网片长度不宜过大,一般宜为16~20m;如果立柱为木桩,则桩间网片长度不宜超过15m,建议采用12m。为了更好地拦截风滚植物等草类,网围栏的网格规格宜小,一般为0.2m×0.2m。

走向 挂草网围栏走向尽量与风吹雪危害的主风向保持垂直或交角为45°以上。

8.4.5.3 附挂于网围栏的草的种类及特性

野外调查表明,挂草网围栏上所挂的风滚植物约有12种,其生物学特征及生活型、生态型详见表8-7。

表8-7 挂草网围栏的风滚植物种类及其特征

植物	生物学特征	生活型 一年生或二年生草本	生活型 多年生草本	水分生态类型 旱生	水分生态类型 中旱生	水分生态类型 旱中生	水分生态类型 中生
猪毛菜	茎近直立,通常由基部分枝展开,叶先端具刺	+				+	
叉分蓼	茎直立或侧开,多分枝常呈叉状		+	+		+	
防风	茎二歧式,多分枝,表面具纵棱		+	+			
沙茴香	茎直立,具多数开展的分枝,表面具纵棱		+	+			
银柴胡	全株呈球形,茎多丛生,白基部开始二歧式分枝		+				
展枝唐松草	茎呈"之"字形曲折,常自中部二叉状分枝,分枝多		+		+		
迷果芹	茎多叉状分枝,具纵棱,被长毛	+					+
糙隐子草	丛生,干后常弯曲		+	+			

续表

植物	生物学特征	生活型		水分生态类型			
		一年生或二年生草本	多年生草本	旱生	中旱生	旱中生	中生
猪毛蒿	茎直立,常自下部或中部开始分枝,下部分枝开展	+		+			
华虫实	茎直立,由基部分枝,上部分枝较为斜展	+		+			
黑蒿	茎直立,上部分枝多,有时自基部分枝	+					+
刺藜	茎直立,多分枝开展,二歧聚伞花序分枝多且密	+					+
合计		6	6	6	1	2	3
占比/%		50	50	50	8.33	16.67	25

由表 8-7 可知,挂在网围栏上的风滚植物可以分为两类。一类是茎多分枝,呈叉状且开展,部分种类茎、叶或花序先端具刺,如猪毛菜、叉分蓼、防风、沙茴香等,这类风滚植物通常由分枝、叉勾挂在一起,聚集并停留在围栏前后。另一类是叶薄质轻,常随风飘动的植物,如糙隐子草、黑蒿等,这类风滚植物在遇到先前挂有植物的网围栏后便停留下来,可以增加网围栏前后的挂草数量和密度。12 种风滚植物的生活型为一年生或二年生草本和多年生草本各 6 种,分别占 50%;其水分生态类型包括旱生、中旱生、旱中生及中生 4 种,其中旱生 6 种,占 50%;中旱生 1 种,占 8.33%;旱中生 2 种,占 16.67%;中生 3 种,占 25%。

8.4.5.4 挂草网围栏的风速流场与作用机制

野外调查可知,挂草网围栏均为透风式,如图 8-10 和图 8-11 所示。本节以紧密结构挂草网围栏的风速流场特征阐述挂草网围栏的作用机制,如图 8-10 所示。

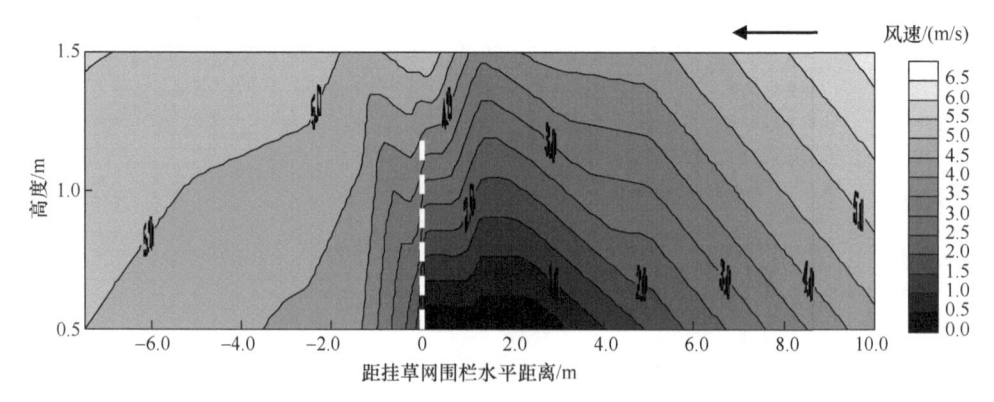

图 8-10 紧密结构挂草网围栏的风速流场
横轴负值代表围栏左侧(背风侧),正值代表围栏右侧(迎风侧)

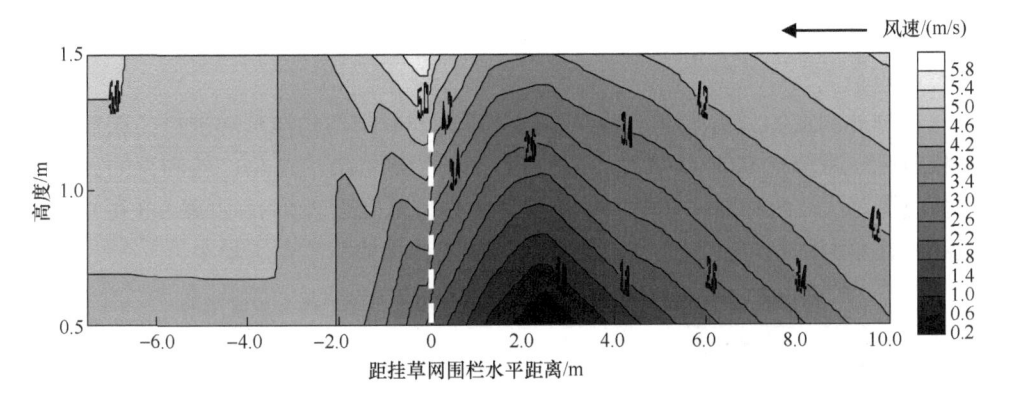

图 8-11　疏透结构挂草网围栏的风速流场
横轴负值代表围栏左侧（背风侧），正值代表围栏右侧（迎风侧）

在挂草网围栏上风侧（栏前）$3H$（H 为挂草网围栏高度）、挂草网围栏下风侧（栏后）$8H\sim10H$ 区域内有弱风区出现，在 $12H\sim14H$ 处风速基本恢复至旷野风速。在挂草网围栏正上方风速加大，并因附面层发生分离而产生上升力，造成该处雪粒以抛物线形式加速通过并向背风侧运动。

风雪流运行至挂草网围栏，受网围栏的阻挡，栏前 $3H$ 范围内和栏后 $5H$ 范围内风速降低，造成雪粒下沉堆积。气流在栏后 $5H$ 范围内产生涡旋，风向与栏前风向相反，近地面 50cm 处风速降至 0m/s，因而该区域内雪粒沉降最多，特别是在栏后 $1H$ 范围内，积雪深度与挂草网围栏高度相同，仅在紧贴草墙面 $10\sim20$cm 的地方出现一个无雪的小区域。栏后 $5H\sim10H$ 范围内，部分雪粒因风速下降而堆积，但因风雪流中雪粒浓度降低，使沉积的雪粒含量下降，因此该区域内的积雪深度明显变薄，其深度为几厘米至十几厘米。剩下的雪粒则会随风运动得更远而不发生堆积，直到风速完全恢复到挂草网围栏之前的自然风速。通过以上分析可知，紧密结构挂草网围栏的风速流场特征与不透风式挡雪墙的近似。

8.4.5.5　影响挂草网围栏防雪效应的因素

8.4.5.5.1　挂草网围栏的透风度

对紧密结构、疏透结构的草网围栏的风速流场进行观测的结果如图 8-10 和图 8-11 所示。

由图 8-10 和图 8-11 可知，疏透结构挂草网围栏的风速流场与紧密结构挂草网围栏的流场特征相似，仅在围栏前后弱风区的范围上有所不同。疏透结构挂草网围栏在栏前 $1H\sim2H$（H 为围栏高）、栏后 $10H\sim13H$ 范围内为弱风区，但栏后弱风区的范围比紧密结构挂草网围栏的小，而且近地面风速为零的区域明显减小。从弱风区的范围来看，两者中以疏透结构挂草网围栏的范围最大，积雪范围也最大。

从野外测量的积雪范围来看，与围栏等高的紧密结构挂草网围栏的积雪范围在栏前可堆积至栏高的 4~5 倍，在栏后可达栏高的 10~12 倍，较测得的风速弱风区范围略大。两种结构挂草网围栏前后的积雪范围见表 8-8。由表 8-8 可知，疏透结构挂草网围栏前后的积雪范围最大，紧密结构的积雪范围最小。

表 8-8　不同结构挂草网围栏前后平均积雪范围与最大积雪范围

挂草网围栏结构	栏前平均积雪范围	栏前最大积雪范围	栏后平均积雪范围	栏后最大积雪范围
紧密结构	$4H$~$5H$	$7H$	$8H$~$11H$	$12H$
疏透结构	$2H$~$4H$	$4H$	$11H$~$13H$	$16H$

注：H 为围栏高（m）。

从栏前、栏后测得的积雪深度来看，围栏前后的积雪形态类似挡雪墙的积雪形态，栏前、栏后 $1H$ 范围内的积雪深度基本上与围栏等高，离围栏越远积雪深度越薄，直至与地面自然积雪厚度一样。

8.4.5.5.2　挂草网围栏高度

挂草网围栏的结构影响栏前栏后的积雪范围，围栏高度与围栏挂草高度均会对积雪范围造成影响。野外调查表明，当挂草高度与围栏高度相同时，围栏前、后 $1H$ 范围内的积雪深度与围栏高度等高。而当挂草高度没有达到围栏高度时，围栏前、后 $1H$ 范围内的积雪深度仅与挂草高度等高。当挂草高度尚未达到栏高时，围栏前后的积雪范围与挂草高度达到栏高时相比有所减少，但积雪范围与挂草高度的关系基本仍符合上述积雪范围与栏高的倍数关系。

8.4.5.5.3　挂草网围栏距公路距离

由挂草网围栏结构、挂草高度与积雪范围和厚度的关系可知，挂草网围栏距公路距离不应低于其挂草高度或围栏高度的 $16H$。当考虑到围栏最终会挂满植物而达到围栏高度的情况，挂草网围栏距公路的距离应不低于栏后最大的积雪范围，即不低于围栏高度的 $16H$。事实上，在草原微丘区公路路域范围内常见的围栏高度为 1.2m、1.5m 和 1.8m，由此，三种高度的围栏距公路的距离应为 20m、24m 和 30m。

8.4.5.6　挂草网围栏的优缺点与设计

8.4.5.6.1　挂草网围栏的优缺点

在入秋后利用路域范围公路部门或农牧民自己修建的网围栏挂草即可达到阻雪和防雪的目的。与营造防雪林相比，围栏封育是最有效、成本最低的措施。据计算，围栏封育成本仅为灌溉条件下人工造林成本的 1/20 或无灌溉条件下人工造林成本的 1/40，为飞播造林成本的 1/3，而且建设网围栏后不用管理，只需要封育地段植被就可自然形成挂草网围栏，即有植物挂在网围栏上形成挂草网围栏发挥其阻雪防雪功能。挂草网围栏不仅可以积雪也易储沙，日积月累可形成"土质挡雪墙"，这种围栏不需要维护也具有防雪功能。

挂草网围栏的形成具有一定的局限性，前提是路域范围内必须有网围栏，且有可附挂的风滚植物，围栏没有倾倒、破损或残缺的现象，才可形成"透风式植物墙"，发挥阻雪功能。

8.4.5.6.2 挂草网围栏的设置技术

（1）为了更好地拦截风滚植物等草类，网围栏的网格规格一般为 0.2m×0.2m（图 8-12）。

（2）为了防止挂草网围栏被风刮倒，支柱最好用水泥柱或钢筋柱，且柱间的网片长度不宜过大，一般宜为 16～20m；如果立柱为木桩，则桩间网片长度不宜超过 15m，建议采用 12m。

（3）挂草网围栏的高度越高，阻雪量和阻雪范围越大，但网围栏越高，建设成本也越高。从防护效益和经济成本角度综合考虑，围栏高度一般为 1.2～1.8m 较为适宜。

（4）挂草网围栏走向尽量与风吹雪危害的主风向保持垂直或与之成 45°以上的交角。

（5）挂草网围栏与公路的距离一般宜设为网围栏高的 16～20 倍。

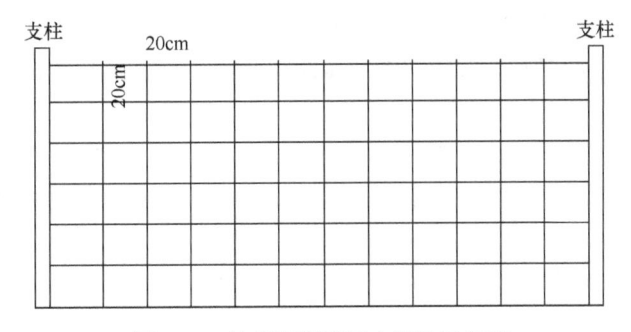

图 8-12 挂草网围栏适宜设计示意图

8.4.6 防雪林

8.4.6.1 防雪林的类型

防雪林的类型很多，分类方法和标准也不统一。按树种的类型分成乔木林和灌木林，也可以分为常绿乔木林、落叶乔木林、常绿灌木林和落叶灌木林。还可以根据树种组成分为纯林和混交林。纯林的种类非常多，如杉木纯林、杨树纯林、油松纯林等。混交林又可以分为乔灌混交林、针阔混交林、常绿阔叶与落叶阔叶混交林等。对于公路防雪林来说，按其结构可划分为3种类型。

（1）紧密结构防雪林。这类防雪林上下层枝叶均较茂密，外观上不透光，气流基本不能从林带中间通过而是从树冠上方越过，背风面形成静风区。多由乔木层、亚乔木层、灌木层重叠组成。行数很多的单一树种也可形成紧密结构林带。

（2）疏透结构防雪林。这类防雪林有一定的透光孔隙且分布均匀，气流可部分通过，多由行数较少的乔木、灌木或亚乔木组成。透风系数的分布可以是均匀的，也可以是上密下疏或上疏下密。

（3）通风结构防雪林。这类防雪林树冠部分为紧密或疏透结构，树干部分有相当大的透光孔。气流遇到林带，一部分从树冠下方通过，另一部分从树冠上方越过，树冠不透风或透风微弱。我国的护路林一般由2～4行乔木组成，上部树冠紧密，下部树干稀疏，属于通风结构防雪林。

以灌木-乔木-灌木结合组成的防雪林带，防雪阻雪效果较好。用乔木或灌木组成的单一树种的防雪林带占地面积较小，已为公路部门广泛采用。

8.4.6.2　树种选择

1）西北西风水汽源区

西北西风水汽源区包括新疆中温带亚干旱-干旱区（含北疆山原与天山山谷区、南疆西南边缘山地区）可以选择的树种有天山云杉、青海云杉、新疆云杉、新疆落叶松、新疆冷杉、大果圆柏、祁连山圆柏、疣皮桦、山杨、欧洲山杨、白桦、紫穗槐及沙棘等（以上树种适合高海拔的寒冷阴湿地区，不适合山前干旱区和平原区）。

2）陕宁暖温带亚湿润区

可以选择的树种有油松、华山松、华北落叶松（高山地区）、侧柏、旱柳、白榆、河北杨、小叶杨、蒙椴、旱柳、山杏、山桃、文冠果、杜梨、辽东栎、白桦、红桦、柠条（又称锦鸡儿，有多个种，如小叶锦鸡儿、中间锦鸡儿、柠条锦鸡儿等）、沙棘、枸杞、紫穗槐、胡枝子、山楂、绣线菊、虎榛子及金露梅。

3）西南多水汽源区

（1）西南多水汽源区 1（含青南山原区、甘南高原区、南羌塘高原区、那曲山原区、青东北边缘山谷区和藏西狮泉河山原区）：该区最好以保护现有植被为主，不易进行大面积的人工造林。在局部水土光热条件较好的路段，可以营造少量防雪林，可以选择的树种有云杉、青海云杉、西藏云杉、大果圆柏、高山松、乔柏、侧柏、藏川杨、小叶杨、北京杨、紫穗槐、沙棘等。

（2）西南多水汽源区 2（含藏东川西高山峡谷区、藏东南山地区、藏东南边缘山地区、滇西北高山峡谷区)：该区可以选择的树种有冷杉、云杉、华北落叶松、日本落叶松、马尾松、黄山松、云南松、巨柏、白桦、红桦、山杨、青冈、苦楝、箭竹、沙棘、密枝杜鹃、山胡椒、绣线菊等。

(3) 西南多水汽源区 3 (含川南山谷区、滇黔桂亚热带山地区)：可以选择的树种有云南松、思茅松、华山松、黄杉、苍山冷杉、冲天柏、滇油杉、杉木、墨西哥柏、藏柏、滇青冈、高山栲、滇杨、麻栎、黑荆、银荆、慈竹、油茶、狗毛蔷薇、报春、爬柳、白桦、红桦、山杨、刺槐、苦楝、箭竹、沙棘、密枝杜鹃、山胡椒、绣线菊等。

(4) 东部季风水汽源区

大兴安岭北部区：可以选择的树种有兴安落叶松、樟子松、红皮云杉、白桦、蒙古栎、朝鲜柳、杨树、金银忍冬、越橘、杜鹃、杜香、柳叶绣线菊、杞柳、蒙古柳、兴安刺玫、刺五加、毛榛、茶条槭、六道木。

东北中温带湿润-亚干旱区 (含小兴安岭、松嫩平原、三江平原、长白山、辽西区)：可以选择的树种有红松、兴安落叶松、日本落叶松、日本落叶松、红皮云杉、赤松、樟子松、红皮云杉、杉松冷杉、水曲柳、胡桃楸、黄檗、白桦、蒙古栎、白榆、小黑杨、小钻杨、旱柳、灌木柳、紫椴、刺槐、文冠果、山杏、胡枝子、辽东水蜡、紫穗槐、榆叶梅、东北连翘、辽东丁香、红瑞木、茶条槭、六道木等。

(5) 内蒙古高原干旱区

可以选择的树种有樟子松、红皮云杉、云杉、华北落叶松、油松、白桦、蒙古栎、白榆、小叶杨、小黑杨、大青杨、旱柳、刺槐、文冠果、山杏、山楂、紫穗槐、胡枝子、沙棘、柠条等。

(6) 黄淮海暖温带亚湿润区、长江中下游亚热带湿润区

该区可选树种非常多，生产中选择当地常见树种即可。

在秦岭-淮河一线以北的中国广大地区一些立地条件较差的土地上，可以根据土地类型选择合适的树种，可参考下面给出的树种。

沙荒地：可以选择的树种有柠条、胡枝子、山竹子、杨柴、花棒、沙柳、小黄柳、沙地柏 (臭柏)、杨树、柳树、榆树、紫穗槐、梭梭、沙拐枣、沙棘、沙蒿 (有多个地理生态型，如东部的差巴嘎蒿，中部区的油蒿，西部区的籽蒿等)。

盐碱地：可以选择的树种有柽柳 (含甘蒙柽柳、多枝柽柳、细穗柽柳、短穗柽柳等)、枸杞、沙枣、杜梨、杨树、柳树、榆树、紫穗槐、沙棘等 (此处越往后排列的树种耐盐能力越差)。

黄土区：可以选择的树种有柠条、胡枝子、杨柴、花棒、沙地柏、杨树、柳树、榆树、紫穗槐、沙棘、柽柳、枸杞、沙枣、杜梨、沙棘、侧柏、油松、杜松、桧柏、花椒、山杏、山桃等。

草原区：如果不加整地，典型草原区和荒漠草原区便不适合造林，应该以保护

天然植被为主，只有在钙积层较薄的地方，才可以营造护路林。个别地段因为修公路开挖了比较深的路堑，打破了钙积层，利用路面汇集的雨水，此类地段也可营造护路林。可以选择的树种有榆树、侧柏、云杉、杨树、柳树、柠条、沙棘等。

8.4.6.3 造林技术

8.4.6.3.1 造林季节

大多数树种以春季造林为好，特别是植苗造林和播种造林，最好在土壤解冻期完成造林，因为这样可以更好地利用土壤墒情。鄂尔多斯市、赤峰市巴林右旗近几年采用冷藏苗雨季造林的效果也不错，具体方法是：春季将苗木置于冷藏窖中，严格控制窖内温度（不高于2℃），保证湿度，待5～6月降透雨后造林，成活率可以达到80%～90%。针叶树移栽最好选在冬天，移栽时带土坨，这样才能保证成活率。

8.4.6.3.2 造林方法

防雪林的造林方法有植苗造林、分殖造林、播种造林等。植苗造林成活率高，分殖造林节省育苗时间和费用，播种造林适合小面积使用。目前，使用得比较多、效果比较好的造林方式是植苗造林。不同地区可以根据具体情况选择合适的造林方式。

8.4.6.4 防雪林结构设计

防雪林一定要营造混交林，因为混交林可以提高防雪效率，还能充分利用立地条件和营养空间，能有效地改善和提高土地生产力，可以减少病虫害和火灾。混交林林冠具复层结构，可以拦截风雪流上、中、下层中的雪粒，而且能够截留更多的大气降水，减少地面径流，有更强的保护坡面及防风固沙的作用。

1）混交林的类型

依据树种的组合形式，可以把混交林的混交类型分成以下几种。

（1）多乔木混交：可以是两个或两个以上的乔木树种混交，还可以是耐阴与喜光树种混交，如华北落叶松与云杉混交、白桦与云杉混交，优点是容易形成复层林，种间矛盾出现晚，林分比较稳定。喜光与喜光树种混交，如杨树与刺槐混交、油松与侧柏混交、油松与栎类混交，缺点是种间矛盾尖锐，竞争进程发展迅速，种间矛盾较难调节。耐阴与耐阴树种混交，如云杉与冷杉混交，优点是种间矛盾出现晚而且缓和，树种间的有利关系持续时间长，林分十分稳定，种间关系容易调节，缺点是这种模式多为天然林的顶级群落模式，生产上较少采用。

（2）高大乔木与中小乔木混交，如落叶松与椴树混交、油松与槭树混交。优点是高大乔木居上层，较耐阴的中小乔木居下层，形成复层林，种间矛盾小，群落稳定性好。

（3）乔灌混交：如杨树与柠条混交、油松与沙棘混交、柳树与紫穗槐混交等。特点是种间矛盾缓和，林分稳定性强，防风固沙、保持水土、防雪积雪作用大，初期乔木与灌木互为依托，郁闭后出现矛盾。对灌木进行平茬可以缓解矛盾。

（4）综合混交：由主要树种、次要树种和灌木树种混交，如沙兰杨、旱柳与紫穗槐混交，油松、元宝枫与紫穗槐混交。这种模式的优点是防风阻雪效果好，缺点是树种组合和调节难度大。

2）混交树种的选择

营造混交林时，首先确定主要树种，然后根据其特点选择伴生树种和灌木树种。选择适宜的混交树种是调节种间关系的重要手段。因此，选择的伴生树种应该在生物学特性上与主要树种有一定差别，能够互补，并有一定的耐阴性、耐火性、抗病性和抗虫性，且不应该与主要树种有共同的病虫害或是转主寄生关系，还需要有一定的美学价值，有一定的固氮能力，有较强的萌蘖能力或繁殖能力等。

3）混交方式

混交方式有株间混交，行间混交，带状混交和块状混交等。公路防护林最好用行间混交或带状混交。

8.4.6.5 防雪林结构模式

由于我国目前还没有成型的防雪林，所以防雪林的结构模式是一个值得探讨的问题。根据调查，内蒙古地区有以下几种模式可供参考。

（1）灌木绿篱+乔木，如赤峰市 306 国道。灌木位于林带外缘，带状配置，紧密结构，用于阻雪；乔木林地中储雪，疏透结构，距公路路肩 3m 以上。

（2）灌灌混交，如鄂尔多斯市 208 国道沙柳与沙棘混交、沙柳与紫穗槐混交、沙柳与柠条混交，灌木带宽 10m 以上，紧密结构，距路肩 3m 以上，防雪效果很好。

（3）灌木与半灌木混交，如鄂尔多斯市 109 国道沙柳与沙蒿混交、紫穗槐与沙蒿混交、柠条与沙蒿混交、花棒与沙蒿混交，灌木带宽 10m 以上，距路肩 3m 以上，防雪效果很好。

（4）灌木纯林，如鄂尔多斯市 208 国道、109 国道营造的沙柳纯林和柠条纯林，林带宽 20m 以上，紧密结构，距路肩 3m 以上，防雪效果很好。榆靖高速公路和 208 国道陕西段的紫穗槐纯林也具有相同的防雪效果。

（5）针叶阔叶混交，如赤峰 306 国道油松与榆树、杨树混交，榆树、杨树高大，油松定植后未修枝，形成上部疏透下部紧密结构的林带，因为护路林与当地片林连为一体，宽度达到 200m，所以路面不积雪，路堑地段也不积雪，是一种比较成功的模式。

(6)针叶与针叶混交,如河北围场满族蒙古族自治县县城至塞罕坝林场公路,路旁为樟子松与云杉混交林。樟子松树冠紧密高大,云杉下部枝条密集,两行樟子松加一行云杉就达到了控制雪害的目的。

8.4.6.6　防雪林与公路的距离

防雪林与公路的距离会影响防雪的效果。路面积雪与林带和公路的距离有密切关系。林带离路太远起不到应有的作用,离路太近又会造成路面积雪。而且对于乔木树种来说,离路太近还会增加车祸后损失的程度。

乔木林带与公路之间的距离(D, m)最大不超过树高(H, m)的10倍距离减去林带的宽度(W, m),即

$D=10H–W$

灌木林带与公路之间的距离如下。

高度1m左右的灌木林,灌木林带与公路之间的距离最大不超过树高的15倍减去林带的宽度,即

$D=15H–W$

高度2m左右的灌木林,灌木林带与公路之间的距离最大不超过树高的10倍减去林带的宽度,即

$D=10H–W$

8.4.7　育草蓄雪

育草蓄雪是通过封育、补播、改良、人工播种等手段培育路域植被,通过增加植被高度、盖度,增加蓄雪能力,从而达到以草蓄雪、以草固雪,减轻公路雪害的目的。

8.4.7.1　草原牧区育草植物种选择

根据气候条件和农业大区划分,我国牧草种植区可划分为9个区。这9个区在地理位置、气候特点上都有较大差异,适宜种植的牧草种及品种也不尽相同,其气候特点及适宜种植的牧草见表8-9。

表8-9　我国牧草种植区气候特点及适宜种植的牧草

区	亚区	气候特征	适宜植物种
东北部区	长白山及鸭绿江流域亚区	湿润,低温	羊草、针茅、芨芨草、抗寒紫花苜蓿、线叶菊、草地早熟禾、紫羊茅、猫尾草、多年生黑麦草、鸭茅等
	三江平原亚区	半湿润,低温	
	松嫩平原亚区	半湿润,低温	
	科尔沁、呼伦贝尔草原亚区	半湿润半干旱,低温	

续表

区	亚区	气候特征	适宜植物种
内蒙古及长城沿线区	东部典型草原亚区	干旱，温暖	紫花苜蓿、羊草、无芒雀麦、沙打旺、赖草、新麦草、老芒麦、披碱草、草木樨等
	西部荒漠草原亚区	干旱极干旱，温暖	沙生冰草、扁穗冰草、沙打旺、黄芪、沙生针茅、柠条等
黄淮海平原区		湿润，温暖	紫花苜蓿、多年生黑麦草、无芒雀麦、猫尾草、鸭茅、串叶松香草、杂交酸模、红三叶、白三叶、一年生黑麦草、菊苣、籽粒苋等
黄土高原区	西北及北部亚区	干旱，温暖	沙打旺、沙生冰草、扁穗冰草、小叶锦鸡儿、胡枝子
	中部亚区	半干旱，温暖	红豆草、无芒雀麦、披碱草、老芒麦、中间偃麦草、苇状羊茅、沙打旺、扁穗冰草
	南部及河套亚区	半湿润，温暖	苜蓿、草木樨、无芒雀麦、鸭茅、多年生黑麦草
长江中下游平原区	平原亚区	水热充足	白三叶、红三叶、狗牙根、苏丹草、菊苣、一年生黑麦草、杂交高粱、狼尾草、紫花苜蓿、多年生黑麦草、鸭茅、杂交酸模、雀稗、狗尾草、大翼豆等
	中高山亚区	降水足，温度低	多年生黑麦草、鸭茅、白三叶、红三叶、猫尾草
西南部区	四川盆地亚区	湿润，温暖	苏丹草、杂交高粱、狼尾草、一年生黑麦草的抗热品种、黑麦、苣菊、白三叶、红三叶等
	川西川北高原及秦巴、湘鄂西部山地亚区	湿润，温暖	多年生黑麦草、鸭茅、猫尾草、白三叶、红三叶、苇状羊茅、紫羊茅、草地早熟禾、无芒雀麦、苏丹草、白三叶、杂三叶、一年生黑麦草
	云贵高原亚区	燥热	狼尾草、象草、柱花草、百喜草、画眉草、多年生黑麦草、苇状羊茅、猫尾草、三叶草、鸭茅、狗牙根、紫羊茅等
华南部区		湿润，炎热	象草、狼尾草、柱花草、大翼豆、百喜草、狗牙根、三叶草、鸭茅、黑麦草
甘肃、新疆及周边区	东部地区及新疆的绿洲亚区	干热	紫花苜蓿、无芒雀麦、鸭茅、老芒草、披碱草、红豆草、草木樨
	戈壁及极度干旱区亚区	极度干旱，干热	冰草、木地肤、驼绒藜、沙生柠条、沙生针茅、戈壁针茅
青藏高原区	中北及西北亚区	寒冷	紫花针茅、小蒿草
	东部亚区	湿润而热量不足	紫羊茅、蘘草、垂穗披碱草、草地早熟禾、无芒雀麦、猫尾草、鸭茅
	拉萨河谷亚区	温和	多年生黑麦草、鸭茅、猫尾草、红三叶

1）东北部区

东北部地区位于我国东部的温带半湿润与半干旱区，从我国的最北端起，形成向南开口的三个半环状条带，即辽河平原、松嫩平原和三江平原。该区由于纬度偏高，热量和气温由南向北递减，年平均最低气温-4.9℃，年平均最高气温10.2℃。该区的降水量从东南向西北递减，长白山及其东侧的鸭绿江流域年降水量最大，可达1000～1400mm，长白山西侧和山前台地降至600～700mm，三江平原一般为500～600mm，松嫩平原降至350～560mm，松嫩平原西部、科尔沁草原、呼伦贝尔草原一般在300～400mm。雨季多分布在6～9月，降水量占该区全年降水量的70%左右。

就研究区的气候条件而言，水分不是牧草生长的限制因素，能否越冬是牧草生长的制约因素，因此抗寒性极强的牧草适于在该区长期生长，如羊草、针茅、芨芨草、抗寒紫花苜蓿、线叶菊等。此外，该区还可种植秋眠级低的紫花苜蓿、草地早熟禾、紫羊茅、猫尾草等抗寒性突出的牧草，个别区域还可引进多年生黑麦草及鸭茅的抗寒品种，如'凯丽'（Calibra）、'托福'（Tove）、'安巴'（Amba）、'斯巴达'（Sparta）。

2）内蒙古及长城沿线区

内蒙古及长城沿线地区指从锡林郭勒盟沿蒙古交界线过阴山山脉一直到阿拉善高平原荒漠区，南部从张家口以北沿长城一线到嘉峪关以北地区。该区以内蒙古高原中温带半干旱草原及干旱的草原荒漠为主体，自然条件具有明显的过渡性特征。降水量由东到西逐渐降低，在张家口、呼和浩特一带，年降水量仍可达 400mm，阴山山脉以西年降水量降至 150mm，阿拉善荒漠区年降水量降至 50mm。该区≥0℃年积温可达 3800℃以上，热量充足，但水分极缺。该区冬季寒冷程度仅次于我国东北部地区，该区北部地区冬季低温常达−20℃以下。

受该区干冷天气影响，适宜该区种植的牧草较少，主要集中于一些本地种或野生种，引进种较有限。包头以东地区适于种植秋眠级低的紫花苜蓿、羊草、无芒雀麦、沙打旺、赖草、新麦草、老芒麦、披碱草、草木樨等，西部草原荒漠区适于种植沙生冰草、扁穗冰草、沙打旺、黄芪、沙生针茅、锦鸡儿等抗旱沙生植物。由于气候较恶劣，该区牧草产量不高，但在锡林郭勒盟东南部、黄河河谷等少数水热条件较好地区种植苜蓿、无芒雀麦等牧草有较高的产量。

3）黄淮海平原区

黄淮海平原是黄河、淮河、海河流域平原的简称，大体以黄河为轴线，南到淮河，北到燕山山麓，西到伏牛山、太行山麓，往东经过沂蒙山区一直到山东半岛。黄淮海平原区从南到北年平均降水量从 800mm 递减至 500mm 左右，但区域、年际间和季节间分布不均。该区热量较充足，年平均积温可达 5500℃，最冷月平均气温 0℃。

适于该区种植的牧草种类极多，但主要以种植高产优质牧草为主，如紫花苜蓿、多年生黑麦草、无芒雀麦、猫尾草、鸭茅、串叶松香草、杂交酸模、红三叶、白三叶、一年生黑麦草、菊苣、籽粒苋等。在该区的河北、山东、山西一带紫花苜蓿（秋眠级为 3~5 级）和多年生黑麦草的种植面积最大，其他如鸭茅、无芒雀麦、串叶松香草、红三叶也有较大的分布面积。

4）黄土高原区

该区西起祁连山东端，东到太行山麓，北临内蒙古高原（以古长城为界），南到秦岭。黄土高原是典型的大陆性季风气候，降水量偏少，大部分地区属于干旱、半干旱和半湿润气候带。黄土高原冬季干燥寒冷，夏季温暖多暴雨，雨热同季，年平均降水150～750mm。

在该区的西北部及北部地区即宁夏、内蒙古及陕西北部长城沿线一带，沙化严重，适合种植沙打旺、沙生冰草、扁穗冰草、小叶锦鸡儿、胡枝子等抗旱型极强的牧草。在该区的中部，即宁夏固原，甘肃兰州、庆阳至陕西延安、铜川，山西临汾一线可种植红豆草、无芒雀麦、披碱草、老芒麦、中间偃麦草、苇状羊茅、沙打旺、扁穗冰草等抗旱性较强、产量较高的牧草。在该区的南部地区（沿宝鸡、西安一线）多种植苜蓿、草木樨、无芒雀麦、鸭茅、多年生黑麦草。在该区的河套地区，如宁夏平原，渭河平原，汾河、泾河、洛河地区，晋陕交界黄河河套，具有较好的热量及水量（雨量或引水灌溉），可种植苜蓿、无芒雀麦、鸭茅、多年生黑麦草。

5）长江中下游平原区

长江中下游平原区西起巫山，东抵海滨，北到汉中、淮河，南至南岭、武夷山一带。长江中下游平原大致被大别山、九岭山、罗霄山分为东西两部分，在西部形成两湖平原，在东部形成皖中平原、长江三角洲及鄱阳湖平原。该区水热条件充足，年积温可达5000～7000℃，降水量在北部地区如南阳、合肥可达1000～1200mm，在南部地区如南昌、长沙达1600～1800mm。

在普通平原区适于种植白三叶、红三叶、狗牙根、苏丹草、菊苣、一年生黑麦草、杂交高粱、狼尾草等。在该区北部如汉中、南阳、皖中等还可种植秋眠级高的紫花苜蓿、多年生黑麦草、鸭茅、杂交酸模等牧草。在该区南部如长沙、南昌还可种植雀稗、狗尾草、大翼豆等热带牧草。在该区的中高山地带可种植多年生黑麦草、鸭茅、白三叶、红三叶、猫尾草等抗寒强、品质好的牧草。

6）西南部区

西南地区包括四川盆地、川西川北高原、秦巴山地和湘鄂西山地及整个云贵高原。由于该区地形地貌复杂，区域性气候差异较大，且复杂多变，可大体分为四川盆地亚区，川西川北高原及秦巴、湘鄂西部山地亚区，云贵高原亚区。

四川盆地亚区适宜种植的牧草有苏丹草、杂交高粱、狼尾草、一年生黑麦草的抗热品种、黑麦、菊苣、白三叶、红三叶等抗热性较好的牧草。

川西川北高原及秦巴、湘鄂西部山地亚区可种植多年生黑麦草、鸭茅、猫尾草、白三叶、红三叶、苇状羊茅等，在海拔3000m以上的地区可种植紫羊茅、猫尾草、草地早熟禾、无芒雀麦等抗寒性好的牧草。在海拔500m以下地区可种植苏丹草、杂交高粱、菊苣、白三叶、杂三叶、一年生黑麦草等抗热性较强的高产牧草。

云贵高原亚区谷地干燥，适宜种植热性牧草，如狼尾草、象草、柱花草、百喜草、画眉草等。在高山区可种植多年生黑麦草、苇状羊茅、猫尾草、三叶草等冷季型草。中部高原适于种植三叶草、黑麦草、鸭茅、狗牙根、百喜草等，在海拔更高的地区可种植紫羊茅、草地早熟禾、猫尾草等抗寒牧草，在低地可种植以象草、百喜草、柱花草等为主的暖季型牧草。在高原台地（坝子）可种植三叶草、黑麦草等冷季型牧草。在滇南季雨林区应种植以象草、柱花草、大翼豆、狗尾草等为主的热带牧草。

7）华南部区

华南地区包括江西与湖南南部、福建、广西、广东、海南及台湾。适于在该区种植的多为暖季型牧草，如象草、狼尾草、柱花草、大翼豆、百喜草、狗牙根等。在海拔 1500m 以上的山地可种植三叶草、鸭茅、黑麦草等冷季型牧草。

8）甘肃、新疆及周边区

甘肃、新疆及周边地区包括甘肃大部分地区、宁夏一部分地区及新疆全部地区。该区由于水分限制，适于耕作的面积极少，在甘肃和宁夏东部地区及新疆的绿洲区种植最多的为紫花苜蓿，无芒雀麦、鸭茅、老芒麦、披碱草、红豆草、草木樨等牧草也有较广的分布。在戈壁及极度干旱区可种植冰草、木地肤、驼绒藜、沙生锦鸡儿等抗旱极强的牧草。

9）青藏高原区

青藏高原区地势高亢，空气稀薄，太阳辐射强，包括西藏及青海大部。该区分为中北及西北亚区、东部亚区及拉萨河谷亚区。中北及西北亚区海拔高，气候干冷，热量资源不足（≥10℃年积温仅为 500℃左右），适于种植的牧草极少。东部亚区气候相对较湿润，但热量仍显不足，可种植耐高寒的紫羊茅、薹草、垂穗披碱草、草地早熟禾等，在青海湖地区还可种植无芒雀麦、猫尾草、鸭茅等优质牧草。拉萨河谷亚区气候温和，冬无严寒，夏无酷暑，可种植多年生黑麦草、鸭茅、猫尾草、红三叶等冷季型牧草。

8.4.7.2 不同区域育草的综合措施

对于不同区域来说，降水、温度、土壤、地下水、植被、种源、地貌等条件均有明显差异，特别是限制植被生长与恢复的主导生态因子有较大的差异，因而，不同区域的植被恢复措施不能一概而论，需因地制宜。依据上述人工植被建设中牧草品种选择的区域划分原则，结合风吹雪灾害的主要防治区域，现对各分区的植被恢复与培育综合措施的结果进行整理，见表 8-10。

表 8-10　我国牧草种植区草本植物恢复与培育的综合措施

分区	综合措施
东北部区	该区降水条件稍好，植被封育恢复快，应以封育为主，其他以如人工种草、补播、松耙、划破草皮、灌溉、施肥等措施为辅
内蒙古及长城沿线区	该区降水较差，但地域广阔，人为破坏严重，需以封育为主，以人工种草、补播、松耙、划破草皮、灌溉、施肥等措施为辅。为加快植被恢复，在降水条件稍好的地段可进行飞播

续表

分区	综合措施
黄淮海平原区	该区降水条件较好，人口稠密，土地紧张，不宜大面积封育，而应以人工种草造林等人工植被定向培育为主，并加强施肥、松耙、病虫害防治等
黄土高原区	该区雨热同季，降水条件稍好，土壤质地疏松、肥力差，可以封育为主，兼搞人工补播、人工种草，在面积较大时可以进行飞播
长江中下游平原区	该区水热充足，土地紧张，植被恢复宜以人工种植、飞机播种为主，其他措施在条件适宜时使用
西南部区	该区气候温暖湿润，山地较多，种源丰富，植被恢复可同时采用人工种草与封育措施，并结合人工补播、施肥等手段
华南部区	该区气候湿润炎热，种源丰富，以人工植被种植为主，以其他措施为辅
甘肃、新疆及周边区	该区气候干旱酷热，降水稀少，面积广阔，植被恢复主要采用封育措施，并结合划破草皮、松耙、人工补播进行，在条件较好的绿洲地段可进行人工植被建植，但面积不宜太大
青藏高原区	该区气候寒冷，降水较少，面积广阔，植被恢复主要采用封育措施，并结合人工补播、松耙、划破草皮等手段进行，在气候温和的拉萨河谷地带可进行人工植被种植

主要参考文献

王中隆. 1983. 我国雪害及其防治研究. 山地研究, 1(3): 22-31, 65-66.

王中隆. 1988. 中国积雪、风吹雪和雪崩研究. 冰川冻土, 10(3): 273-278.

王中隆, 白重瑗, 陈元. 1982. 天山地区风雪流运动特征及其预防研究. 地理学报, 37(1): 51-64.

王中隆, 张志忠. 1999. 中国风吹雪区划. 山地学报, 17(4): 312-317.

Martinelli M Jr. 1973. Snow-fence experiments in alpine areas. Journal of Glaciology, 12(65): 291-303.

Schnidt R A. 1970. Locating snow fences in mountainous terrain. National Research Council, D.C. Hingway Research Board Special Report, (115): 220-225.

附 图

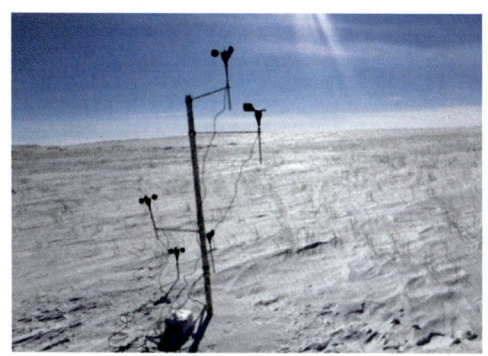

积雪表面风速观测

积雪表面风雪流观测

积雪密实化过程 1

积雪密实化过程 2

不同植被覆盖度积雪变化

地形影响下积雪变化 1

地形影响下积雪变化 2 　　　　　　　典型草原灌丛积雪

不同植被类型积雪 　　　　　　　　不同植被高度积雪

不同植被高度积雪　　　　　　　　不同植被盖度积雪

单一灌（草）丛积雪 　　　　　　　团状灌（草）丛积雪

公路积雪 　　　　　　　　　　　　　　公路风雪流

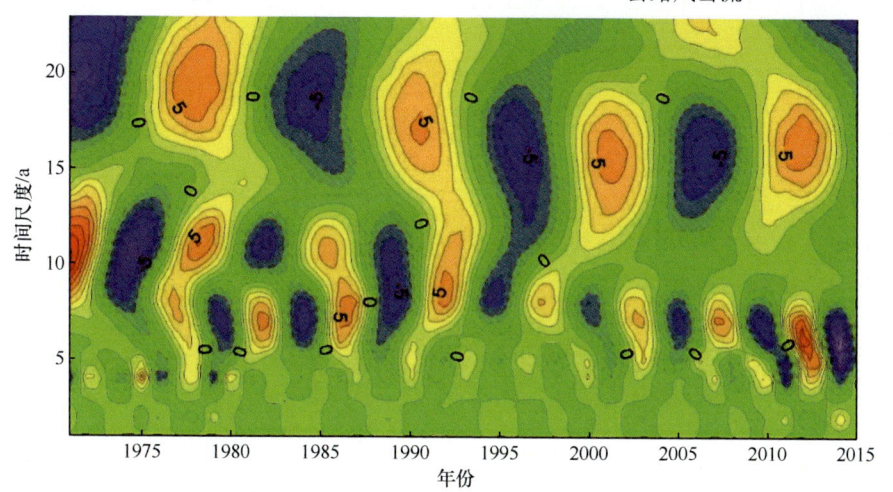

锡林郭勒盟降雪量时间序列小波分析
图中数据是小波变换系数实部的数值

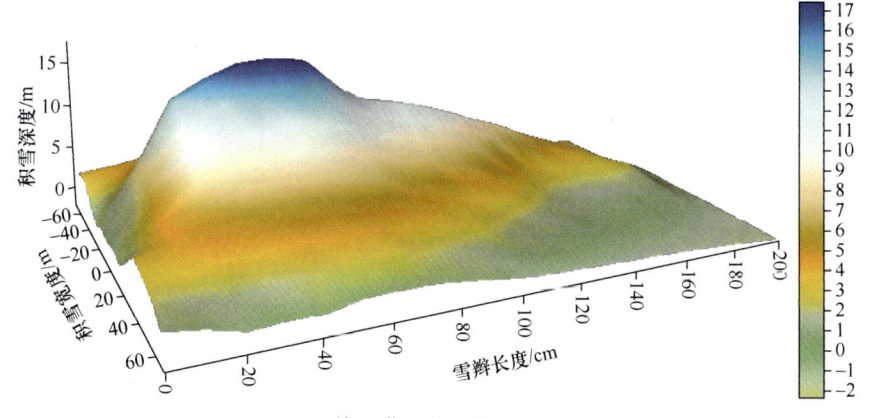

单一灌（草）丛积雪

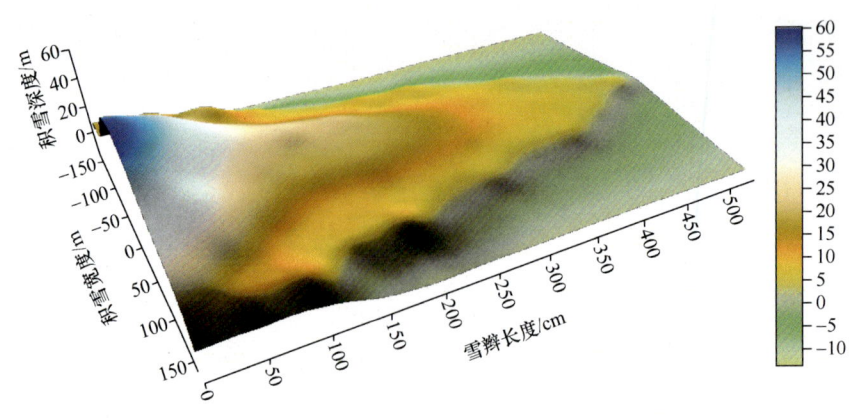

团状灌（草）丛积雪